Telecommunications

Veröffentlichungen des / Publications of the

Münchner Kreis

Übernationale Vereinigung für Kommunikationsforschung
Supranational Association for Communications Research

Band / Volume 8

W. Kaiser

Interaktive Breitbandkommunikation

Nutzungsformen und Technik von Systemen mit Rückkanälen

Unter Mitarbeit von
H. Armbrüster, H.G. Bauer, K. Brepohl, J. Gerlach,
H. Th. Hagmeyer, L.J. Issing, H. Knüttel
H. Krahmer, W. Kurz, P. Mahnkopf, R. Schnee,
R. Scholz, W.J. Thurl, W. Tinnefeldt, G. Vogt,
M. Welzenbach, B. Wiest

Springer-Verlag
Berlin Heidelberg New York 1982

Münchner Kreis
Übernationale Vereinigung für Kommunikationsforschung
Supranational Association for Communications Research
Barerstr. 14, D-8000 München 2, Telefon: (0 89) 59 25 37

Prof. Dr.-Ing. Wolfgang Kaiser
Institut für Nachrichtenübertragung, Universität Stuttgart
Breitscheidstraße 2, 7000 Stuttgart 1

CIP-Kurztitelaufnahme der Deutschen Bibliothek
Kaiser, Wolfgang:
Interaktive Breitbandkommunikation : Nutzungsformen u. Technik von Systemen mit Rückkanälen /
W. Kaiser. Unter Mitarb. von H. Armbrüster . . .
[Münchner Kreis, Übernationale Vereinigung für Kommunikationsforschung]. –
Berlin ; Heidelberg ; New York : Springer, 1982.
(Telecommunications ; Bd. 8)

ISBN-13:978-3-540-11895-4   e-ISBN-13:978-3-642-81918-6
DOI: 10.1007/978-3-642-81918-6

Vorwort

Das Gebiet der Telekommunikation befindet sich derzeit in einer stürmischen Entwicklungsphase. Nach vielen Dekaden relativ beständiger Weiterentwicklung treten wir in einen Zeitabschnitt ein, in dem sich große Veränderungen abzeichnen. Das gilt sowohl für die neuen technischen Verfahren zur Nachrichtenübermittlung als auch die damit möglich gewordenen neuen Formen ihrer Nutzung. Unter dem Wort Breitbandkommunikation verstand man bis vor kurzem lediglich den Empfang von Hörfunk- und Fernsehprogrammen, und dies meist nur mittels einer auf dem Hausdach montierten Antenne. Immer mehr Bundesbürger sind aber bereits an ein Breitbandkabelnetz angeschlossen und können damit eine größere Zahl von Programmen mit guter Qualität empfangen. Von Monat zu Monat entstehen neue Inselnetze dieser Art, die im Laufe der Zeit zu regionalen Netzen zusammengeschlossen werden könnten. Durch Rückkanäle, d. h. Verbindungen vom Teilnehmer zurück zur Zentrale, lassen sich diese Netze mit relativ geringem Aufwand so erweitern, daß ganz neue Formen der Nutzung von Breitbandkommunikationsnetzen möglich werden.

Der MÜNCHNER KREIS hat es sich zur Aufgabe gesetzt, über neue Möglichkeiten der Telekommunikation zu informieren und damit einen Beitrag zu der so dringend notwendigen Brücke des Verständnisses zwischen den Entwicklern, Betreibern und Nutzern eines Telekommunikationssystems zu leisten. Da das Wissen um diese neuen Möglichkeiten, die u. a. auch in den in der Öffentlichkeit viel diskutierten Pilotprojekten erprobt werden sollen, als lückenhaft empfunden wurde, hat der Forschungsausschuß des MÜNCHNER KREISES den Fragenkomplex in einem Arbeitskreis näher untersucht und legt als Resultat der Diskussionen und Einzelbeiträge den vorliegenden Bericht als Gemeinschaftswerk vor.

Das Buch beschreibt zunächst die in Breitbandkommunikationssystemen mit Rückkanälen möglichen Nutzungsformen, erläutert dann die verschiedenen Verfahren zur technischen Realisierung und die Probleme des Datenschutzes, gibt einen Überblick über die im Ausland in Erprobung befindlichen Anlagen und schließt mit einigen Angaben zu den Kosten derartiger Systeme. Bei der Darstellung der technischen Gestaltungslinien wird nicht nur auf die heutige Koaxialkabeltechnik, sondern auch auf die mehr in die Zukunft gerichtete optische Übertragung auf Glasfasern eingegangen. Dabei waren wir stets um größtmögliche Verständlichkeit bemüht, um das Wissen über diese neuen Formen der Telekommunikation einer möglichst breiten, interessierten Öffentlichkeit nahezubringen, und haben manche, im Grunde wichtigen technischen Details nur gestreift oder auch gar nicht erwähnt. Fachausdrücke werden in dem beigefügten Glossar erläutert.

Der Dank für das Zustandekommen dieses Berichtes gebührt den Mitgliedern des Arbeitskreises, die durch ihre Mitwirkung die Veröffentlichung erst ermöglicht haben. Besonders umfangreiche Beiträge stammen von H. G. Bauer, P. Mahnkopf, R. Schnee und

M. Welzenbach. Bei der kritischen Durchsicht und redaktionellen Überarbeitung des Werkes haben sich H.Th. Hagmeyer, R. Scholz und M. Welzenbach besonders eingesetzt. Allen sei hiermit herzlich gedankt.

Stuttgart, Juli 1982   W. Kaiser

Inhaltsverzeichnis

1 Einführung und Überblick

Die heutige Situation auf dem Gebiet der Telekommunikation ist gekennzeichnet durch getrennte Übertragungswege für die schmalbandigen Telekommunikationsdienste (Fernsprechen, Daten- und Textkommunikation) einerseits und die Verteilung der breitbandigen Telekommunikationsformen (Hörfunk und Fernsehen) andererseits. Für die schmalbandigen Dienste betreibt die Deutsche Bundespost öffentliche Wählnetze, die einen individuellen Dialog zwischen Teilnehmern ermöglichen. Zu dieser Kategorie von Netzen zählen z.B. das Fernsprechwählnetz und die Datenwählnetze. Im Gegensatz zu den auf derartigen Netzen möglichen Formen der Individualkommunikation steht die Massenkommunikation, bei der von einer Zentrale aus Signale an alle verbreitet werden, wie es beispielsweise beim Rundfunk der Fall ist.

Geprägt durch die verschiedenartigen Anforderungen bei der Individual- und Massenkommunikation haben sich in der Vergangenheit unterschiedliche Netze entwickelt. Für die Fernsprech-, Daten- und Textkommunikation ist der Teilnehmer über eine sog. Teilnehmeranschlußleitung mit dem Vermittlungsnetz verbunden, das eine beidseitig gerichtete individuelle Nachrichtenübertragung zwischen zwei beliebigen Teilnehmern gestattet. Die sternförmig von der Vermittlungsstelle zu jedem Teilnehmer führende Leitung besteht aus einem Paar dünner Kupferadern von z.B. 0,4 mm Durchmesser, das Signale mit einem nur geringen Bedarf an Frequenzbandbreite übertragen kann.

Zur Übertragung eines oder gar mehrerer Fernsehprogramme und damit für die Massenkommunikation sind diese Teilnehmeranschlußleitungen untauglich; man benötigt dafür Kabel, die eine wesentlich größere Bandbreite aufweisen. Bei Einzelantennenanlagen dienen Koaxialkabel zur Zuführung der an der Antenne aufgenommenen Signale zu den einzelnen Fernseh- und Hörfunkgeräten. Es hat sich aber bald gezeigt, daß es wirtschaftlicher ist und daß außerdem ein besserer Empfang erreicht werden kann, wenn sich einige oder gar viele Teilnehmer an eine Gemeinschaftsantennenanlage anschließen. In dem dazu notwendigen Netz von Koaxialkabeln werden die Hörfunk- und Fernsehsignale – ausgehend von der Zentrale – bis hin zu den Teilnehmersteckdosen geführt, wobei die Übertragung einseitig gerichtet, also nur in Vorwärtsrichtung, erfolgt. Man spricht von einem baumartig strukturierten Verteilnetz, da die einzelnen, hierarchisch gegliederten Übertragungsstrecken mit dem Stamm, den Ästen, den Zweigen und schließlich den Blattstengeln eines Baumes verglichen werden können.

Im Hinblick auf die immer größere Verbreitung von Gemeinschaftsantennenanlagen und ihre mögliche spätere Einbindung in ein übergreifendes, vielleicht sogar bundesweites Breitbandkommunikationsnetz hat die Deutsche Bundespost eine einheitliche Technik für derartige Anlagen festgelegt. Sie entsprach damit weitgehend einer Empfehlung der »Kommission für den Ausbau des technischen Kommunikationssystems (KtK)«/126/. Dabei sieht die Planung der Deutschen Bundespost derzeit eine Kapazität von 12 Fernsehkanälen und zusätzlich 24 UKW-Hörfunkkanälen mit Stereoqualität vor.

Es ist immer wieder vorgeschlagen und an einigen Stellen im Ausland auch schon erprobt worden, Verteilnetze mit Rückkanälen auszustatten, um dem Teilnehmer die Möglichkeit der Kommunikation zurück zur Zentrale des Netzes zu eröffnen. Um diesem Wunsch Rechnung zu tragen, ist das Pflichtenheft der Deutschen Bundespost so ausgelegt, daß im Frequenzbereich 5-10 MHz Rückkanäle angeordnet werden können. Auch in den von der KtK vorgeschlagenen Kabelfernsehpilotprojekten sollen Verteilnetze mit Rückkanälen zum Einsatz kommen, um neue Kommunikationsformen erproben zu können.

In Breitbandverteilnetzen können zusätzlich zu den Fernseh- und Hörfunkprogrammen weitere Allgemeininformationen (z.B. Texte) angeboten werden, aber alle müssen der Kategorie »Verteilen« zugeordnet werden. Erst durch das Einbringen von Rückkanälen kann der Teilnehmer Nachrichten zurück zur Zentrale senden. Damit eröffnet sich ein breites Spektrum neuer Telekommunikationsformen, die man in die Kategorien »Abrufen« d.h. ein Verteilen nach Anforderung, »Sammeln« von Informationen durch die Zentrale und »Dialog mit der Zentrale«, also ein Frage- und Antwortspiel mit der Zentrale, einordnen kann. Bei einigen Nutzungsformen wird außer dem Rückkanal auch ein individueller Vorwärtskanal benötigt, der zumindest vorübergehend einem Teilnehmer fest zugeordnet werden kann. Sofern in der Zentralstelle darüber hinaus in begrenztem Umfang die Möglichkeit gegeben ist, Teilnehmer über eine Vermittlungseinrichtung unmittelbar zu verbinden, so können diese in direkten Dialog miteinander treten. Derartige Nutzungsformen könnten eine größere Verbreitung finden und damit ein Stück mehr individualisierte Telekommunikation bieten, jedoch ist bisher zu wenig darüber bekannt.

Der MÜNCHNER KREIS will mit diesem Buch einen Beitrag zu diesem Themenkreis liefern und versuchen, das Neuland so weit aufzuarbeiten, daß ein breites Verständnis der neuen Möglichkeiten und ihrer Realisierungsformen erreicht wird. Dabei bleibt die Betrachtung nicht auf Fernsehverteilnetze mit Rückkanälen, wie sie beispielsweise für die Pilotprojekte vorgesehen sind, beschränkt, sondern umfaßt auch die in fernerer Zukunft zu erwartenden Entwicklungen.

Die Kommunikationstechnik befindet sich derzeit im Umbruch, von der Analog- zur Digitaltechnik, von Kupfer zu Glas und von den Einzelnetzen zu einem integrierten Netz. Die optische Nachrichtenübertragung auf Glasfaserkabeln hat beachtliche Fortschritte aufzuweisen und kann somit in Bälde als eine realistische Alternative zu der heute verwendeten elektrischen Übertragung auf Kabeln mit Kupferleitern betrachtet werden. Natürlich hat dies tiefgreifenden Einfluß auf die Gestaltung von Breitbandkommunikationsnetzen, da nicht einfach ein Koaxialkabel-Baumnetz durch ein in gleicher Weise strukturiertes Netz in Glasfasertechnik ersetzt werden kann. Vor allem deutet sich an, daß die bisher analog übertragenen Fernseh- und Hörfunksignale dann digital übertragen werden. Die in dieser neuen Technik entstehenden Breitbandkommunikationsnetze können gleichzeitig aber auch für die Übertragung von Signalen mit geringerer Bandbreite verwendet werden, so daß das Konzept eines integrierten Übermittlungsnetzes Gestalt annehmen kann. Obwohl diese Entwicklung noch weiter in die Zukunft gerichtet ist und Netze dieser Art erst allmählich eine gewisse Verbreitung finden werden, versucht dieses Buch, die Gestaltungslinien auch für Rückkanäle in solchen Breitbandkommunikationssystemen aufzuzeigen.

Der Bericht beschreibt in dem folgenden Kapitel 2 zunächst einige der möglichen Formen der Nutzung von Breitbandsystemen mit Rückkanälen. Die Verfasser standen dabei vor dem Problem, wie sie die ungewöhnlich große Vielfalt an möglichen Kommunikationsformen berücksichtigen und zweckmäßig ordnen könnten. So entstand die in Unterkapitel 2.3 erläuterte systematische Gliederung der Nutzungsarten mit einigen Beispielen für Nutzungsformen. Basierend auf den Anforderungen der einzelnen Nutzungsformen an die beim Teilnehmer vorhandenen Eingabe- und Ausgabeeinrichtungen sowie an die in der Zentrale notwendige Verarbeitungsintelligenz wurden insgesamt neun Nutzungsklassen aufgestellt, die nach steigender Komplexität geordnet sind. In *Bild* 2.14 wurde versucht, diese Ordnung darzustellen, wobei deutlich wird, daß es innerhalb dieser Nutzungsklassen verständlicherweise beträchtliche Unterschiede in den Anforderungen gibt, da manche Formen der Nutzung bei verringerten Ansprüchen auch in einfacherer Weise realisiert werden können. So lassen sich einige Nutzungsformen auch mit Bildschirmtext (BTx) verwirklichen, da es sich dabei ebenfalls um ein Abrufsystem handelt, das einen Dialog mit einer Zentrale gestattet. Die Verfasser wollen hierbei bewußt keine vergleichende Wertung vornehmen, sind aber der Überzeugung, daß ein Breitbandnetz mit Rückkanälen stets dann von besonderem Wert sein wird, wenn die Übertragung stillstehender oder bewegter Bilder erforderlich oder wünschenswert ist. Auch für die sog. Mischkommunikation, also die gleichzeitige Verwendung mehrerer Nutzungsformen, dürfte das Breitbandnetz besondere Vorteile bieten. Um die in Unterkapitel 2.3 vorgenommene, etwas nüchterne Aufzählung der verschiedenen Nutzungsformen transparenter zu gestalten, wurden im Unterkapitel 2.2 typische Anwendungsarten beschrieben. Dabei wurde von dem Stilmittel des Szenarios Gebrauch gemacht, das natürlich nur wenige Arten exemplarisch vorzustellen gestattet, von denen einige im Laufe der Zeit sich nicht einmal als besonders aussichtsreich herausstellen könnten. Schließlich werden im Unterkapitel 2.4 einige, auf Schätzungen bzw. Messungen des Heinrich-Hertz-Instituts basierende Zahlenwerte zur Dauer und Häufigkeit der Nutzung aufgeführt.

Daran schließt sich in Kapitel 3 eine Erläuterung der verschiedenen Prinzipien zur technischen Realisierung interaktiver Breitbandsysteme an. Derartige Systeme umfassen ein Breitbandnetz mit Rückkanälen, eine Zentrale für interaktive Formen der Nutzung und entsprechende Endgeräte in der Wohnung des Teilnehmers. Bei der Betrachtung der möglichen Arten von Breitbandnetzen wird zunächst die heutige, auf der Verwendung von Koaxialkabeln basierende Technik beschrieben, die in einer großen Zahl von Gemeinschaftsantennen- und Kabelfernsehanlagen verwendet wird. Neuere Anlagen dieser Art können mit geringem Aufwand so erweitert werden, daß zumindest schmalbandige Kanäle vom Teilnehmer zurück zur Zentrale genutzt werden können. Es werden insgesamt vier Kategorien von Rückkanälen definiert und deren Einsatzmöglichkeiten in *Tabelle* 3.10 auf die in Kapitel 2 genannten interaktiven Nutzungsklassen abgebildet. In dem folgenden Unterkapitel erfolgt dann eine systematische Schilderung der verschiedenen Strukturen heutiger Netze und deren Eignung für die Realisierung von Rückkanälen, die entweder im selben Kabel, durch Übergang auf eine Zwei-Kabel-Lösung oder auch in einem getrennten Netz erfolgen kann. Das Buch behandelt ferner die Grundlagen der optischen Übertragung breitbandiger Signale auf Glasfaserkabeln und deren Einsatzmöglichkeiten für interaktive Breitbandsysteme. Netze mit dieser neuen Technik sind beim derzeitigen Stand zwar noch aufwendiger als vergleichbare Koaxialkabelnetze, es steht aber zu erwarten, daß die vorteilhaften Eigenschaften der optischen Übertragung zu einer immer größeren Verbreitung und damit zu verringerten Herstellungskosten führen werden. In diesem Zusammenhang wird auch auf die sich abzeichnende Einführung von Netzen mit Integration aller schmalbandigen oder schmal- und breitbandigen Dienste eingegangen. In dem folgenden Unterkapitel 3.5 werden dann die Anforderungen an Teilnehmerendgeräte und die Möglichkeiten zu deren Realisierung behandelt, wobei im Hinblick auf die große Vielfalt derartiger Geräte bzw. Gerätekombinationen eine tabellarische, systematische Übersicht zweckmäßig erschien. In einem getrennten Abschnitt werden die verschiedenartigen Methoden beschrieben, mit deren Hilfe vor allem in Netzen ohne Rückkanal der unberechtigte Zugriff zu Pay-TV-Sendungen verhindert werden kann. In Netzen mit Rückkanal ist diese Aufgabe relativ einfach zu lösen. Ein besonderes Problemfeld bei der Verwirklichung eines interaktiven Breitbandsystems stellt die Informationszentrale für interaktive Dienste dar, da hier in vielerlei Hinsicht Neuland betreten werden muß. Deshalb können in Unterkapitel 3.6 auch nur allgemeine Angaben hierzu gemacht werden, die aber doch die wesentlichen Bausteine einer derartigen Zentrale und ihren schrittweisen Aufbau in mehreren Ausbaustufen erkennen lassen.

In interaktiven Breitbandsystemen haben die Fragen des Datenschutzes eine besondere Bedeutung. Daher werden in Kapitel 4 die rechtlichen, organisatorischen und technischen Aspekte näher beleuchtet und die verschiedenen Maßnahmen aufgezeigt. Informationen, deren Vertraulichkeit in erhöhtem Maße gesichert sein soll, können durch zusätzliche Verschlüsselungs- oder Chiffrierverfahren geschützt werden. Im Unterkapitel 4.3 werden die wesentlichen Verfahren hierzu beschrieben.

Breitbandverteilanlagen sind in zahlreichen Ländern der Erde in großem Umfang eingesetzt und bieten häufig auch Kabelfernsehen an, d.h. die Verteilung von solchen Fernseh- und Hörfunkprogrammen, deren Empfang ortsüblich nicht möglich ist. So ist vor allem in den USA der Empfang von Pay-TV-Programmen sehr verbreitet und besonders erfolgreich. Im Gegensatz hierzu sind interaktive Breitbandsysteme bis jetzt nur an wenigen Stellen und dazuhin meist nur als Versuchsanlagen eingeführt. In Kapitel 5 werden diese Anlagen kurz beschrieben, wobei deutlich wird, daß die dort gewonnenen Erfahrungen für die Verhältnisse in der Bundesrepublik Deutschland kaum repräsentative Aussagen zulassen.

Ein entscheidender Gesichtspunkt bei der Betrachtung von Rückkanalsystemen ist der erforderliche Aufwand, gegliedert nach einmaligen Investitionen für das Netz, die Zentrale und die Teilnehmergeräte, sowie nach den Aufwendungen für den technischen Betrieb und den Kosten zur Bereitstellung der Programme und Informationen. In Kapitel 6 wird daher versucht, hierzu Schätzwerte anzugeben. Genauere Angaben sind nicht möglich, da die tatsächlich aufzubringenden Kosten in hohem Maße von den Wünschen an das Dienstangebot abhängen und daher noch keine Erfahrungswerte vorliegen. Zur Finanzierung dieses Aufwandes gibt es eine Reihe von Möglichkeiten wie Gebühren, Teilnehmerentgelte, Zuschüsse, Werbeeinnahmen usw. Darauf kann hier jedoch nicht näher eingegangen werden.

Auch Fragen der organisatorischen Gestaltung, der Trägerschaft und der inhaltlichen Verantwortung für die einzelnen Dienste und der damit verbundenen rechtlichen und medienpolitischen Probleme müssen außer Betracht bleiben. Der Bericht hat sich zum Ziel gesetzt, die Nutzungsformen von Rückkanälen in Breitbandkommunikationssystemen und ihre technische Gestaltung in allgemeiner Form zu behandeln, und will weniger auf die spezifischen Probleme der Pilotprojekte eingehen.

Das Buch schließt mit einem Glossar (Kapitel 7), in dem einige ausgewählte Begriffe kurz erläutert werden, und einem Literaturverzeichnis (Kapitel 8), das viele Publikationen nennt, aber dennoch nur unvollständig sein kann.

2 Formen der Rückkanalnutzung

2.1 Einleitung

In diesem Kapitel werden die verschiedenen Formen der Rückkanalnutzung in Breitbandkommunikationssystemen vorgestellt. Bei der Vielfalt der realisierbaren Nutzungsarten gibt es viele Möglichkeiten der Klassifizierung. Für die systematische Gliederung
in Unterkapitel 2.3 wurden die Nutzungsarten zu Klassen entsprechend dem Grad
ihrer Komplexität und ihres Aufwandes zusammengefaßt. Zunächst werden in Unterkapitel 2.2 aber einige Szenarios für die behandelten Nutzungsformen entwickelt, um
die verschiedenen Einsatzfälle etwas anschaulicher beschreiben zu können. Selbstverständlich können diese Szenarios nur beispielhaft sein und viele mögliche Einsatzfälle
sind gar nicht behandelt. Auch können sich im Laufe der Zeit ganz andere Schwerpunkte
herausbilden. Trotz aller Bedenken waren die Verfasser der Überzeugung, daß die
Schilderung von Szenarios ein brauchbares Mittel zur Einführung in den Themenkreis
darstellt.

Viele Nutzungssituationen, wie sie in den Szenarios beschrieben sind, können natürlich
auch durch andere Kommunikationsmittel (z.B. im Fernsprechnetz) bewältigt werden,
aber in einem Breitbandkommunikationsnetz mit Rückkanälen vielfach schneller,
kostengünstiger, qualitativ besser oder organisatorisch zweckmäßiger. Damit ein Datendialog möglich wird, ist in der Zentrale ein Rechnersystem erforderlich, das auf die
Wünsche des Teilnehmers antworten kann. Bei komplexeren Rückkanaldiensten
können auch höherstehende Formen des Dialogs zum Einsatz kommen, bis hin zum
Sprachdialog. Besonders häufig ist eine Kombination mehrerer Nutzungsformen er-
wünscht, für die dann das Breitbandnetz die günstigeren Eigenschaften bietet. Nutzungsformen, bei denen eine Bewegtbildübertragung notwendig ist, können überhaupt nur
in einem Breitbandkommunikationsnetz realisiert werden.

Selbstverständlich sind nicht alle diese Nutzungsformen in vollem Umfang und von
Anfang an verfügbar, da den verschiedenen Wünschen wirtschaftliche Grenzen gesetzt
sind. Daher haben Fragen des bedarfsgerechten Ausbaus und der Kompatibilität mit
dem Bestehenden ein ganz besonderes Gewicht. Völlig offen ist auch die Frage nach
der Akzeptanz der Nutzungsformen durch die Teilnehmer, weshalb entsprechende
Tests in Pilotprojekten bedeutungsvoll sein können, wobei natürlich beachtet werden
muß, daß Akzeptanz nur bei einem ausreichenden Angebot gut gestalteter Dienste
genügend zuverlässig ermittelt werden kann. Dabei kennzeichnet der Begriff Dienst
die in dem Breitbandkommunikationssystem innerhalb der jeweiligen Telekommunikationsform den Teilnehmern angebotenen Leistungen, so z.B. die Bereitstellung und
Aktualisierung von Informationen, aber auch das Angebot an dienstspezifischer Verarbeitungskapazität.

Im Unterkapitel 2.4 werden – basierend auf den Erfahrungen des Heinrich-Hertz-
Instituts Berlin – Schätzwerte für den Nutzungsumfang einiger, versuchsweise konzi-

pierter Dienste gegeben. Diese Übersicht soll einen ersten Anhaltspunkt geben und zeigen, worauf bei der Dimensionierung der Netzzentrale zu achten ist, denn der in der Zentrale erforderliche Aufwand zur Bereitstellung der Informationen und der Dialogprozeduren hängt stark von der Komplexität der Kommunikationsformen und ihrer Nutzungshäufigkeit ab.

2.2 Einsatzmöglichkeiten für Systeme mit Rückkanälen

In diesem Unterkapitel wird versucht, einige der möglichen Einsatzfälle für Rückkanalsysteme darzustellen, wobei zur Verdeutlichung in großem Umfang von dem Stilmittel des Szenarios Gebrauch gemacht wurde. Die verschiedenen Nutzungsformen sind im Vorgriff auf die in Unterkapitel 2.3 durchgeführte Klassifizierung in 9 Nutzungsklassen eingeteilt, wobei die Nutzungsklassen nach steigender Komplexität bezüglich der zur Ein- und Ausgabe beim Teilnehmer notwendigen Geräte und der in der Zentrale erforderlichen Verarbeitungsintelligenz geordnet sind.

Die im folgenden verwendeten Nutzungsklassen, nach denen dieses Unterkapitel 2.2 unterteilt ist, sind:

1. Fernmessen/Fernsteuern
2. Bestellen/Reservieren
3. Nachrichten/Auskunft
4. Zugriff auf externe Datenbanken
5. Spiele
6. Lernen
7. Anleitung/Beratung
8. Schreib- und Bürotätigkeiten
9. Individual- und Gruppenkommunikation

Darüberhinaus widmet sich ein weiterer Abschnitt dem Themenkreis Audiothek und Videothek.

Die in diesem Kapitel gezeigten Bilder wurden am Experimentalsystem des Heinrich-Hertz-Instituts Berlin /222/ aufgenommen, wo zusammen mit externen Anbietern Beispiele von Nutzungsarten realisiert wurden.

2.2.1 Fernmessen/Fernsteuern

Beim Fernmessen und Fernsteuern ist die zwischen dem Teilnehmer und der Zentrale ausgetauschte Informationsmenge je Zeiteinheit sehr gering, so daß beim Teilnehmer eine einfache Übertragungseinrichtung ausreichend ist. Einer der möglichen Anwendungsfälle ist dabei die Gebührenerfassung für zusätzliche Fernsehprogramme oder andere Dienste. In vielen im Ausland realisierten Kabelfernsehsystemen wird Pay-TV, d.h. die Verteilung spezieller Fernsehprogramme gegen Bezahlung besonderer Gebühren, als Dienst angeboten. Durch geeignete technische Maßnahmen (siehe Abschnitt 3.5.6) kann auch in einem reinen Verteilnetz dafür gesorgt werden, daß nur berechtigte Teilnehmer diese besonderen Programme empfangen können. Die Berechtigungsprüfung und die Erfassung der anfallenden Gebühren ist jedoch besonders einfach durchzuführen, wenn jeder Teilnehmer einen Kanal zurück zur Zentrale besitzt. Dazu genügen Rückkanäle mit geringer Bandbreite und sehr einfacher Gestaltung der vom Teilnehmer zu bedienenden Tastatur.

Ein derartiger, einfacher Rückkanal ermöglicht auch eine große Vielfalt zusätzlicher Fernsteuer- und Fernmeßdienste. So können z.B. von der Zentrale aus Wohnungen auf Feuer und Einbruch überwacht, Verbrauchszähler abgelesen und Geräte geschaltet werden. Dienste wie Notruf (vgl. hierzu Unterabschn. 2.2.7.2), Ermittlung von Zuschauerbeteiligungen, Meinungsumfragen, Gebührenerfassung usw. lassen sich damit relativ einfach realisieren. Die folgenden zwei Szenarios sollen die sich bietenden Möglichkeiten illustrieren.

Szenario 1:
Herr Müller ist Herzpatient und hat einen Schrittmacher, der regelmäßig überprüft werden muß. Diese Überprüfung der technischen Daten bzw. der Funktionsfähigkeit des Gerätes kann vom Rückkanalsystem vorgenommen werden. Dazu koppelt Herr Müller den Herzschrittmacher an sein Endgerät an und erhält nach kurzer Zeit auf dem Bildschirm die Bestätigung, daß alle Daten noch eingehalten werden.

Szenario 2:
Herr Maier erteilt einem Rückkanalsystem den Auftrag, seine Heizung zu überwachen. Der zentrale Rechner nimmt diesen Wunsch entgegen, bestätigt ihn auf dem Bildschirm und übernimmt diese Aufgabe. Dabei macht er den Auftraggeber auf die Möglichkeit aufmerksam, im Falle seiner Abwesenheit die Heizung ferngesteuert ab- und wieder einschalten zu lassen.

2.2.2 Bestellen/Reservieren

In Rückkanalsystemen mit der Fähigkeit zum Datendialog werden dem Teilnehmer eine Fülle von Dienstleistungen angeboten, die er unmittelbar mit seinem Endgerät nutzen kann. So ist es beispielsweise denkbar, direkt im Dialog, Waren zu bestellen, Eintrittskarten und Fahrkarten zu ordern und diese am Endgerät auch gleich auszudrucken, sowie Platzreservierungen für Reisen und Veranstaltungen unmittelbar vorzunehmen (vgl. auch Abschn. 2.2.3 und weitere ausführliche Beispiele in Abschn. 2.2.8). Im Gegensatz zu schmalbandigen Systemen bietet das Breitbandkommunikationssystem die Möglichkeit, das Angebot durch die Verwendung stillstehender oder bewegter Farbbilder dem Teilnehmer in ansprechender Form vorzustellen.

Da rechtsverbindliche Geschäfte abgewickelt werden können, sind bei diesen Nutzungen häufig große Anforderungen bezüglich Sicherheit, Datenschutz und Schutz vor mißbräuchlicher Nutzung zu stellen bzw. technisch und organisatorisch entsprechende Vorkehrungen zu treffen. In aller Regel kann davon ausgegangen werden, daß die Anbieter derartiger Dienstleistungen über eigene Rechner- und Speichersysteme verfügen und diese auch nutzen wollen. Damit stellt sich das entscheidende Problem, wie derartige Systeme miteinander und mit dem Rückkanalsystem verbunden werden können (vgl. auch Abschn. 2.2.4).

2.2.3 Nachrichten/Auskunft

Dialogfähige Rückkanalsysteme erlauben eine vielfältige Nutzung gespeicherter Informationen, womit ein stärker individualisierter Zugriff zu Nachrichten- und Auskunftssystemen als in reinen Verteilsystemen ermöglicht wird.

Bezüglich der Art und des Inhalts von Informationen kann man unterscheiden zwischen statischen Informationen, die keiner oder fast keiner Veränderung unterliegen, Informationen, die ständig oder gelegentlich auf den neuesten Stand gebracht werden müssen, und aktuellen Informationen, die in Schlagzeilenform aufbereitet sind und einen größeren Teilnehmerkreis ansprechen sollen.

Die aufgeführten Einsatzfälle können nur beispielhaft die Möglichkeiten des Informations- und Auskunftswesens im Rahmen eines Rückkanalsystems darstellen.

Die wesentlichen Gründe für eine mögliche Verlagerung der Informationsverbreitung von den Druckmedien auf die elektronische Speicherung und Darbietung sind:
- die immer geringer werdenden Kosten für den elektronischen Vertriebsweg im Gegensatz zu den steigenden Kosten der Druckmedien;
- die Möglichkeit der laufenden Anpassung an den aktuellen Stand, so daß der Abrufer sicher sein kann, die neueste und gültige Auskunft zu bekommen. Bei rasch sich ändernden Auskünften (Preise, Adressen, Nachrichten, Informationen) veralten die Druckmedien häufig zu schnell, und man kann nicht sicher sein, wirklich die neuesten Informationen und Angebote zu erhalten.
- die bessere Auffindbarkeit der gesamten Nachrichten und Auskünfte zu einem Thema.

Zunächst sollen einige Szenarios mögliche Anwendungsfälle aufzeigen.

Szenario 3:
Herr Neumann hört in den Nachrichten, daß in Thailand Unruhen ausgebrochen seien. Da ihm die Verhältnisse in Ostasien nicht geläufig sind und er eigentlich die Absicht hatte, den nächsten Urlaub in Thailand zu verbringen, ruft er aus dem elektronisch gespeicherten Archiv einer großen Zeitung ausführliches Material über die politische Entwicklung in diesem Land während der vergangenen Jahre ab. Anschließend bestellt er unter dem Stichwort Thailand zusätzliche Informationen eines Lexikonverlages auf den Bildschirm, um mehr über das Land zu erfahren. Hier wird er auf die zugehörigen Bilder in der Videothek hingewiesen (vgl. Abschn. 2.2.10). Einige wichtige Unterlagen läßt er vom Kleindrucker ausdrucken, so daß er nunmehr das Basiswissen hat, in das er die künftigen Nachrichten über die politische Entwicklung einordnen kann. Aus einem Literaturverzeichnis sucht er noch einige Buchtitel aus und bestellt sie sofort bei der Städtischen Bibliothek (vgl. Abschn. 2.2.4). Von dort kommt die Mitteilung, welche dieser Titel vorhanden sind und welche im Ringleihverkehr bestellt werden müssen. Außerdem werden ihm mehrere Bewegtbildsequenzen mit Dokumentarberichten angeboten.

Szenario 4:
Herr Altenberg soll beruflich in eine andere Stadt versetzt werden. Zunächst bestellt er die Immobilienangebote für eine Mietwohnung möglichst in der Nähe des neuen Büros. Aus den auf dem Bildschirm dargebotenen ausführlichen Beschreibungen der Wohnungen mit Grundriß und Foto kommen drei in die engere Wahl. Er teilt den anbietenden Maklern sein Interesse mit und macht mit ihnen Termine aus, um die Objekte an Ort und Stelle zu besichtigen.

Nachdem er eine Wohnung gemietet hat, gibt er das Stichwort »Umzug« ein und bekommt auf dem Bildschirm ein Verzeichnis der Formalitäten, die zu erledigen sind: Abmeldung am alten Wohnort, Anmeldung (mit Unterschrift des Vermieters am neuen Ort), Ab- und Ummeldung von Strom, Gas, Wasser, Rundfunkgenehmigung, Pkw und so weiter. Zu jedem Vorgang erhält er die Mitteilung, ob eine direkte Erledigung mit dem Rückkanalsystem möglich ist oder ob er persönlich die verschiedenen Ämter und Behörden aufsuchen muß. Ist dies notwendig, so wird sofort mitgeteilt, wo sich das Amt befindet, zu welchen Zeiten es geöffnet ist und welche Unterlagen vorgelegt werden müssen.

Szenario 5:

Der Journalist Rathmann bekommt den Auftrag, einen Artikel über den Stand der Pilotprojekte für Kabelkommunikation und die politischen Implikationen zu schreiben. Da seine Kenntnisse nicht auf dem neuesten Stand sind, ruft er zunächst aus einer Pressedatenbank die Informationen zu diesem Thema ab. Die wichtigsten Einzelheiten läßt er zur weiteren Verarbeitung ausdrucken. Anschließend bestellt er die Stellungnahmen der maßgeblichen politischen Gruppen. Dabei fallen ihm bei einer der Gruppen einige Unklarheiten auf, weshalb er den Informationsspeicher dieser Gruppe anwählt und ausführlicheres Material bestellt. Nach kurzer Zeit erscheinen die Volltexte der Erklärungen auf seinem Bildschirm. Von der Videothek (vgl. auch Abschn. 2.2.10) läßt er sich die Archivbilder zu dem Thema »Kabelrundfunk« und »Glasfaserkabel« übermitteln, aus denen er geeignete zur Illustration des Artikels auswählt und bestellt.

2.2.3.1 Information aus Archiven

Zu den Institutionen, in denen Informationen gesammelt und verarbeitet werden, gehören u.a. Bibliotheken, wissenschaftliche Institute, Archive, Statistische Ämter und Presseagenturen. Sie gehen in steigendem Umfang zu einer elektronischen Speicherung der Informationen über. Zur besseren Auffindung gespeicherter Informationen wird das Material aufbereitet nach verschiedenen Kriterien wie z.B.:

- Verfasser (Redner, Bearbeiter)
- Erscheinungsjahr, -ort
- Schlagworte
- Kurzfassungen
- Volltexte und
- Abbildungen.

Durch Koppelung der Informationsspeicher mit dem Breitbandkommunikationssystem können die Informationen einem großen Teilnehmerkreis unmittelbar zur Verfügung gestellt werden. Dadurch wird jedermann in die Lage versetzt, bestimmte Unterlagen aus allen fachlichen Bereichen durch die Eingabe der entsprechenden Schlagworte einzukreisen und sofort aufzufinden. Er kann aber auch die Bibliographie eines Autors bekommen, ein Verzeichnis aller Abbildungen zu einem Thema oder ein ganz spezielles Motiv. Das Material kann für bestimmte Zeiträume geordnet werden. Zum Beispiel können die einzelnen Stellungnahmen zur Ostpolitik im Bundestag zunächst für einen bestimmten Zeitraum nach Rednern geordnet auf dem Bildschirm erscheinen; die interessierenden Aussagen bestellt man sich als Kurzfassungen. Ist man an dem Volltext interessiert, so kann er anschließend ausgedruckt werden. Die einzelnen Speicher werden miteinander verbunden, so daß man sicher sein kann, bei der Suche nach Informationen auch alle Quellen aufzuspüren.

Da die Informationen durch die jeweilige Institution fortlaufend aktualisiert werden, kann der Nutzer sicher sein, daß er auch den neuesten Stand des Themas bekommt. In besonderen Fällen können auch Festbild- und Bewegtbildspeicher in das System integriert sein, so daß zu den entsprechenden Unterlagen auch die notwendigen oder erwünschten Abbildungen und Filme abgerufen werden können (s. Abschn. 2.2.10).

Einzelne Speicher sind für aktuelle Informationen reserviert. Hier können beispielsweise die neuesten Nachrichten und Informationen, von den Weltereignissen über Sportergebnisse und Ereignisse in den einzelnen Orten bis zu fachlichen Informationen aus den verschiedenen Bereichen der Wissenschaft und Forschung, auf den Bildschirm bestellt werden.

2.2.3.2   Auskünfte von und über Behörden

Um die Zusammenarbeit mit den Behörden zu erleichtern, können auf Gemeinde-, Landes- und Bundesebene alle Auskünfte, die Bürger und Institutionen für einen behördenrelevanten Vorgang benötigen, in elektronischen Speichern zusammengefaßt und in übersichtlicher Weise für den Abruf aufbereitet werden. Dazu zählen beispielsweise:

- Alle notwendigen Voraussetzungen für die Genehmigung eines Neubaus
- Berechtigung und Einzelleistungen im Sozialbereich unter Berücksichtigung der individuellen Situation des Anfragenden oder Antragstellers
- Notwendige Unterlagen für eine Geschäftseröffnung
- Auskünfte und Checklisten für die Steuererklärung
- Formalitäten bei Geburt, Heirat, Sterbefall und anderen Personenstandsänderungen.

Dieses System sollte so gestaltet werden, daß möglichst viele Auskünfte und Vorgänge direkt von zu Hause oder dem Büro aus über das Rückkanalsystem erledigt werden können. In allen Fällen, in denen Unterlagen materiell an ein Amt geschickt werden müssen oder ein persönlicher Besuch notwendig ist, werden Adresse, Öffnungszeiten und benötigte Unterlagen angezeigt. Es wäre aber zu prüfen, ob bei manchen Vorgängen ein bestimmter Code die Unterschrift rechtsgültig ersetzen könnte.

2.2.3.3   Dienstleistungen

Die Fahrpläne der öffentlichen Verkehrsbetriebe, der Bundesbahn und der Fluggesellschaften können z.B. in der Form angeboten werden, daß der Anfrager die Verbindungen zwischen zwei Orten mit Umsteigeorten, Abfahrt- und Ankunftszeiten mitgeteilt bekommt. Der Nutzer hat die Möglichkeit, die gewünschten Fahrausweise sofort zu bestellen und von seinem Konto abbuchen zu lassen (vgl. Abschn. 2.2.2).

Bei den öffentlichen Bibliotheken kann angefragt werden, ob ein bestimmtes Buch vorrätig ist oder welche Literatur es zu einem Thema gibt. Da allmählich auch Tonband- und Videocassetten, in Zukunft sicher auch Bildplatten, in das Angebot der Bibliotheken aufgenommen werden, kann ein Medienverbund angeboten werden. Nicht vorhandene Bücher oder audiovisuelle Medien werden in dem entstehenden Speicherverbund der »Mediotheken« (vgl. Abschn. 2.2.10) gesucht und beim Fundort sofort abgerufen. Der Besteller erhält die Nachricht, wann er die gewünschten Materialien abrufen oder abholen kann.

Volkshochschulen und andere Bildungseinrichtungen, Theater und Orchester speichern ihre Programme sowie Änderungen ein. Für jede Veranstaltung wird angegeben, ob noch Plätze frei sind, so daß Reservierungen und Buchungen jederzeit bequem von zu Hause aus möglich sind.

Bei Theater-, Musik- und anderen Veranstaltungen kann man sich aus der Videothek einzelne Szenen abrufen (s. Abschn. 2.2.10), um einen Eindruck von dem Angebot zu bekommen. In manchen amerikanischen Kabelfernseh-Systemen werden solche Ausschnitte der kulturellen Ereignisse regelmäßig auf dem Lokalkanal übertragen.

Selbstverständlich können auch Wetterberichte für den interessierenden geographischen Raum im In- und Ausland, die Verkehrslage, Stadtpläne mit einem Hinweis auf die gesuchte Straße, Fahr- und Wandervorschläge für das Wochenende und weitere Informationen zur Verfügung gestellt werden.

2.2.3.4 Handel

Indem der Handel die Möglichkeit erhält, seine Produkte mit aktueller Preisangabe auf elektronischem Wege anzubieten, wird die Angebots- und Preistransparenz des Marktes verbessert. Die einzelnen Angebote können von neutraler Seite so zusammengestellt werden, daß bei der Anfrage nach einem bestimmten Produkt die einzelnen Typen mit genauen Angaben aufgeführt werden. Hat man sich für ein bestimmtes Produkt entschieden, kann man erfahren, in welchen Geschäften es zu welchem Preis erhältlich ist. Auch Bestellungen können über den Rückkanal aufgegeben werden.

Das Branchenverzeichnis kann nach Dienstleistung und Stadtteil abgerufen werden. So erfährt der Nutzer sofort, welcher Installateur in seiner unmittelbaren Umgebung Dienst hat.

Der Versandhandel speichert seine Angebote als Einzelbilder mit der notwendigen Beschreibung ein. Mit Hilfe eines Registers werden die Abbildungen über den Rückkanal angefordert. Hier können die Angebote der verschiedenen Versandhäuser und Einzelhandelsgeschäfte miteinander verglichen werden.

2.2.3.5 Geldwesen und Versicherungen

Das Kreditgewerbe hat sich bereits weitgehend auf die Abwicklung der Bankgeschäfte mit dem Computer umgestellt. Geldautomaten ermöglichen, daß zu jeder Tageszeit mit einer Code-Karte und einem gesonderten Code Bargeld abgehoben werden kann. Der Trend geht aber dahin, möglichst weitgehend auf das Bargeld zu verzichten und es durch reine Buchungsvorgänge zu ersetzen. Nach Schätzungen können rund 70 Prozent der Bankgeschäfte über Dialogsysteme abgewickelt werden. Die ersten Ansätze zu dieser Umstellung, bei der anstelle des Geldes nur noch Informationen ausgetauscht werden, zeichnen sich bereits bei dem über Bildschirmtext geführten Konto ab.

Neben dem Kontostand kann der Kunde jederzeit
- Börsenberichte,
- Angebote für festverzinsliche Papiere,
- Auskunft über Kreditkonditionen und Hypothekenzinsen abrufen.
Über formatisierte Seiten (Bildschirmformulare) werden dann sofort die Aufträge an die Bank gegeben.

Die Versicherungen können über die verschiedenen Versicherungsmöglichkeiten Auskunft geben und individuelle Einzelheiten auf Anfrage übertragen oder gesondert berechnen. Einfache Versicherungen (Reisegepäck, befristete Unfallversicherungen) werden über formatisierte Seiten direkt abgeschlossen. In Schadensfällen wird die Versicherung über Art und Einzelheiten des Schadens direkt unterrichtet; in vielen Fällen kann daraufhin der Schaden sofort reguliert werden.

Bei Diensten dieser Art muß natürlich in besonderer Weise dem Schutz der Daten sowohl gegenüber »Mithören« bei der Übertragung in beiden Richtungen als auch gegenüber unbefugtem Abfragen bei der Speicherung Rechnung getragen werden.

2.2.3.6 Wirtschaft

Kleinere und mittlere Unternehmen können über den Rückkanal die Produkt- und Ersatzteilangebote der Industrieunternehmen oder Großhändler abrufen, miteinander vergleichen und direkt bestellen. Hierdurch kann auch für den kleineren Gewerbe-treibenden eine größere Markttransparenz erreicht werden, die seine Konkurrenzfähig-keit steigert. Vor allem ist er dadurch in der Lage, Bezugsquellen für selten verlangte Artikel zu finden. Sofern es notwendig ist, ruft er aus der Videothek die Produkt-abbildungen ab und zeigt sie dem Kunden zur Auswahl.

Diese Informationen werden nicht jedem zugänglich sein, sondern der geschlossenen Nutzergruppe der Gewerbetreibenden gegen Code vorbehalten bleiben, um ihnen die Möglichkeit zu geben, nach Fabrik- oder Großhandelspreisen und Nachfrage den End-preis selbst zu kalkulieren. Kleine Unternehmen, die über keine EDV-Anlage verfügen, können auf diesem Weg auch z.B. an Steuer- und Zahlungstermine erinnert werden oder sich Kalkulationen erstellen lassen.

Die zuständigen Verbände oder Einkaufsgenossenschaften werden wichtige neue Infor-mationen (zum Beispiel neue Gesetze, Verordnungen, Grundsatzurteile) in ihren Speichern für die Mitglieder zur Verfügung halten. Sitzungstermine und interne Mit-teilungen können den berechtigten Abrufern mitgeteilt werden.

2.2.3.7 Adressen

Adreß- und Fernsprechbücher, Branchenverzeichnisse und spezielle Adressenzusam-menstellungen (Verbandsmitglieder, Verbände mit Unterorganisationen, Gewerk-schaften mit den örtlichen Büros und so weiter) werden allmählich nicht mehr in gedruck-ter Form erscheinen, sondern in EDV-Anlagen eingespeichert. Neben den hohen Herstellungs- und Vertriebskosten für die Druckwerke veralten sie durch die steigende Mobilität immer schneller. Jede Adresse kann mit einer alphanumerischen Tastatur über den Rückkanal abgefragt werden.

Auf besonderen Wunsch kann weitere Auskunft über eine gewerbliche Adresse gegeben werden, zum Beispiel über Spezialgebiete, auf die sich ein Handels- oder Dienst-leistungsunternehmen spezialisiert hat.

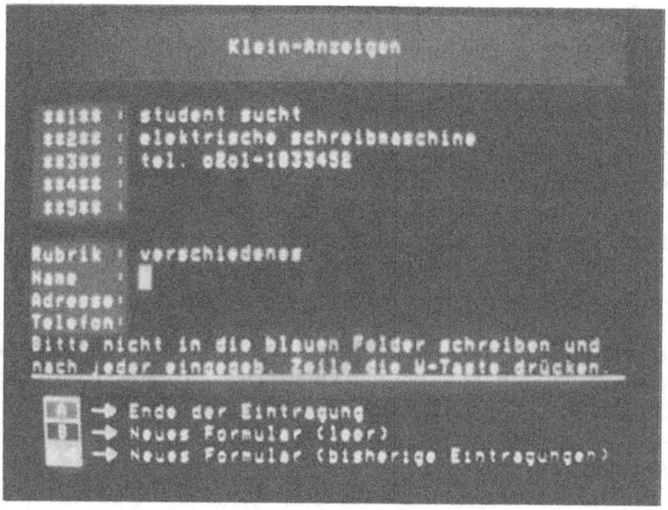

Bild 2.1   Kleinanzeigen

2.2.3.8   Individuelle Nachrichten und Auskünfte

Als gesonderter Bereich sei schließlich der individuelle Austausch privater Mitteilungen erwähnt. Über formatisierte Seiten können mit einer alphanumerischen Tastatur Nachrichten auch zwischen Privatleuten ausgetauscht werden oder Anfragen an Institutionen und deren Antworten frei formuliert werden. Eine Anwendung dafür ist u.a. der sehr stark expandierende Kleinanzeigenmarkt, für den hier *Bild* 2.1 als Beispiel diene.

2.2.4   Zugriff auf externe Datenbanken

Rückkanalsysteme können Zugang zu externen rechnergestützten Informations- und Datenbanksystemen haben. Falls ein Teilnehmer an seinem Endgerät des Rückkanalsystems eine Frage hat, die dieses System ihm nicht beantworten kann, so hat er die Möglichkeit, die Anfrage im Dialog an andere Systeme weiterzugeben. So stehen ihm die vielfältigen Informationen anderer Datenbanksysteme zur Verfügung. Auch bei den anderen Nutzungsklassen kann ein Zugriff auf externe Rechner oder Datenbanken notwendig oder sinnvoll sein. Das folgende Szenario soll dies beispielhaft veranschaulichen:

Szenario 6:
Herr Meyer arbeitet an einem Feuilleton über Datenschutzprobleme. Beim Schreiben fällt ihm auf, daß es zum besseren Verständnis seiner Ausführungen ganz gut wäre, einzelne Beispiele aus der Rechtsprechung anzuführen. Da Herr Meyer schon Experte bei der Nutzung des Systems ist, gibt er gleich nach dem Einschalten seines Endgerätes den Auftrag »Verbindung mit der Datenbank Recht«, der auch sogleich ausgeführt wird. Nach einer kurzen Einführung in die Sprachkonventionen des Datenbanksystems, hat Herr Meyer die Möglichkeit, aus den angebotenen Fachgebieten auszuwählen. Er formuliert im Bereich »Datenschutz« seine Anfrage nach Grundsatzurteilen und exemplarischen Fällen und gibt den Auftrag, die ausgewählten Texte an seinem Terminal auszudrucken. Während der Drucker läuft, kommt sein Sohn ins Arbeitszimmer und bittet ihn, bei der Literaturrecherche für seine Hausarbeit zu helfen. Dazu wechselt Herr Meyer die Datenbankverbindung. Im Bereich »Bibliotheksauskunft« können die beiden im Dialog recht schnell die gewünschte Anfrage formulieren. Das Datenbanksystem teilt nun mit, daß zum gewünschten Thema über 100 Kurzfassungen und Titel existieren. Herr Meyer junior entscheidet sich dafür, den Ausdruck der Dokumente nicht am Endgerät vorzunehmen, sondern im Dialog die Anfrage zu verfeinern. Sein Vater hilft ihm bei der Formulierung. Nach kurzer Zeit ist die Anfrage so präzisiert, daß das Datenbanksystem 18 Dokumente ausgeben kann.

2.2.5   Spiele

Das folgende Szenario soll die Möglichkeiten illustrieren, in Rückkanalsystemen Spiele anzubieten:

Szenario 7:
Fritz Schulze ist krank und möchte gern Gobang spielen. Über seinen Rückkanal wählt er aus der Palette der ihm angebotenen Spiele (siehe z.B. *Bild* 2.2) dieses Spiel aus. Das System stellt auf dem Bildschirm das Spielfeld dar und lost den Beginner aus. Nach dem dritten Spielzug macht der Rechner Fritz auf eine Regelwidrigkeit aufmerksam und bietet ihm Spielregeln an. Fritz liest diese aufmerksam durch und läßt sich ein kurzes Beispiel geben. Dann geht die Partie weiter. Im weiteren Verlauf des Spiels möchte Fritz, daß sein »Partner« schwieriger und raffinierter spielt; er wählt einen

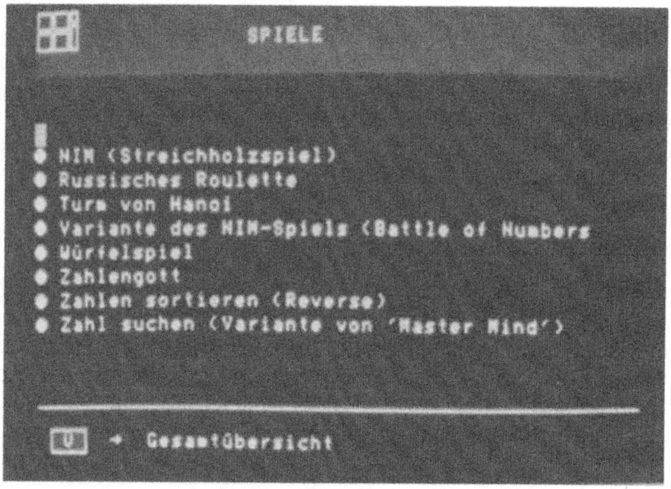

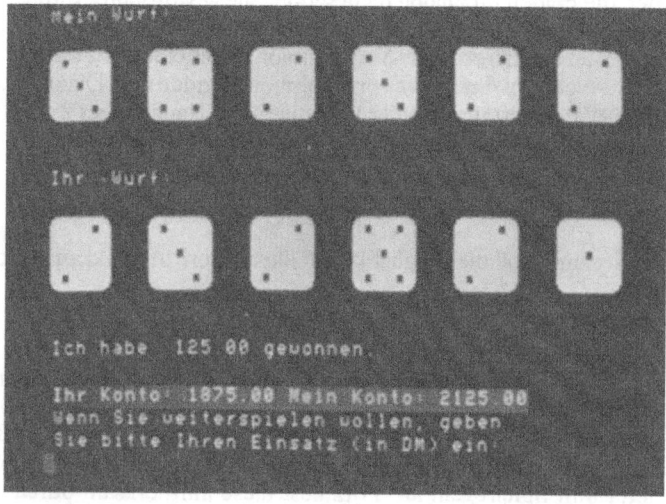

Bild 2.2   Auswahl eines Angebots interaktiver TV-Spiele

höheren Schwierigkeitsgrad und andere Spielregeln. Das System akzeptiert dies und gewinnt nach wenigen Zügen.

Die möglichen Arten derartiger Spiele kann man in folgender Weise einteilen:
– Zufallsspiele
– algorithmische Spiele
– Kommunikationsspiele

2.2.5.1   Zufallsspiele

Zufallsspiele sind dadurch definiert, daß der Spielverlauf und der Spielausgang nicht vorhersehbar sind. Hierbei ist es auch möglich, eine Spielausgangssituation vom Zufall

Bild 2.3   Würfelspiel

bestimmen zu lassen. In allen Fällen führt der Rechner das Spielfeld und überwacht die Einhaltung der Spielregeln. Da diese Art von Spielen recht schnell langweilig wird, ist bei ständiger Nutzung ein differenziertes und oft wechselndes Spieleangebot erforderlich. Zur Steigerung der Attraktivität ist der Einsatz von Graphik und Ton recht sinnvoll. Ein Beispiel eines derartigen Spiels ist das in *Bild* 2.3 dargestellte Würfelspiel.

2.2.5.2 Algorithmische Spiele

Bei den algorithmischen Spielen können auch einfache Spiele realisiert werden, bei denen der Rechner nur Spielfeldhalter ist. Er kontrolliert dabei die Einhaltung der Spielregeln. Beispiele hierfür sind: Turm von Hanoi (s. *Bild* 2.4), Einsiedlerspiel, Nim, etc.

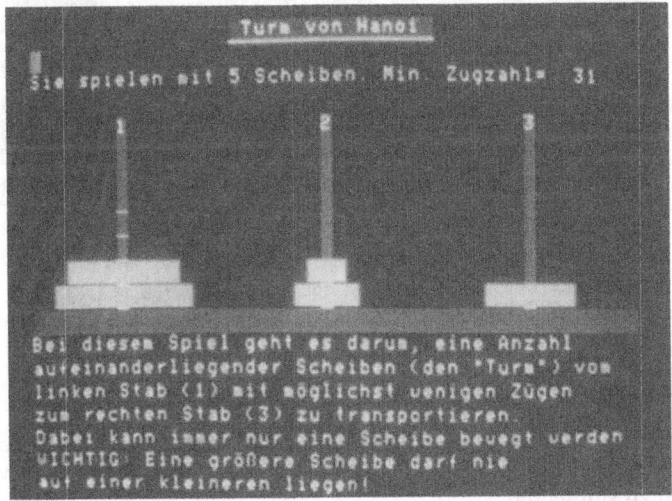

Bild 2.4   Darstellung eines Spielstandes beim Spiel »Turm von Hanoi«

Bei vielen dieser Spiele ist es denkbar, daß der Spieler das Spielfeld und damit die Ausgangssituation in gewissen Grenzen selbst gestaltet.

Bei den übrigen algorithmischen Spielen ist in erster Linie beabsichtigt, daß der Rechner einen oder mehrere Spielpartner mit adäquater Fähigkeit ersetzt. Die Spielstärke und Intelligenz müssen daher variierbar sein. Beispiele hierfür sind: Schach, Mühle, Kalah, Go/Gobang etc.

Stellvertretend für andere soll hier das Spiel Kalah (siehe *Bild* 2.5) beschrieben werden: Kalah ist ein sehr altes Spiel, das seinen Ursprung bei den Nomaden Nordafrikas hat. Dort wurde es auf dem Boden hockend mit kleinen Steinen gespielt. Das Spielfeld besteht aus 2 gegenüberliegenden Reihen von je 6 Gruben und jeweils einer rechts davon liegenden großen Sammelgrube. Die Spieler wählen abwechselnd jeweils eine der ihnen zugewandten kleinen Gruben aus und nehmen die darin liegenden Steine auf. Diese werden entgegen dem Uhrzeigersinn beginnend mit der rechts von der gewählten Grube liegenden Grube verteilt, wobei die gegnerische Sammelgrube ausgelassen wird. Durch die Variation von Erlauben und Verbieten von diversen Spielzügen kommt Spannung in das Spiel, die der Nutzer durch Kommandos lenken kann. Es liegt auch bei ihm, welche Spielstärke er wählen will. Er kann jederzeit das Spiel beenden bzw. ein neues anfangen. Der Benutzer setzt den Spielstein mit dem Cursor (Schreibmarke), der Rechner zeigt den Spielstand an.

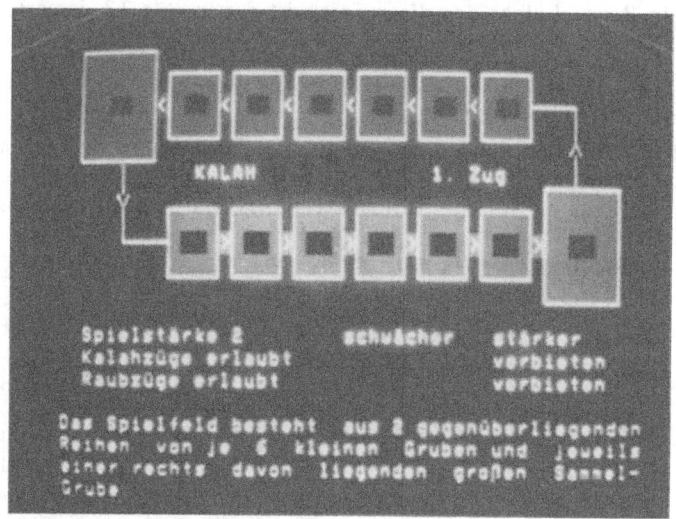

Bild 2.5   Das Spiel »Kalah«

2.2.5.3   Kommunikative Spiele

Bei den kommunikativen Spielen übernimmt der Rechner die Aufgabe, die Spielpartner zu vermitteln, die Einhaltung der Spielregeln zu überprüfen und evtl. fehlende Spielpartner zu simulieren.

Generell sollte man bei der Gestaltung und Auswahl der Spiele Merkmale einer Spieltheorie /10/ zugrundelegen, in der davon ausgegangen wird, daß Spielsysteme zugleich Lernsysteme sind. Lernen (s. auch Abschn. 2.2.6) heißt dabei:
- mit seiner Umwelt in Wechselwirkung treten,
- auf Grund der Wechselwirkung die eigenen Verhaltensweisen, Reaktionsnormen, Systemparameter ändern,
- die Umwelt strukturieren und
- intrinsisch motiviert sein.

Spiele müssen auch im Verlauf selbstbestimmt sein und sollten Konstruktionsprinzipien für Lernarrangements genügen wie z.B.:
- Spiele sollten mehrere Perspektiven (aktiv, passiv, strategisch, ästhetisch) berücksichtigen
- Spiele sollten autotelisch (freiwillig, selbstbestimmt, ohne Risiko) sein
- Spiele sollten produktiv sein, d.h. der Spieler muß Entdeckungen machen können, ohne auf Anleitung von Autoritätspersonen angewiesen zu sein (z.B. muß man bei Schach die Regeln kennen lernen, um sich dann selbst zu verbessern)
- Spiele sollten personal sein, d.h. das System muß auf die Aktivitäten des Spielers reagieren, nicht nur in Bezug auf die Spielzüge, sondern auch als Rückmeldung über sein Spiel (Lern-)verhalten (vgl. Abschn. 2.2.6).

Diese Wünsche an die Auslegung von Spielen führen zu entsprechenden Anforderungen an die Realisierung im Rückkanalsystem. Dabei kann davon ausgegangen werden, daß es keine typischen Spiele gibt und das Spieleangebot ein breites Spektrum aufweisen wird. Merkmale wie Spannung, Entspannung, Geselligkeit, Kreativität, wie sie grundlegend für alle Spiele sind, werden ebenso zu berücksichtigen sein wie die Spielermerkmale bzw. die Zielgruppenbestimmung der Spiele.

2.2.6 Lernen

Neue technische Medien wurden in der Vergangenheit stets kurze Zeit nach ihrer Einführung auch im Bildungsbereich genutzt; der Unterrichtsfilm, der Schulfunk und das Schulfernsehen sind die bekanntesten Beispiele. Auch Rückkanalsysteme bieten für den Bildungsbereich eine Fülle von Nutzungsmöglichkeiten (siehe Angebotsbeispiel in *Bild* 2.6), da sie einerseits die Hauptfunktionen der audiovisuellen Medien – nämlich Veranschaulichung und Ergänzung des Unterrichts – integrieren, andererseits aufgrund des Rückkanals neue didaktische Möglichkeiten eröffnen: Mit Hilfe der Rückkanaltechnik kann der Lernende je nach seinem individuellen Bedürfnis gezielt Bildungsinformationen und -angebote abrufen, Lernprogramme nach seinem persönlichen Lerntempo und Schwierigkeitsniveau bearbeiten und sogar einen Fern-Dialog mit einem Tutor in der Zentrale führen.

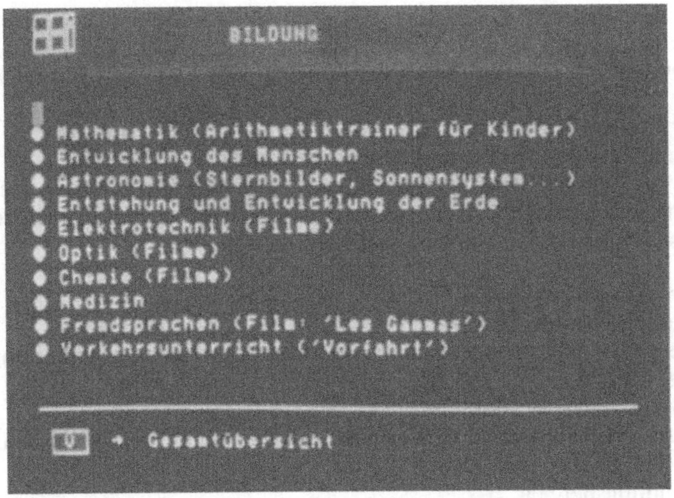

Bild 2.6   Angebotsbeispiel für die Nutzung des Rückkanals im Bereich Bildung

Einige Möglichkeiten sollen durch das folgende Szenario verdeutlicht werden.

Szenario 8:
Frau K. hat am Vorabend um 19 Uhr die Folge 22 der Fernsehendung »Französisch für den Urlaub« versäumt; sie bestellt die Sendung für 9.30 Uhr zur Wiederholung. Ihr Sohn Peter kann seine Hausaufgaben in Physik nicht lösen, weil er nicht mehr weiß, wie man den Logarithmus berechnet. Im Lernprogrammverzeichnis findet er ein Nachhilfeprogramm, das ihm in wenigen Sekunden auf seinem Bildschirm bereitgestellt wird.

Herr K. möchte sich beruflich weiterqualifizieren und hat einen Programmierkursus belegt. Wann immer er etwas Zeit und Lust hat, setzt er sich ans Terminal. Durch Lernerfolgstests ist er über seinen Lernstand bestens unterrichtet. Der Lernberater teilt ihm mit, daß er den Kurs in ca. einem Monat abschließen kann, wenn er so eifrig wie bisher weiterarbeitet.

Dies sind nur einige Beispiele für eine große Palette von Diensten, die im Bildungsbereich mit Hilfe des Rückkanals angeboten werden können und im folgenden näher beschrieben sind.

2.2.6.1 Auskünfte über Bildungsveranstaltungen

Ankündigungen von Terminen für den Schul-, Aus- und Weiterbildungsbereich oder für allgemeine Bildungsveranstaltungen, Bekanntgabe der Adressen und Öffnungszeiten von Bildungsinstituten, Bildungsveranstaltungen und -angebote können mit Hilfe des Rückkanals gezielt und schnell abgefragt werden. Dadurch werden mühsame schriftliche bzw. telefonische Anfragen oder gar langwierige Anfahrten vermieden. Bei spontanem Interesse an Bildungsangeboten läßt sich in kürzester Zeit ein Überblick über relevante Angebote erreichen.

Ein derartiger Dienst könnte neueste Auskünfte anbieten z.B. über *Termine* wie
- Schul- bzw. Kurs-/Semesterbeginn
- schulfreie Tage
- Ferienzeiten
- Einschreibungs- und Anmeldefristen für Kurse an Hochschulen, Volkshochschulen, Akademien
- Eingangsprüfungen, Probezeiten, Abschlußprüfungen
- ärztliche Untersuchungen, Beratungen, Sprechstunden
- Sitzungen von Gremien, Sonderveranstaltungen (wie z.B. Vorträge, Feste, Treffen) und
- über kurzfristige Terminänderungen als Folge unvorhergesehener Ereignisse wie z.B. Unterrichtsausfall wegen Erkrankung der Lehrkräfte;

über *Adressen und Öffnungszeiten*
- im Vorschul- und Schulbereich:
  von Kindergärten, Vorschuleinrichtungen, Schulen, Erziehungsberatungsstellen, Jugendfreizeitheimen
- im Hochschulbereich:
  von Instituten, Bibliotheken, Studienberatungsdiensten, Arbeitsgruppen, studentischen Vereinigungen
- im Weiterbildungsbereich:
  von Berufsberatungsstellen, Volkshochschulen
- im allgemeinen Bildungsbereich:
  von Museen, Ausstellungen, Stadtbibliotheken, Sprachinstituten;

über *Bildungsangebote*.
Hier handelt es sich um Auskünfte über regionale Bildungsangebote von Bildungsinstituten, Rundfunkanstalten, privaten Einrichtungen inklusive Kinos und Vereinen sowie von Privatpersonen, beispielsweise durch
- Einzelkurse:
  handwerkliche, musische Kurse, Sprachkurse, Sportkurse, Kochkurse, Haushaltsführungskurse, Kurse im Rahmen einer beruflichen Aus- und Weiterbildung
- kulturelle Einzelveranstaltungen:
  musikalische Veranstaltungen, Vorträge, Führungen, Feiern

– Aktivitätsgruppen:
Diskussionsgruppen, Wandergruppen, Tanzgruppen, Sportvereine, Musikvereine, politische Gruppen.

2.2.6.2. Aufsuchen von Einzelinformationen für Lernzwecke

Der Rückkanal bietet auch die Möglichkeit, ein »elektronisches Lexikon« im Dialog zu nutzen. So läßt sich jede gewünschte lexikalische Information nach Eingabe des Stichwortes abrufen – ergänzt durch farbige Einzelbilder oder sogar durch kurze Farb-

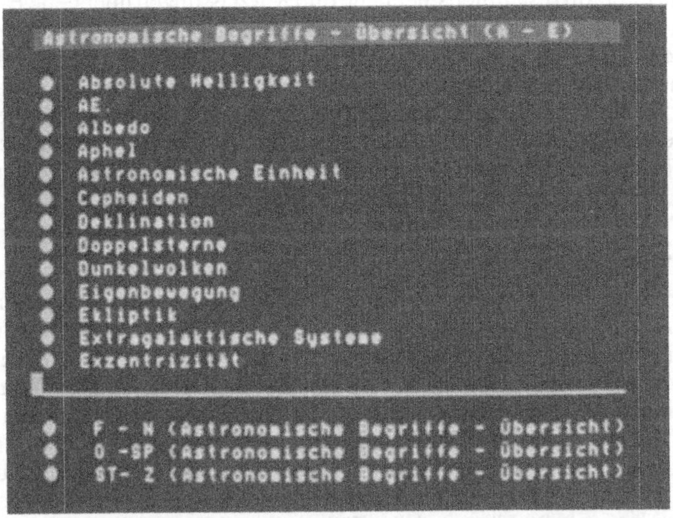

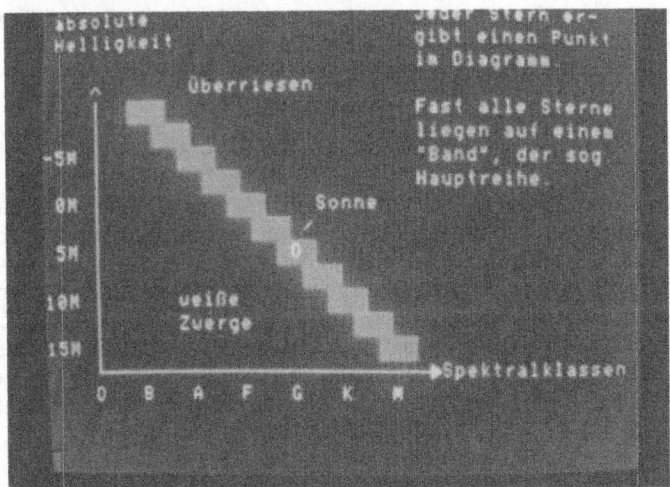

Bild 2.7   Lexikalische Wissensvermittlung (Stichwortliste aus dem Gebiet der
der Astronomie)

Bild 2.8   Lexikalische Wissensvermittlung (Beispieldiagramm aus dem Gebiet
der Astronomie)

bildsequenzen, wenn diese einen wesentlichen Erklärungswert liefern, wie z.B. bei der Beschreibung von Entwicklungsvorgängen oder Fertigungsprozessen. Quellen- und Adressenangaben weisen auf weitere externe Informationsträger hin. Anders als das gedruckte Lexikon, das man wegen seines hohen Anschaffungspreises über Jahrzehnte benutzt, bietet das System eine lexikalische Wissensvermittlung, bei der neue wissenschaftliche Erkenntnisse, Ereignisse und Entwicklungen schnell berücsichtigt werden können.

Für einzelne Themen- und Arbeitsbereiche können Dokumentationsdienste angeboten werden, die Literaturzusammenstellungen und Kurzfassungen über neue Entwicklungsergebnisse oder Forschungsarbeiten liefern. Diese Informationen müssen von Experten in Abständen von 1 bis 3 Monaten zusammengestellt und unter Schlüsselbegriffen in der Rechnerzentrale gespeichert werden. Für den einzelnen Benutzer entfällt dann die mühsame Suche in Zeitungen und Zeitschriften, wobei der enorme Zeitgewinn in keinem Verhältnis zu den Benutzerkosten stehen dürfte. Zur Illustration der lexikalischen Wissensvermittlung sollen die *Bilder* 2.7 bzw. 2.8 dienen. Weitere Beispiele zu diesem Bereich sind in den Abschn. 2.2.3 bzw 2.2.8 dargestellt.

2.2.6.3 Zeitunabhängiges Abrufen von Bildungssendungen

Die derzeit von den Rundfunkanstalten angebotenen Bildungsprogramme werden häufig zu Zeiten (z.B. vormittags oder abends nach 22 Uhr) gesendet, die nur für einen Teil der interessierten Zuschauer akzeptabel sind. Rückkanalsysteme gestatten im Rahmen der zur Verfügung stehenden Kapazität den Abruf von Bildungssendungen zum individuell gewünschten Zeitpunkt (s. Abschn. 2.2.10). Mit Hilfe einer Programmübersicht, die nach Sach- und Themengebieten gegliedert ist, trifft der Benutzer seine gezielte Auswahl der gesuchten Sendung, sei es aus dem Bereich der Kunst, Musik, Literatur, Wirtschaft, Technik, Politik, Medizin oder der Gesundheitspflege, Erziehung und Naturwissenschaft. Für spezielle Zielgruppen können Schwerpunktprogramme bereitgestellt werden, die den besonderen Interessen (vgl. Unterabschn. 2.2.7.1) entsprechen und auf Anforderung empfangen werden können. So können auch Schulfunk- und Schulfernsehsendungen vom Lehrer exakt zu dem Zeitpunkt angefordert werden, zu dem er diese Sendungen im Unterricht benötigt. Auf ähnliche Weise könnte man sich ein Angebot von Nachhilfesendungen vorstellen, die nachmittags abgerufen werden können und auch Eltern einen Einblick in die Lernstoffe ihrer Kinder geben.

2.2.6.4 Adaptives Lernen

Unterricht ist um so effektiver, je mehr er den Lernprozeß der Lernenden berücksichtigt. Das einfachste Verfahren, die Reaktionen einer Lerngruppe in Bildungssendungen direkt zu berücksichtigen, besteht in der Darbietung von Antwortmöglichkeiten und der Erfassung der jeweils ausgewählten Antworten. Mit diesem Verfahren kann der Moderator im Studio an den Antworten der Zuschauer erkennen, wo Verständnislücken oder Fehlinformationen bestehen und entsprechend Zusatzinformationen und Beispiele anbieten. Eine wesentlich genauere Anpassung des Lernvorgangs an die Eigenschaften und Lernfortschritte des einzelnen Lernenden gestattet der programmierte Unterricht.

Mit einem Rückkanal ist computerunterstützter (programmierter) Unterricht für den einzelnen von seinem Heimterminal aus jederzeit möglich. Beim programmierten Lernen kann der Lernende das Lerntempo selbst steuern und das Schwierigkeitsniveau an seine Kenntnisse anpassen, indem er zusätzliche Beispiele und Erläuterungen anfordert oder eine schwierige Stelle mehrmals bearbeitet. Aufgabenlösungen und Antworten gibt der Lernende direkt über sein Terminal zur Zentrale und erhält die lernpsychologisch so wichtige sofortige Rückmeldung über die Richtigkeit. Ein Beispiel hierzu ist im *Bild* 2.9 wiedergegeben. Die Testaufgaben können dabei auch als eine Folge von Bildern dargeboten werden.

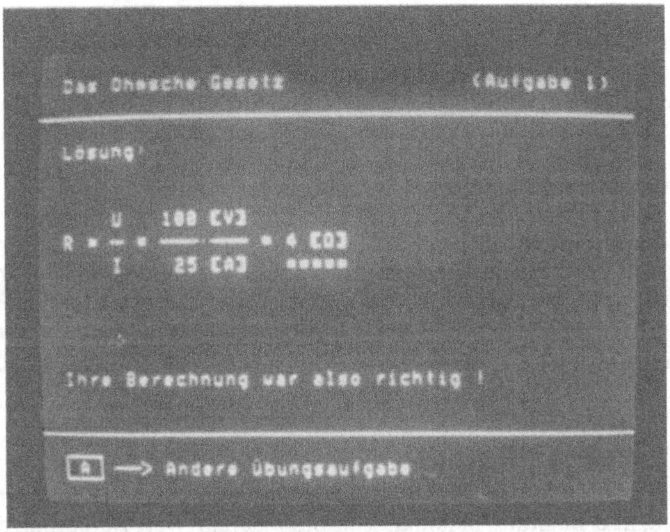

Bild 2.9   Beispiel der Lösung einer Testaufgabe

Lernprogramme könnten vor allem für die Nachhilfe und den Förderunterricht angeboten werden; ferner auch für Erwachsene, die sich in einem Arbeitsbereich (z.B. Statistik, kaufmännisches Rechnen) unter systematischer Anleitung weiterbilden möchten.

Für den Bereich der Hochschule sind Simulationsexperimente am Terminal (z.B. in den Wirtschaftswissenschaften, in Physik oder Biologie) von besonderem Interesse. Lösungsansätze werden vom Computer unter Berücksichtigung einer Vielzahl von Variablen in Sekundenschnelle durchgespielt. Die Richtigkeit einer gewählten Strategie wird sofort belegt. Übergeordnetes Lernziel ist hierbei die Förderung von Problemlösungsverhalten und kreativem Denken.

Lernerfolgstests sind wichtige Bestandteile des Unterrichts, da hier der Lernende eine Gesamtrückmeldung über seinen Lernstand erhält. Durch die automatische Auswertung per Computer entfällt langes Warten auf die Ergebnisse; sie werden unmittelbar nach Bearbeitung des Tests präsentiert. Für den Lehrer bzw. Dozenten werden die Testergebnisse der gesamten Lerngruppe statistisch aufbereitet und in Beurteilungsbögen eingetragen.

2.2.6.5   Dialog mit dem Tutor

Viele Lernfragen, -probleme und -schwierigkeiten sind sehr individuell und lassen sich in Bildungssendungen und Lernprogrammen nicht beantworten. Sie können am Beginn eines Lernvorganges auftreten, wenn der Lernende sein Lerninteresse oder seine Ausgangsfrage formulieren soll, oder irgendwo mitten im Lernprozeß, wenn der Lernende sich plötzlich in einer Sackgasse glaubt. Ein kurzes Gespräch mit dem Tutor in der Zentrale oder einer daran angeschlossenen Institution könnte da weiterhelfen. Um sicherzustellen, daß für den Fragesteller ein kompetenter Dialogpartner erreichbar ist, kann die Lernberatung für die unterschiedlichen Sachgebiete nur innerhalb vereinbarter Sprechzeiten stattfinden; anderenfalls müßten die Fragen über das Terminal an den Tutor eingegeben werden.

Ergänzend zur Lernberatung ist auch eine vorklärende Erziehungs- und Bildungsberatung denkbar. Das Problemspektrum im Bildungsbereich reicht von der Babypflege, Kleinkindererziehung, Schuleingangsberatung, Erziehungsproblemen, Schul- und Lernproblemen bis zu Studien-, Berufs- und Fortbildungsfragen. Hier könnte der Tutor zumindest bei der Präzisierung der Fragestellung und bei der Suche nach kompetenten Beratungsstellen behilflich sein.

Vor allem durch diese Möglichkeiten des Dialogs zur Lösung individueller Fragen und Probleme wird das Rückkanalsystem im Bildungsbereich eine hohe Attraktivität gewinnen, da diese Möglichkeiten im Vergleich zur gegenwärtigen Situation eine substantielle Verbesserung bedeuten. Die intensive Entwicklung und Nutzung des Rückkanals im Bildungsbereich wird mit Sicherheit Rückwirkungen auf die gegenwärtige Form der Angebote in den Bildungsinstitutionen haben.

2.2.7 Anleitung/Beratung

Rückkanalsysteme können für den Benutzer eine wesentliche Hilfe darstellen, wenn er Anleitung und Beratung benötigt. Von besonderem Wert ist hierbei, daß in Breitbandanlagen stillstehende und bewegte Bilder übertragen werden können. Dies sollen die folgenden Szenarios verdeutlichen.

2.2.7.1 Die Nutzung von Rückkanalsystemen zur Hilfe für Behinderte

Die Diskussionen über künftige technische Kommunikationssysteme gehen normalerweise von der allgemeinen Anwendung in Industrie, Handel und Verwaltung oder der privaten Nutzung durch die Bevölkerung aus. Eine häufig unbeachtete Gruppe von Menschen innerhalb unserer Gesellschaft sind Behinderte mit unterschiedlichen Beeinträchtigungen. Ihre Situation ist gekennzeichnet durch erschwerten Zugang zu den allgemeinen Angeboten von Bildung, Unterhaltung, Information und Kommunikation. Daraus resultieren unterschiedliche, aber allenthalben vorhandene Formen von Benachteiligung und Isolation. Sowohl für ältere Menschen als auch für körper-, sinnes-, lern- oder geistigbehinderte Menschen bestehen Barrieren, die ihnen nicht nur die Teilnahme am normalen Leben verwehren, sondern selbst lebensnotwendige Kontaktaufnahme unmöglich erscheinen lassen.

Die Entwicklung technischer Möglichkeiten könnte zumindest Hilfen und Erleichterungen in der alltäglichen Lebensbewältigung Behinderter und deren Angehöriger bringen und unter Umständen, wie die folgenden Szenarios andeuten wollen, wertvolle Beiträge zu Beratung, Förderung und Rehabilitation leisten.

Szenario 9:
Familie R. lebt mit drei Kindern im Alter zwischen 6 und 15 Jahren und dem 70jährigen Großvater am Rande einer Großstadt. Der sechsjährige Sohn Martin ist spastisch gelähmt. Die gestörte Bewegungskoordination der Muskeln betrifft vor allem die Beine, so daß das Kind nur mühsam gehen kann. Martin gehört zu den 90% Spastikern, die

mehrfachbehindert sind. Er leidet zusätzlich an Sprechstörungen und muß ständig üben, seine Gedanken verkrampfungsfrei in Sprache zu übersetzen.

Frau R. hat bestimmte Auffälligkeiten an ihrem jüngsten Sohn bereits in dessen ersten Lebensmonaten bemerkt, da sie sich an den wöchentlichen telekommunikativen Gesundheitsberatungen beteiligte. Über den Gesundheitsinformationsdienst erhielt sie auch den Hinweis auf ein Spastikerzentrum für Kinder, an das sie sich wandte. Hier erhielt Frau R. Anweisungen zur Behandlung und Ernährung ihres Kindes und als besonders vordringlich eine Einführung in die krankengymnastische Therapie, die zur Normalisierung von Bewegungsmustern führen soll. Die Wiederholung der Übungen und die weiterführenden Trainings konnte sie nach dieser Einführung täglich zuhause vornehmen. Eine audiovisuelle Anleitung kann jeweils zeitunabhängig abgerufen werden. Die verschiedenen Familienmitglieder teilen sich die Aufgabe, mit Martin die tägliche Krankengymnastik durchzuführen. Zweimal wöchentlich werden zu einer festgesetzten Zeit Sprechübungen über den Rückkanal mit Kontrolle durch den Logopäden des Spastikerzentrums durchgeführt. Die Artikulation der Wörter kann unmittelbar korrigiert werden. Wenn beispielsweise ein Wort oder ein Satz zu hastig gesprochen wird, bittet der Logopäde das Kind um Wiederholung. Martin schaut zu und wiederholt langsam. Unabhängig von den fachlich betreuten Sprechübungen können zusätzliche Trainingshilfen jederzeit abgerufen werden.

Durch die ständig verfügbaren Therapie- und Übungsanweisungen wurde viel Zeit gewonnen, die sonst für mühsame Anfahrten gebraucht worden wäre. Möglicherweise wäre ein Heimaufenthalt unvermeidlich gewesen. Die nun im Kreis der Familie erzielten Erfolge werden vor Erreichen des Schulalters durch einen abgerufenen Schulreifetest überprüft, den Martin aufgrund seiner Übungserfahrung ohne Angst absolviert.

Um den Kontakt zu den Eltern anderer behinderter Kinder aufzubauen, organisiert Großvater R. kleinere Treffen. Über eine geschlossene Benutzergruppe im Rückkanalsystem verständigt er die Teilnehmer. Solche Zusammenkünfte führen zu Erfahrungsaustausch mit den therapeutischen Maßnahmen und zur Rückmeldung an das Zentrum. Die positiven Erfahrungen, die Großvater R. mit seinem Enkelsohn im Hinblick auf die telekommunikative Unterstützung gemacht hat, bringt er in einen Vorschlag zur Reaktivierung alter Menschen ein, die durch einen Schlaganfall sowohl in ihrer Bewegungs- als auch in ihrer Sprechfähigkeit beeinträchtigt sind.

Bevor Großvater R. seine Besuchsrunde bei einigen älteren Mitgliedern der Gemeinde macht, kündigt er seinen Besuch an. Dabei kommt ihm der Mitteilungsdienst des Systems zu Hilfe, da manche seiner Bekannten schwerhörig sind und durch telefonische Ankündigung häufig Mißverständnisse entstehen. Bei solchen Besuchen kann Großvater R. auch von seiner Übung in der Informationssuche Gebrauch machen, wenn Fragen nach der Möglichkeit von Sozialhilfe, von Abholdiensten oder offener Altenhilfe aufkommen. Manchmal sucht er auf diese Weise nach einem geeigneten Erholungsaufenthalt für ältere Menschen, nach einem Altenclub in der Nähe oder bestellt die Sendung eines besonderen Filmes für eine bestimmte Zeit.

Szenario 10:
Stefan D., ein gehörloser junger Mann, der von seinen Eltern täglich in eine Realschule für Gehörlose gefahren wurde, hat die Mittlere Reife bestanden. Er möchte Mechaniker werden und hat einen Ausbildungsplatz in einer mittleren Stadt gefunden. Zum ersten Mal versucht Stefan, ohne die dauernde Anwesenheit der Eltern und Geschwister zu leben.

Stefan gehört zu den 127000 hochgradig Hörbehinderten und Gehörlosen, die in der Bundesrepublik Deutschland leben. Seine Anforderungen an die Unterstützung durch technische Kommunikationsgeräte sind aufgrund seiner schweren Behinderung hoch. Er hat zwar ein für Gehörlose hohes Maß an Sprach- und Sprechfähigkeit erreicht, trotzdem fällt es ihm schwer, sich nur mit Worten zu äußern, d.h. ohne die Möglichkeit, die Gebärdenverständigung mit Gesicht, Mund und Händen miteinzubeziehen. Besonders in der Kommunikation mit anderen gehörlosen Jugendlichen, von denen er weiß, daß sie zwar sprach- und sprecharm, aber nicht mitteilungsunfähig sind, benutzt er nur ungern das Schreibtelefon oder den Mitteilungsdienst des technischen Systems. Auch mit seinen Eltern und Geschwistern hält er am liebsten über das Bildtelefon Kontakt. Durch seine Berufsausbildung in einer mittleren Stadt findet Stefan wenig Gelegenheit zur täglichen Freizeitgestaltung mit anderen Gehörlosen. Für die abendlichen Fernsehsendungen schaltet er jeweils die Untertitelungen ein. Innerhalb der Programmteile für Behinderte gibt es täglich Nachrichten in Gebärdensprache. Dabei wird Stefan aufmerksam gemacht auf einen Kursus zur Vermittlung der Gebärdensprache an Gesunde, den man bei der Zentrale abrufen kann. Ansonsten gibt es solche Angebote nur noch in großen Städten innerhalb der Volkshochschulen. Zweimal in der Woche einen solchen Kursus zu besuchen, wäre dem Lehrmeister Stefans zuviel, aber zum zeitunabhängigen Abruf ins eigene Wohnzimmer entschließt er sich und schlägt dies auch seinen übrigen Mitarbeitern vor. Durch diese Hilfe gelingt es Stefan leichter, Fragen zu stellen, und seiner Umgebung fällt der Umgang mit ihm nicht mehr so schwer.

Die beiden Szenarios decken nicht alle denkbaren Anwendungsformen ab, die im Bereich der Behindertenhilfe und -selbsthilfe bei einer entsprechenden Ausgestaltung des Rückkanals entwickelt werden könnten. In diesem Zusammenhang könnten beispielsweise folgende Nutzungsgruppen betrachtet werden:

- Notruf, Bereitschafts- und Überwachungsdienste für ältere Menschen und chronisch Kranke
  Älteren Menschen, die solange wie möglich in ihrer gewohnten Umgebung zu bleiben wünschen, könnte über eine leicht bedienbare und erreichbare Notruftaste mehr Sicherheit gegeben werden. Auch bei Herzkranken, Diabetikern und Anfallskranken könnte ein solches notärztliches Signal Ängste und Unsicherheiten reduzieren. Patienten, die in ihrer Wohnung langwierige therapeutische Maßnahmen durchführen, wie z.B. eine Ferndialyse, könnten mit Hilfe des Rückkanals die gewünschte Verlaufskontrolle erhalten.

- Bestell-, Einkaufs-, Abhol-, Transport- oder Besuchsdienste
  Ältere Menschen oder Gehunfähige, die über einen Vormerkdienst sowohl Arzttermine als auch ihre Lebensmittelbestellung beim nächsten Supermarkt erledigen könnten, wären möglicherweise länger in ihrem eigenen Lebensbereich sicher. Der Transport von Gehunfähigen ist in manchen Städten bereits über eine telefonische Reservierung möglich, desgleichen die Aufnahme in die Liste der Besuchswünsche, die beispielsweise über die Pfarrgemeinden erfüllt werden.

- Information und Auskunft
  Über die Anforderung von Diensten hinaus, wäre die Nutzung von spezifischen Informationen für Behinderte nützlich und wünschenswert, angefangen von örtlichen Adressen, Öffnungszeiten, Veranstaltungskalender bis hin zu Fahrplänen, Wetterberichten und Nachrichten.

- Spiele, Unterhaltung
Möglicherweise sind Spiele am Bildschirm und mit dem Computer für ältere Menschen oder für Langzeitkranke eine willkommene Abwechslung, desgleichen Filme oder Fernsehsendungen zu bestimmten Tageszeiten oder Anlässen (vgl. auch Abschn. 2.2.5 und 2.2.10).

- Abruf von lexikalischem Wissen, Umschulungs- oder Bildungsprogrammen
Die Situation Kranker oder Behinderter bzw. deren Angehöriger kann eine totale Veränderung des bisherigen Lebens erforderlich machen. Solche Veränderung ist nur durch zusätzliches Wissen zu bewältigen, ob es sich um Informationen über das Krankheitsgeschehen handelt oder um die Möglichkeiten einer beruflichen Neuorientierung. Die Vorbereitung eines neuen Berufes oder Informationen über die damit verbundenen Bedingungen rasch und umfassend zu erreichen, könnte manchem Behinderten mühsame und enttäuschende Wege ersparen. Rehabilitationsbegleitung oder -ergänzung verschiedener Art könnte auf diese Weise im eigenen privaten Rahmen genutzt werden und dadurch den Aufenthalt in Heimen, Anstalten oder Kliniken verkürzen oder erübrigen.

- Anleitung und Beratung
Sowohl Kranke und Behinderte als auch deren Angehörige sind auf Hilfe und Beratung angewiesen. Häufig sind die Anfahrtswege und die Erreichbarkeit der dafür vorhandenen Stellen nicht zu bewältigen, so daß Möglichkeiten der Hilfe nicht erkannt und nicht wahrgenommen werden können.

- Arbeitsplatz
Es gibt Behinderte, die schwerlich einen Arbeitsplatz aufzusuchen vermögen, die jedoch im Rahmen ihrer Möglichkeiten in Verbindung mit einer Datenzentrale einen Arbeitsplatz zuhause ausfüllen können.

- Interaktive Text-, Ton- und Bildkommunikation
Die individuelle Nutzung interaktiver Systeme erscheint gerade im Hinblick auf die Verwendung durch Behinderte von größter Bedeutung, da sie den meist eingeschränkten Kommunikationsbereich dieser Menschen zu erweitern vermag und sowohl soziale Beziehungen schaffen als auch Beteiligungen an öffentlichen Problemen ermöglichen kann, z.B. durch Bildkonferenzen. Durch solche Anwendungsformen eröffnet sich für die Behinderten selbst eine Möglichkeit der Artikulation ihrer Probleme, die häufig nicht oder höchstens von anderen für sie vorgebracht oder vertreten werden.

2.2.7.2   Die Nutzung des Rückkanals im medizinischen Bereich

Auch im medizinischen Bereich können Rückkanalsysteme eine große Hilfe darstellen, wobei gerade die Möglichkeit, Bilder mit hoher Auflösung übertragen und wiedergeben zu können, von besonderem Wert ist.

In dem für das Heinrich-Hertz-Institut als Anwendungsbeispiel erstellten Gesundheitsratgeber /5/ kann sich der Nutzer Informationen und Rat in verschiedenen Situationen holen. *Bild* 2.10 gibt eine Übersicht über die in diesem Ratgeber enthaltenen Informationen. Der Teilnehmer hat z.B. die Möglichkeit, sich über Risikofaktoren zu informieren und deren Relevanz für seinen Gesundheitszustand zu erkennen. Ein bereits Kranker kann sich allgemein über seine Krankheit orientieren, die ihm in Bild und Text veranschaulicht wird. Darüberhinaus wird der Dienst den Nutzer im konkreten Fall beraten im Sinne einer Alltagshilfe (z.B. an wen wende ich mich bei Drogensucht?).

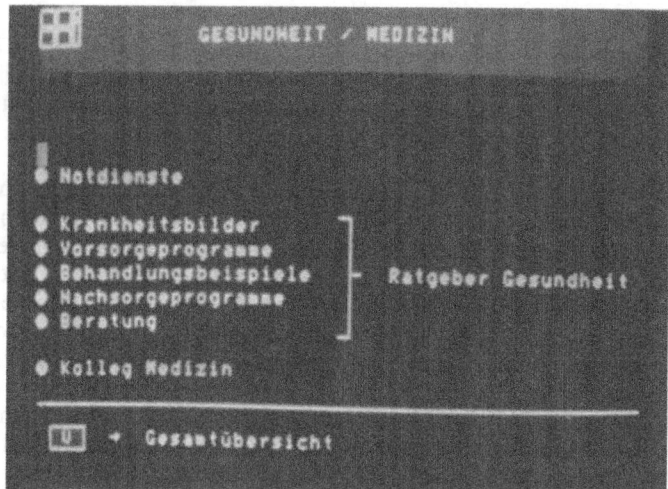

Bild 2.10   Gliederung des Gesundheitsratgebers

Im folgenden sollen einige Bereiche näher erläutert werden:

– Krankheitsbilder
Die Auswahl der in einem derartigen System angebotenen Krankheitsbilder erfolgt
nach der Bedeutung der sog. »Volkskrankheiten« wie Bronchitis, Diabetes, Herzkrank-
heiten und Krebs, denen man einerseits vorbeugen bzw. sie früherkennen kann und
die andererseits chronische Krankheiten darstellen, die eine Langzeitbehandlung
erfordern. »Kopfschmerzen« stehen beispielhaft für die Krankheit, die jeden einmal
trifft; an ihrer Stelle hätten auch »Erkältungskrankheiten« stehen können. »Sucht-
krankheiten« stellen ein immer größer werdendes Problem für unsere Gesellschaft dar
und sind in ihrem Umfang nicht zu unterschätzen. »Behinderungen« werden noch vielfach als Thema ignoriert, aber 4 Mio. Menschen müssen mit ihrer Behinderung leben
(s. Unterabschn. 2.2.7.1).

– Vorsorgeprogramme
Die Vorsorgeprogramme knüpfen direkt an die Krankheitsbilder an, so daß der Nutzer
zum jeweiligen Krankheitsbild das entsprechende Vorsorgeprogramm auswählen bzw.
sich beraten lassen kann. Risikofaktoren und Risikoverhalten.werden dem Nutzer in
bezug auf die Krankheitsbilder nahegebracht, damit er sein Verhalten überdenken
kann und die Früherkennungsuntersuchungen in Anspruch nimmt. Warnzeichen
werden aufgeführt und Früherkennungsuntersuchungen (auch Selbstuntersuchun-
gen) werden ihm gezeigt.

In dem Vorsorgeprogramm Behinderungen (s. auch Unterabschn. 2.2.7.1) kann beispielsweise eine Mutter entsprechend dem Lebensalter ihres Kindes Filmbeispiele
zu ihrer eigenen Information auswählen. Gesunde und anomale Verhaltensweisen
und Körperfunktionen des Kindes werden vergleichend dargestellt, damit die Mutter
ihre eigene Wahrnehmung schulen kann. Daneben werden ihr die gesetzlichen Vor-
sorgeuntersuchungen für ihr Kind aufgezeigt, die sie kostenlos in Anspruch nehmen
kann. Leicht durchführbare Tests geben ihr die Möglichkeit, ihr Kind selbst vor-
beugend zu testen.

– Behandlungsbeispiele

Bewußt werden dem Nutzer nur Beispiele angeboten, da viele Therapien umstritten sind bzw. in die ärztliche Therapie nicht eingegriffen werden darf. Die Diät bei der Diabetestherapie z.B. gehört in den Bereich der praktischen Anleitungen für zu Hause, die vor allem Langzeitpatienten informieren sollen.

– Erste Hilfe für den Laien

Zu dieser Gruppe zählen auch Anleitungen zur ersten Hilfe für den Laien, z.B. bei Atemstillstand, Herzstillstand, Schlagaderverletzung usw. In kurzen Filmspots wird dem Laien erklärt, wie er die richtigen Erste-Hilfe-Griffe ausführt. Zum besseren Verständnis werden die Körperfunktionen, die davon betroffen werden, in einer Animation gezeigt, so daß der Laie versteht, warum er so und nicht anders handeln muß (z.B. Herzmassage). Nutzergruppen können nach der Anleitung gegenseitig die Hilfsgriffe üben. Dem System können Fragen gestellt werden und in kurzen Tests kann das Erlernte überprüft werden.

– Notdienste

Der Nutzer kann Adresse und Telefonnummer des benötigten Notdienstes abrufen und ausdrucken lassen (*Bild* 2.11). Der Apothekendienst könnte von einem Auskunfts- zu einem Bestelldienst erweitert werden, wenn die Apotheken an das System angeschlossen wären. Der Nutzer könnte dann das benötigte Medikament in seine Tastatur eintippen, nachdem er die diensthabende Apotheke angewählt hat. Diese kann ihm antworten, ob und wann das Medikament für ihn bereitsteht. Die Notdienst-Giftzentrale könnte weitere Anweisungen zum Verhalten bei Vergiftungen geben (Atemspende, Erbrechen etc.).

Außerdem könnte der Nutzer beim Auffinden einer Adresse zusätzlich durch Stadtplanausschnitte unterstützt werden. Durch den Systemanschluß ist der Nutzer automatisch identifizierbar, wodurch die Angaben auf seinen Wohnort bezogen erfolgen können. Ebenso ist ein Notknopf denkbar, der z.B. von einem Herzinfarktbetroffenen

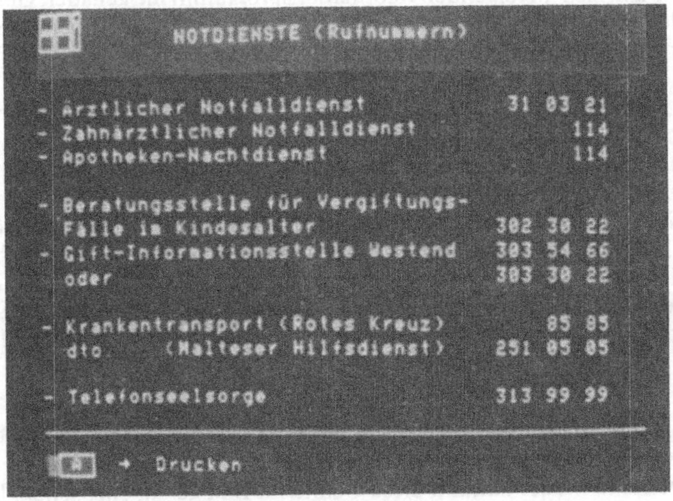

Bild 2.11   Rufnummern der Notdienste

oder einem Vergifteten in einer Notsituation gedrückt werden kann. Durch die Identifikation ist die Versorgung schneller gewährleistet.

2.2.7.3 Verbraucherberatung

Szenario 11:

Frau Schulze hat Kummer mit ihrer Waschmaschine: die Maschine läuft beim Schleudern nicht mit der vollen Tourenzahl und ist erheblich lauter als gewöhnlich. Frau Schulze beschließt, über den Verbraucherberatungsdienst des Rückkanalsystems Rat einzuholen. Zunächst informiert sie sich über die Garantiebedingungen des Maschinenherstellers und erfährt, daß die Garantie auch für den Motor längst abgelaufen ist. Automatisch wird ihre Anfrage an das Kundendienstprogramm des Herstellers weitergegeben, wonach sie in einem detaillierten Frage-Antwort-Dialog die Symptome der Maschinenstörung eingeben kann. Als Ergebnis wird vermutet, daß entweder der Motor des Gerätes oder der Motorschutzkondensator defekt ist und die Firma bietet an, einen Handwerker zum kostenlosen Kostenvoranschlag zu Frau Schulze zu schicken. Frau Schulze vereinbart einen Termin für den nächsten Tag und beendet den Dialog.

Drei Tage später – die Störungen an der Waschmaschine sind immer gravierender geworden – erhält Frau Schulze den Kostenvoranschlag und die genaue Diagnose: Der Motor muß ausgetauscht werden, wodurch Kosten in Höhe von ca. DM 450,-- entstehen werden, denn die Waschmaschine ist schon alt, und es sind zusätzliche Bauteile notwendig, um den Motor der neuen Fertigung an das alte Modell anzupassen. Die Verbraucherberatung empfiehlt Frau Schulze, sich eine neue Maschine zu kaufen und bietet hierzu einen Beratungsdialog zur Produktinformation »Waschmaschinen« an.

In diesem Dialog wird Frau Schulze zunächst nach Haushaltsgröße und der Familienzusammensetzung gefragt. Dann fragt das Programm nach der Stellplatzgröße. Danach bietet es Frau Schulze die Möglichkeit an, sich über die beiden grundsätzlichen Bauformen Top-Lader und Front-Lader zu informieren. Aufgrund der vorangegangenen Informationen und Empfehlungen neigt sie dazu, einen Front-Lader in Untertischausführung anzuschaffen, da sie auf diese Weise mehr Platz in ihrer Küche gewinnen könnte. Sie läßt sich im folgenden Informationsprogramm die genauen Gerätemaße der verschiedenen Hersteller ausgeben und ausdrucken und unterbricht das Programm, um in der Küche den Stellplatz zu überprüfen.

Frau Schulze hat den Stellplatz ausgemessen und festgestellt, daß verschiedene Geräte gerade an den vorgesehenen Platz passen würden. Allerdings ist sie noch nicht sicher, ob auch die Bedienfunktionen dort durchgeführt werden können. Sie nimmt daher den Dialog an der unterbrochenen Stelle wieder auf und läßt sich mit einem kurzen Film zeigen, wie das jeweilige Flusensieb gereinigt wird. In einer Zeitlupendarstellung informiert sie sich zusätzlich, wie weit die Maschinen beim Schleudern seitlich schwingen. Nun ist sie sicher, daß der knappe Stellplatz ausreicht. Jetzt läßt sie sich die Qualitätsurteile aller Maschinen ausdrucken, um die Daten in Ruhe vergleichen zu können und beendet damit den Dialog mit der Option, an dieser Stelle den Dialog fortsetzen zu können.

Nach eingehendem Studium der Daten hat Frau Schulze festgestellt, daß drei Geräte ihren Ansprüchen am ehesten gerecht werden. Sie nimmt den Dialog an der unterbrochenen Stelle wieder auf, um diese Geräte im Bild genau anzusehen. Da sie kleine Kinder hat, fragt sie danach im Dialog an, wie die Kindersicherung dieser Maschine funktioniert und erhält nach kurzer Wartezeit mit einem Film eine Demonstration der verschiedenen Sicherungsprinzipien. Danach beendet Frau Schulze diesen Dialog, um sich im Dienst »Bestellen« über evtl. Sonderangebote der Geräteanbieter zu informieren. Dort erfährt sie, daß ein Geschäft ein in Frage kommendes Gerät des Typs A mit leichten Lackschäden – diese werden ihr im Bild gezeigt – 20% unter dem regulären Preis bei voller Garantie anbietet. Frau Schulze bestellt dieses Gerät, erhält die Bestellung mit Lieferdatum auf dem Drucker quittiert und beendet den Dialog.

Die folgenden *Bilder* 2.12 und 2.13 zeigen beispielhaft einige Auswahlmöglichkeiten des Verbraucherberatungsservices, der für das im Heinrich-Hertz-Institut aufgebaute Versuchssystem in Zusammenarbeit mit der Stiftung Warentest entwickelt wurde /202/.

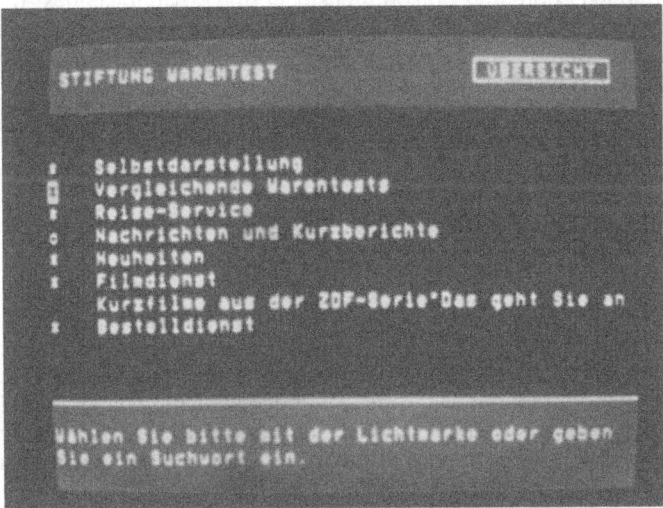

Bild 2.12   Übersicht der im Programm Warentest angebotenen Dienstleistungen

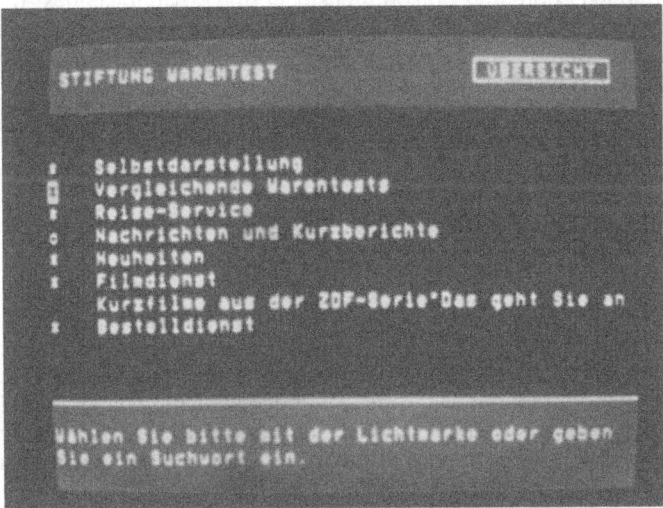

Bild 2.13   Übersicht über vergleichende Warentests

2.2.7.4   Hilfe beim Lohnsteuerjahresausgleich

Szenario 12:

Herr Müller möchte seinen Lohnsteuerjahresausgleich mit Hilfe des Dialogsystems erledigen. Aus dem vorhandenen Angebot der verschiedenen Verwaltungsdienste wählt er das Stichwort »Steuern«. Hier findet er folgendes Dienstangebot:

- Vermögensteuer
- Lohn- und Einkommensteuer
- Gewerbesteuer
- Umsatzsteuer

und den Hinweis, daß wegen Überlastung mit Wartezeiten zu rechnen ist. Herr Müller wählt den Bereich Lohn- und Einkommensteuer und erhält folgendes Angebot:

- Informationen zur Lohn- und Einkommensteuer
- Einkommensteuererklärung
- Lohnsteuerjahresausgleich u.a.m.

Er wählt »Lohnsteuerjahresausgleich« und erhält

- Allgemeine Informationen über den Lohnsteuerjahresausgleich (z.B. Gesetzes- und Rechtsprechungsinformation, neue Pauschalbeträge, etc.)
- Antrag auf Lohnsteuerjahresausgleich
- Beratung

Herr Müller wählt »Antrag auf Lohnsteuerjahresausgleich«. Er hätte durch direkte Eingabe dieses Stichwortes auch obigen Dialog verkürzen können. Dadurch, daß er die »Allgemeinen Informationen« über den Lohnsteuerjahresausgleich nicht aufgerufen hat, sind ihm die Informationen über die Anhebung der Pauschalbeträge bei den Sonderausgaben entgangen. Diese Informationen werden vom Dialogsystem automatisch aufgerufen und auf dem Bildschirm präsentiert, wenn er bei der Antragsbearbeitung zu den Sonderausgaben gekommen ist.

Nun möchte Herr Müller seinen Vorjahresantrag abrufen. Dazu steckt er zunächst seine Kennkarte (Magnetkarte) mit den Personenstammdaten in einen dafür vorgesehenen Schlitz. Diese werden gelesen und in einen Speicherbereich sowie in die für die spätere Antragsausfüllung vorgesehenen Felder übertragen.

Das Programm bittet nun um Angabe der Steuernummer. Herr Müller hat diese nicht im Kopf oder griffbereit und unterbricht daher den Dialog. Für diese kurze Unterbrechung werden die bisherigen Dialogschritte gespeichert, damit er später nicht erneut beginnen muß. Nachdem er seine Steuernummer aus seinen Unterlagen herausgesucht hat, kann er den Dialog weiterführen. Nach der Eingabe bzw. Quittierung der Steuernummer bietet das Dialogprogramm die Möglichkeit an, entweder den Vorjahresantrag auf den Bildschirm bzw. Drucker auszugeben oder aber ein Beispiel zu erstellen. Im letzteren Fall wird über ein spezielles Programm, das berufs- und familienspezifische Daten auswertet, aus einer Beispielbibliothek ein spezifisches Beispiel herausgesucht und dem Teilnehmer zur weiteren Bearbeitung angeboten.

Als Herr Müller seinen Vorjahresantrag anfordert, meldet ihm das System, daß wegen Überlastung die Datenübermittlung aus dem Finanzamt erst nach 24 Uhr möglich sein wird. Herr Müller speichert durch Kommandotastendruck den bisherigen Dialog (Wiedereintrittsoption) und setzt ihn am nächsten Tag an der unterbrochenen Stelle mit dem in der Zwischenzeit bereitstehenden Vorjahresausgleich fort. Sicherheitshalber und um sich Notizen machen zu können, läßt er sich diesen ausdrucken. Das Programm bittet ihn, diejenigen Positionen zu kennzeichnen, die sich gegenüber dem Vorjahr geändert haben. Daraufhin markiert Herr Müller mit der Schreibmarke fünf Positionen und überschreibt sie mit den neuen Daten.

Bei der fünften Position »Sonderausgaben« werden automatisch die Informationen mit den neuesten Änderungen angeboten und – bevor der Teilnehmer dort neue Eintragungen vornehmen kann – auf dem Bildschirm erläutert.

Herr Müller hat bezüglich dieser Änderungen eine Reihe von Fragen, die er nun in einem separaten Beratungsdialog mit seinem Steuerberater beantwortet erhält. Dazu schaltet das System eine entsprechende Dialogverbindung. Danach geht er in den ursprünglichen Dialog zurück und korrigiert noch einige Daten im Formular. Jetzt wird das fertige Formular auf Kommandotastendruck auf dem Drucker ausgegeben. Bevor er das Formular unterschreibt, möchte Herr Müller noch wissen, ob er evtl. Steuern nachzuzahlen hat und gibt daher den Auftrag, seine Steuerschuld unverbindlich auszurechnen. Er erhält die Meldung, daß z.Zt. mit einer Wartezeit von ca. 20 Minuten zu rechnen ist.

Nach zwei Stunden setzt Herr Müller den Dialog an der unterbrochenen Stelle fort. Das Programm teilt ihm mit, daß er in diesem Jahr voraussichtlich Anspruch auf Lohnsteuererstattung habe. Darauf beendet er den Dialog endgültig, unterschreibt das Formular und schickt es weg.

2.2.8 Schreib- und Bürotätigkeiten

Die Aufgaben im Bürobereich werden zunehmend komplexer und umfangreicher. Daher ist schon vielerorts über das sogenannte Büro der Zukunft nachgedacht worden. Um die wachsenden Probleme in diesem Sektor in Zukunft bewältigen zu können, müssen die Voraussetzungen für möglichst optimale Organisationsformen geschaffen werden.

Besondere Bedeutung kommt hier der Bürokommunikation zu. Die heute bereits vorhandenen Kommunikationsmittel können durch weitere Einrichtungen für die Text-, Daten-, Festbild- und Bewegtbildkommunikation ergänzt und zu integrierten Bürokommunikationssystemen zusammengefaßt werden. Damit kann der Zugriff zu Informationen, der Dialog mit Kommunikationspartnern und die Steuerung von Arbeitsvorgängen nachhaltig verbessert und erleichtert werden.

Einige dieser Möglichkeiten soll das folgende Szenario verdeutlichen:

Szenario 13:
Herr Hinz ist als Beratungsingenieur freiberuflich tätig und leitet ein kleines Ingenieurbüro. Seine Gutachten und Entwürfe fertigt er häufig mit entsprechender Rechnerunterstützung an. Das Thema, das er heute anpacken will, weist in einigen Punkten Ähnlichkeiten mit Problemen auf, die er in den vergangenen Jahren bearbeitet hat. Daher will er sich seine früheren Entwürfe anschauen, die im Zentralarchiv des Breitbandkommunikationsnetzes elektronisch gespeichert sind. Damit das Zentralarchiv ihm Zugang gewährt, muß Herr Hinz zunächst seinen Ausweis in einen Ausweisleser stecken. Damit wird gleichzeitig auch die individuelle Verschlüsselung der in beiden Richtungen übertragenen Informationen bewirkt. Nun erhält Herr Hinz im Dialog mit der Zentrale die von ihm gewünschten Text- und Bildpassagen früherer Entwürfe auf dem vor ihm befindlichen Bildschirm. Er fügt über eine Tastatur, die auch eine Ein-

gabemöglichkeit für graphische Elemente besitzt, neue Abschnitte hinzu und setzt auf diese Weise den neuen Entwurf zusammen. Herr Hinz speichert nun den Neuentwurf unter einer speziellen Codenummer im Zentralarchiv ab. Gleichzeitig fordert er eine Papierkopie an, die er nach geringer Wartezeit einem digitalen Schnellkopiergerät entnehmen kann.

Seine Sekretärin, Frau Müller, schreibt in der Zwischenzeit die von ihm diktierten Briefe. Dabei kann sie Textmodule mitverwenden, die elektronisch in ihrem Textverarbeitungsgerät gespeichert sind. Die auf diese Weise erstellten und gespeicherten Briefe kann sie allen Geschäftspartnern, die eine Einrichtung zum elektronischen Briefempfang besitzen, direkt übermitteln.

Da Herr Hinz am folgenden Tag dienstlich in Mailand sein muß, läßt sich Frau Müller die entsprechenden Bahn- und Flugverbindungen auf ihren Bildschirm geben, bucht nach kurzer Rücksprache mit Herrn Hinz die Reise und erhält auch sofort eine elektronisch übermittelte Buchungsbestätigung. In gleicher Weise läßt sie sich die letzten Devisennotierungen und Wirtschaftsnachrichten geben, die durch Betätigen einer Taste von dem Textautomaten ausgedruckt werden, damit Herr Hinz sie mitnehmen kann.

Am Nachmittag sucht Herr Hinz eine Literaturstelle für ein Gutachten. Er entsinnt sich noch dunkel, vor etwa drei bis vier Jahren in der Zeitschrift X eine Bemerkung gelesen zu haben, die ihm für seine jetzige Arbeit besonders wichtig erscheint. Durch Betätigung seiner Tastatur erbittet er von der Zentrale unter Angabe von Stichwörtern eine Übersicht der in Frage kommenden Veröffentlichungen in dieser Zeitschrift. Nach kurzer Zeit erhält er auf seinem Bildschirm einzelne Seiten dieser Zeitschrift, wobei er durch Tastendruck schnell von Seite zu Seite umblättern kann und schließlich das Gewünschte findet.

Das vor wenigen Tagen im Ingenieurbüro aufgestellte moderne Vervielfältigungsgerät ist momentan nicht betriebsbereit; offensichtlich ist der Papiereinzug blockiert. Herr Kunz, ein Mitarbeiter von Herrn Hinz, weiß, daß es audiovisuelle Lehrfilme über die Wirkungsweise der Geräte und Hinweise zur Beseitigung einfacher Störungen gibt. Über die Tastatur seines Gerätes erbittet er von der Zentrale die Aussendung eines derartigen Kurzlehrfilms, der ihm nach einer Wartezeit von fünf Minuten auf Kanal 27 zugesagt wird. Er erkennt, daß er die Störung mit wenigen Handgriffen selbst beheben kann.

Frau Hinz hat bis vor kurzem im Büro ihres Mannes mitgearbeitet, wobei sie vor allem die Buchhaltung gemacht hat. Sie kann ihr sechs Wochen altes Baby nicht allein lassen. Daher hat sie vorgeschlagen, daß ihr Mann ihr einen Heimarbeitsplatz einrichtet, der über das Breitbandkommunikationsnetz mit der Zentrale und dem Ingenieurbüro ihres Mannes verbunden ist. Nun kann sie in der bisher gewohnten, elektronischen Form die Buchungsarbeiten durchführen, Rechnungen ausschreiben und säumige Zahler mahnen. Herr Hinz überlegt sich, ob er sich die an seinem Arbeitsplatz stehenden Kommunikationsgeräte nicht zusätzlich auch noch zu Hause aufstellen soll, damit er sich gelegentlich, wenn seine persönliche Anwesenheit im Büro nicht notwendig ist, die Fahrt von der Wohnung ins Büro und zurück ersparen kann.

Dieses Szenario konnte nur einige der vielfältigen Möglichkeiten zeigen, die ein integriertes Bürokommunikationssystem mit Schmalbanddiensten (Fernsprechen, Fernschreiben, Datenübertragung) und Breitbanddiensten (Schnelle Textkommunikation, Schnellkopieren, Fest- und Bewegtbildübertragung) bietet. Entscheidenden Anteil an dieser Entwicklung haben die großen technologischen Fortschritte auf dem Gebiet der Endgeräte, insbesondere durch den Einsatz mikroelektronischer Bausteine. Viele der neuen Telekommunikationsformen werden in erster Linie wegen der teilweise erheblichen Kosten für die benötigten Endgeräte zunächst im Bereich der Bürokommunikation Eingang finden. Dieser technologische Strukturwandel wird andauern und dazu führen, daß die Möglichkeiten der Nachrichtenverarbeitung, insbesondere der Daten- und Textverarbeitung, praktisch jedermann in Form von dezentraler, am Arbeitsplatz vorhandener »Intelligenz« zur Verfügung stehen werden. Diese neuen Technologien erleichtern auch das Erfassen, Aufbereiten, Ablegen und Wiederauffinden von Informationen. Mit Hilfe der Mikroelektronik können darüber hinaus die steigenden Anforderungen, die von den Endgeräten an das Können der Bedienungspersonen an der Mensch-Maschine-Schnittstelle gestellt werden, gemildert werden. Auch für die Verschlüsselung vertraulich zu behandelnder Informationen bieten mikroelektronische Bausteine günstige Realisierungsmöglichkeiten.

Zur Erfüllung der gestellten Aufgaben ist die telekommunikative Verbindung der Endgeräte untereinander und zu Informations-, Text- und Datenbanken von entscheidender Bedeutung. So entstehen integrierte Bürokommunikationssysteme, die den Anforderungen der heutigen geschäftlichen Welt besonders gut entsprechen. Telekommunikation und Informatik wachsen immer enger zur Informationstechnik zusammen.

Die bestehenden Fernmeldenetze für Fernsprechen, Fernschreiben und Datenübertragung genügen für die Realisierung schmalbandiger Dienste. Wegen der relativ geringen Bandbreiten bzw. Übertragungsgeschwindigkeiten, die diese Netze erlauben, bleiben jedoch manche Wünsche offen und interessante Möglichkeiten ungenutzt.

Breitbandkommunikationssysteme mit Rückkanälen bieten für die Bürokommunikation zusätzliche Chancen, da sie
- Verbindungen mit höherer Bandbreite und damit schnellerer Übertragung (z.B. von Bildern) ermöglichen
- größere Freizügigkeit in der Nutzung des Breitbandnetzes erwarten lassen und
- an die häufig lokale Bezogenheit der Nachrichtenverbindungen besonders gut angepaßt sind.

Von besonderer Bedeutung sind sicherlich die verschiedenen Arten der elektronischen Textkommunikation. Videotext und Bildschirmtext stellen interessante Formen der bildschirmgebundenen Textkommunikation dar, die momentan erprobt werden. Für manche Anwendungsfälle ist die damit erreichbare Übermittlungsgeschwindigkeit jedoch zu gering. Hier eröffnen Breitbandnetze auf Grund der zur Verfügung stehenden Bandbreite neue Möglichkeiten. Besonders interessant erscheint dabei »Kabeltext«, eine neue Form der elektronischen Textkommunikation, bei der durch Nutzung eines der vielen Kanäle mit Fernsehbandbreite in einem Breitbandverteilnetz Texte mit einer Geschwindigkeit von etwa 1000 Seiten/Sekunde zum Teilnehmer übertragen werden können. Steht dem Teilnehmer darüber hinaus ein schmalbandiger Rückkanal zurück zur Zentrale zur Verfügung, so kann die Telekommunikationsform »Kabeltext-Abruf« verwirklicht werden, bei der – ähnlich dem Bildschirmtext – einzelne Textseiten gezielt abgerufen werden können, aber wegen der höheren Übertragungsgeschwindigkeit sehr viel schneller und damit effizienter.

Auch im Bereich der papiergebundenen Textkommunikationsformen können Breitbandnetze zu einer wesentlichen Verringerung der Übertragungszeit führen. So ließe sich ein digitaler Schnellfaksimiledienst einführen, bei dem eine Seite DIN A4 in wenigen Sekunden übertragen werden kann.

2.2.9 Individual- und Gruppenkommunikation

Für die *Individualkommunikation* (»Jeder mit jedem«) muß, wie z.B. im Fernsprech-wählnetz, zwischen den Kommunikationspartnern eine Verbindung aufgebaut werden, die für die Dauer der Übermittlung der Nachricht nur ihnen zur Verfügung steht. Auf diese Weise ist die Möglichkeit eines Dialogs unter Wahrung der Vertraulichkeit des Nachrichteninhalts gewährleistet. Ein System, das lediglich ein Verteilnetz mit Rückkanälen umfaßt, kann diesen Anforderungen nur sehr unvollkommen entsprechen, da es nur in begrenztem Umfang den Dialog des Teilnehmers mit der Zentrale ermöglicht. Damit kann man zwar einen Mitteilungsdienst derart organisieren, daß ein Teilnehmer A eine Text-, Daten-, oder Festbildnachricht für den Teilnehmer B in der Zentrale deponiert, die dieser dann auf eine elektronische Aufforderung hin abrufen kann. Die Möglichkeit eines direkten Dialogs zwischen Teilnehmern ist dagegen nicht gegeben.

Ordnet man in der Zentrale eines Verteilnetzes mit Rückkanälen zusätzlich eine (Breitband)-Vermittlungseinrichtung an, so kann Teilnehmer A direkt mit Teilnehmer B und umgekehrt verbunden werden. Allerdings kann die damit gegebene Möglichkeit des direkten Dialogs wegen der geringen Kapazität individuell nutzbarer Kanäle, insbesondere für Kommunikationsformen mit großem Bandbreitebedarf, nur wenigen Teilnehmern angeboten werden. Immerhin ließe sich auf diese Weise die Telekommunikationsform Bildfernsprechen, die im schmalbandigen Fernsprechwählnetz nicht möglich ist, erproben. Soll in einem derart erweiterten Breitbandverteilnetz die Vertraulichkeit des Nachrichteninhalts gegenüber Dritten ähnlich wie z.B. im Fernsprechwählnetz erreicht werden, so müssen zusätzliche technische Maßnahmen (z.B. Verschlüsselung oder Adressierung) ergriffen werden.

Sämtliche Formen sowohl der schmal- als auch der breitbandigen Individualkommunikation lassen sich in einem für die fernere Zukunft vorgesehenen Breitbandvermittlungsnetz (s. Abschnitt 3.4.4) verwirklichen, bei dem die einzelnen Teilnehmer sternförmig jeweils mit einer eigenen Leitung (Glasfaser) an die Vermittlungszentrale angeschlossen sind. Damit wird es möglich, daß jeder Teilnehmer mit jedem anderen in Sprache, Ton, Schrift, Daten und Bild bei voller Vertraulichkeit des Dialogs kommunizieren kann. Neben der Telekommunikationsform Bildfernsprechen können dann auch Bildkonferenzdienste angeboten werden.

Aber bereits in den heute möglichen Verteilnetzen mit Rückkanälen können einfache Formen der Individual- und der Gruppenkommunikation angeboten werden.

Gruppenkommunikation mit Hilfe des Rückkanals bietet u.a. die Möglichkeit, allgemeine kommunalpolitisch relevante Ereignisse transparenter zu machen. Formen der Bürgerbeteiligung können hierbei verstärkt werden, indem der Bürger oder Bürgergruppen direkt in den Entscheidungsprozeß einbezogen werden. Das telekommunikative Angebot »Gruppenkommunikation« ist dabei als eine Ergänzung zum bestehenden Informationsangebot von Presse, Hörfunk, Öffentlichkeitsarbeit der Stadt usw. zu sehen. Das Angebot ist dann sinnvoll, wenn es das Engagement des Bürgers für kommunalpolitische Belange verstärkt und die Identifikation mit seiner unmittelbaren Umgebung (Wohnviertel) fördert.

Szenario 14:
Im Kabelfernseh-Angebot der Gemeinde M. werden jeden Mittwoch von 18 bis 20 Uhr kommunalpolitische, kulturelle und soziale Probleme und Ereignisse der Stadt bzw. eines Stadtteils zur Diskussion gestellt. Diese Sendung bietet für Bürger (Einzelper-

sonen oder Gruppe) und die Stadtverwaltung ein Forum, auf dem sich die unterschiedlichen Ansichten zu einem Thema (z.B. Sanierung, Bau eines Ladenzentrums im Stadtteil, Verkehrsprobleme, soziale Notfälle) artikulieren können. Dabei sollen die Themen auf Anregung der Bürger festgelegt werden.

Eine derartige »Forumsveranstaltung« unter Einbeziehung des Rückkanals ist für Gruppen, für Einzelpersonen oder für Mitglieder der Stadtverwaltung eine Möglichkeit, verschiedene Ansichten direkt und unmittelbar kennenzulernen und darüber zu diskutieren. Der lokale Bezug wird durch die Einrichtung von dezentralen Studios betont. Diese »Stadtteilstudios« haben den Charakter von lokalen Kommunikationszentren, in denen der technische und personelle Apparat vorgehalten wird, der für die mediengerechte Artikulation von Einzelnen und Gruppen erforderlich ist. Die Forumsveranstaltung über das Medium Fernsehen bietet somit die Möglichkeit des raschen Ortswechsels durch Außenstudios, eine bessere Anschaulichkeit (Karten, Graphiken usw.) und durch die Möglichkeit des Rückkanals die unmittelbare Beteiligung der Bürger.

Zunächst kann man sich die Beteiligung an der Diskussion durch eine direkte Reaktion vorstellen, d.h. jeder kann sich über den Rückkanal in die Sendung einschalten und seine Meinung äußern. Sinnvoller erscheint jedoch, die Diskussion zu strukturieren, indem einzelne Diskussionsbeiträge zu bestimmten Themenbereichen durch den Diskussionsleiter »abgerufen« werden. Dazu werden Wortmeldungen in einem zentralen Studio registriert und von dort aus dann an alle Teilnehmer weitervermittelt. Dies kann geschehen durch Übertragung der Beiträge des jeweiligen Diskussionsteilnehmers in Bild und Ton oder nur mit Ton. Bei einer großen Zahl von Teilnehmern wird eine Auswahl unter den Beiträgen unumgänglich sein. Es sollte dabei versucht werden, größtmögliche Transparenz über die verwendeten Auswahlkriterien zu garantieren. In bestimmten Fällen kann der Diskussionsteilnehmer (Fernsehteilnehmer) Kurzantworten geben, die im zentralen Studio registriert und sofort statistisch ausgewertet werden. Das Ergebnis wird dann an alle Teilnehmer verteilt.

Den Ablauf einer Diskussionsveranstaltung kann man sich in folgender Weise vorstellen:
Eine Gruppe von Bürgern hat zusammen mit Journalisten, Sozialarbeitern, Vertretern städtischer Referate usw. ein Thema vorbereitet. Das Team stellt den Zuschauern vom zentralen Studio aus das Thema vor. Mit dem zentralen Studio sind Außenstudios verbunden (Stadtteilstudios). Auch dort sind Gruppen oder Einzelbürger, die sich zum Thema äußern und die Situation in ihrem Viertel oder in ihrer Straße im Bild dokumentieren können. Hierbei soll dann wieder der Rückkanal den Dialog (wechselseitige Fragen und Antworten) zum Thema ermöglichen.

Die Sendung könnte dann beispielsweise diesen Verlauf nehmen:
- Das Thema wird in seiner grundsätzlichen Thematik dargestellt (Zentrale).
- Teilnehmer in den Außenstudios (Bibliotheken, Volkshochschulen, Jugendzentren) steuern ihre Ansichten dazu bei (betroffene Einzelpersonen, Vertreter der Parteien, der Stadtverwaltung, der Bürgerinitiative usw.).
- Fernsehteilnehmer äußern sich direkt über Ton/Bild- oder nur Tonleitungen zum Thema (begründete Zustimmung oder Ablehnung).
- Vertreter der Stadtverwaltung geben, wenn nötig, zusätzliche Informationen (Schaubilder, Karten).
- Journalisten kommentieren einzelne Zusammenhänge.

– Die Teilnehmer entscheiden darüber, ob und ggf. wie das Thema im örtlichen Kabel-
fernsehangebot weiterbehandelt (wiederaufgegriffen, vertieft) werden soll. Parallel
dazu ist es denkbar, daß sich die Beteiligten über andere Dienste des Rückkanals die
notwendigen Hintergrundinformationen beschaffen und die so erworbenen Kenntnisse in die Diskussion einbringen.

Hier liegen große Chancen für die Aktivierung von Bürgern in Angelegenheiten ihres
unmittelbaren räumlichen Lebensbereichs, wobei aber auch die damit verbundenen
Risiken berücksichtigt werden müssen. Die Grenzen zwischen gruppenkommunikativen
Prozessen und Individual-Beiträgen sind fließend.

2.2.10 Audiothek und Videothek

Szenario 15:
Herr Sommer und seine Frau planen am Wochenende bei sich zu Hause eine Party
mit südamerikanischen Tänzen. Da ihr Haushalt an das örtliche Kabelnetz mit Rückkanal angeschlossen ist und die lokale Informationszentrale über eine Audiothek verfügt, wollen sie dieses Angebot nutzen. Im Katalog der Audiothek finden sie unter den
individuell nutzbaren Programmangeboten der Sparte Tanzmusik auch die gewünschte
Stilrichtung südamerikanischer Tänze. Einige Tage vor der Party tritt Herr Sommer
durch die Bedienung der Kommandotaste »Bestellung« (s. Kap. 2.2.2) mit dem Rechner
in der Zentrale in Verbindung und gibt über die Eingabetasten seinen Musikwunsch
durch. Der Katalogrechner bestätigt das vorhandene Angebot und erfragt die Überspielzeit. Mit Hilfe der Tastatur für Ziffern- und Buchstabeneingabe erteilt Herr Sommer
diese Information. Der Rechner überprüft hierauf die Kanalbelegung des fraglichen
Zeitpunkts und reagiert mit einem Besetztzeichen. Darauf entschließt sich Herr Sommer,
das Musikprogramm zu einem beliebigen vorherigen Zeitpunkt überspielen zu lassen
und bittet um dementsprechende Angaben. Nachdem der Rechner ihm Überspielzeit und Kanal mitgeteilt hat, programmiert er sein Tonbandkassettengerät auf diese
Empfangszeit und speichert das überspielte Programm.

Szenario 16:
Herr Studwell unterrichtet an einer höheren Schule Musik und will in der nächsten
Zeit die Symphonien von Beethoven behandeln. Da die örtliche Zentrale über Audio-
und Videothek verfügt und seine Schule die erforderlichen Endgeräte besitzt, informiert
er sich bei der Zentrale über das Angebot auf dem Musiksektor. Die Audiothek bietet
ihm alle Symphonien an, gespielt von verschiedenen Orchestern. Außerdem findet er
unter dem Stichwort »Historische Tondokumente« mehrere Aufnahmen aus den zwan-
ziger und dreißiger Jahren. Das Angebot »Komponisten-Porträt« bietet eine dreiviertel-
stündige Sendung über Beethoven mit kommentierten Musikbeispielen. Herr Studwell
prüft auch das Angebot der Videothek. Im Archiv für stillstehende Bilder entdeckt er
eine Reihe von Notenbildern zu den Symphonien Beethovens. Aus dem Angebot
stellt er nun die für seinen Unterricht benötigten Materialien zusammen und bestellt
sie in der Zentrale.

Im Rahmen der Nutzungsmöglichkeiten eines technischen Kommunikationssystems,
das durch den Rückkanal einen benutzerindividuellen Zugriff auf Schrift-, Bild-, Film-
und Toninformationen gestattet, ist auch an die Einrichtung von Audiotheken und
Videotheken zu denken. Da Videokanäle eine ungleich höhere Nachrichtenkapazität
als Audiokanäle beanspruchen, sind der Festbild- und erst recht der Bewegtbildübertragung auf individuellen Abruf hin in der zu erwartenden ersten Ausbaustufe von Kabelsystemen noch enge Grenzen gesetzt. In einem interaktiven Kabelsystem könnten im

UKW-Hörfunk-Frequenzbereich 87,5 – 108 MHz theoretisch insgesamt 53 Programme mit hochwertiger Stereoqualität übertragen werden. Mangelnde Schirmung und Linearität vieler UKW-Empfänger begrenzt die Zahl der nutzbaren Stereokanäle jedoch auf etwa 24. Die Zahl dieser Tonkanäle könnte bei erwiesener Nachfrage auch durch Einbeziehung der als individuelle Videokanäle gekennzeichneten Frequenzbereiche erhöht werden, wobei anstatt eines Fernsehkanals etwa 12 Stereokanäle zur Verfügung ständen. Allerdings müßten in der Endeinrichtung dann besondere Empfänger oder Umsetzer vorhanden sein. Es wäre auch denkbar, daß Videokanäle zu Nachtzeiten für die Tonübermittlung zur Verfügung ständen. Audiothek und Videothek können entweder in einer lokalen Kabelrundfunkstation integriert sein oder werden als autonome Betriebseinheit gebildet.

Audiothek und Videothek besitzen drei zentrale Systemelemente:
– einen Katalogrechner, der die Abrufe entgegennimmt und die Geberleistung im Dialog mit dem Teilnehmer regelt,
– eine Steuereinheit zur Ausführung der Aufträge und
– einen Programmspeicher (Programmarchiv) für abrufbare Bild- und Tonbestände.

Der Abruf der gespeicherten Programme erfolgt über einen Datenrückkanal des Breitbandkabelnetzes. Auf der Teilnehmerseite wird zusätzlich zum Bildschirm ein Rückkanalsender mit Tastatur, ein UKW-Empfänger und ein Zwischenspeicher (z.B. Tonbandkassettengerät) benötigt. Entsprechend der technischen Auslegung der Zentrale und des Kabelnetzes gestaltet sich der Zugriff auf die Ton- und Bildarchive und damit die Zugriffszeit für die Teilnehmer in Abhängigkeit von der Art der Programmspeicherung und der Zahl der Video- und Tonkanäle. Die Audiothek kann beispielsweise in einer Kombination von Direktbetrieb und Überspielung auf Bestellung zu festen Überspielzeiten senden. Die Sendungen können somit direkt empfangen werden oder je nach Belegung der Kanäle zur bestellten Zeit oder einer vom Rechner zugewiesenen Überspielzeit. Die benutzerindividuelle Zugriffszeit hängt offensichtlich von der Belegung der Kanäle bzw. vom Verkehrsaufkommen ab.

Durch eine digitale Speicherung der Tonkonserven verbliebe das Volumen des Programmarchivs in vernünftigen Grenzen. Auch die Einrichtung einer Videothek gewinnt durch den aktuellen Entwicklungsstand der digitalen Laserbildplatte eine günstige Prognose.

Für die Einrichtung einer Audiothek bilden unter den derzeitigen technischen Voraussetzungen jedoch auch analoge Abspielformen in Verbindung mit der Automation des Tonbandkassettenarchivs und des Abspielbetriebes eine ausreichende Basis für die Realisierung.

Ein Abruf von Programmen kann im Dialog mit dem Rechner wie folgt ablaufen: Der Benutzer sucht sich für seinen bestimmten Zweck (Party, Lehrvorführungen usw.) ein Musik-, Wort- oder Bildprogramm und erfragt dazu das Angebot der Audiothek bzw. Videothek über Bildschirm, wobei er entsprechend seiner Interessenrichtung nach einem hierarchischen Suchbaum vorgeht. Denkbar wäre auch eine direkte Bestellung über eine Handtastatur, nachdem der Auswahlvorgang aus einem Angebotskatalog erfolgt ist. Der Katalogrechner bestätigt das vorhandene Angebot, erfragt die Überspielzeit und prüft anschließend die Kanalbelegung. Im nächsten Zug teilt der Rechner die Empfangsmöglichkeit nach Kanal und Zeitpunkt mit. Je nach Ausstattungsgrad der Teilnehmereinrichtung kann diese Information über Bildschirm oder in ausgedruckter Form erfolgen. Die Nutzung des Angebots geschieht direkt über den Empfänger bzw. Bildschirm, das bestellte Programm kann aber auch auf einen Zwischenspeicher (Tonbandkassettengerät, Videokassettengerät) aufgenommen werden.

Da viele Wortprogramme des Hörfunks (z.B. Nachrichten, Servicesendungen) in Kabelsystemen durch neue Dienste ergänzt werden, liegt der Schwerpunkt der programmlichen Leistungen einer Audiothek in einem breitgefächerten Musikangebot. Bei Wortsendungen wäre etwa im Unterhaltungsbereich an Hörspiele und im Bildungsbereich an Literaturprogramme, Sprachkurse usw. zu denken. Das Musikangebot einer Audiothek könnte etwa folgende Struktur haben:

Unterhaltungsmusik nach Programmkategorien:
Hitparaden, Stimmungsmusik, volkstümliche Musik, Evergreens, internationale Folklore, Pop und Schlager. Dieses Angebot könnte differenziert nach Titeln, Komponisten, Interpreten, Orchestern, Stilrichtungen abgerufen werden. Auch Genreprogramme, die dieser Kategorisierung folgen, wären auf mehreren Kanälen zu senden. Je nach Aktualitätsgrad werden solche Genreprogramme von Zeit zu Zeit neu zusammengestellt.

Ernste Musik nach Programmkategorien:
Sinfonik, Kammermusik, Klaviermusik, Kunstlied, Opern und Oratorien, unterhaltende Klassik, Solokonzerte, Neue Musik, sakrale Musik, historische Musik, Komponistenporträts, historische Tondokumente. Auch bei ernster Musik ist ein differenzierter Zugriff nach Titel, Komponist, Interpret und Orchester möglich. Bestimmte Programmkategorien der ernsten Musik wie unterhaltende Klassik sollen auch über Genreprogramme angeboten werden.

Für das Programmangebot einer Videothek sind die Nutzungsmöglichkeiten nicht so einfach zu klassifizieren wie etwa bei einer Audiothek. Bildarchive mit Festbildern könnten vorwiegend Wissenschafts-, Lehr- und Lernzwecken dienen. Da die Videothek der Zukunft über das Telekommunikationsnetz mit spezialisierten Bilddatenbanken verbunden sein könnte, bestände ihre Funktion darin, sowohl über die existierenden Angebote zu informieren als auch die Bestellung zu erledigen und die Überspielung an den Benutzer vorzunehmen. Die Bildmaterialien bestehender Bildarchive – Foto Marburg (Kunstgeschichte), Bildarchiv Preußischer Kulturbesitz, Historia Foto, dpa-Bildarchiv usw. – könnten über den Massenspeicher Bildplatte für einen schnellen Abruf erschlossen werden. Die Bildplatte könnte u.a. auch die Funktion eines »interaktiven Buches« übernehmen, eine Mischung von Buch, Bildungsfernsehen und computergestütztem Unterricht bzw. in diesen Diensten so genutzt werden.

Natürlich kann der Schwerpunkt einer Videothek auch im Unterhaltungsbereich liegen und ähnlich wie bei Pay-TV ein großes Sortiment an Spielfilmen bieten. Wünschenswert wäre auch eine Videothek, die die von den Runkfunkstationen ausgestrahlten Fernsehprogramme grundsätzlich zur Verfügung hält und so die individuelle Programmgestaltung gestattet. Die zukünftige Ausbauform eines interaktiven Kabelsystems würde dem Benutzer den Zugriff auf ein Netz spezialisierter Viedeotheken ebenso gestatten wie den interaktiven Zugriff auf vermaschte Datenbanksysteme zur Textinformation.

2.3 Systematische Gliederung der Nutzungsarten

Um Rückkanalsysteme beschreiben zu können, ist es zweckmäßig, die Nutzungsarten des Rückkanals systematisch zusammenzustellen und zu gliedern. Dies kann nach unterschiedlichen Gliederungsprinzipien geschehen, die von inhaltlichen, gesellschaftlichen, ökonomischen oder technischen Gesichtspunkten ausgehen. Bei allen Gliederungen tritt das Problem von Überschneidungen, Schwerpunktbildungen und die Frage der Vollständigkeit auf. In der hier verwendeten Gliederung wird das Prinzip der Rangskalierung nach dem Kriterium der steigenden technischen Komplexität zugrunde gelegt und die Nutzungsarten werden zu Nutzungsklassen zusammengefaßt. Hierbei wird versucht, die Nutzungsarten von Rückkanalsystemen nach drei Parametern

- Eingabemodalitäten (für die Richtung vom Teilnehmer über den Rückkanal zur Zentrale)
- Ausgabemodalitäten (von der Zentrale zum Teilnehmer)
- Verarbeitungsintelligenz des technischen Systems

zu ordnen und zu beurteilen.

Nach dem Kriterium der technischen Komplexität können folgende *Eingabemodalitäten* für die Eingabe durch den Teilnehmer unterschieden werden:

1 Ziffern, Cursorpositionen, Meßwerte
Hierbei handelt es sich in der Regel um eine geringe Informationsmenge, z.B. um weniger als 5 Bytes, die auf einfache Art, z.B. durch Zifferneingabe (wie bei Bildschirmtext), Meßfühler usw., gewonnen werden kann. Als Eingabegerät genügt eine Zifferntastatur mit Cursortasten bzw. ein Meßwertgeber.

2 Kommandos
Das Eingeben von Kommandobefehlen ist im Vergleich zur einfachen Zifferneingabe schwieriger in der Bedienung und führt u.U. zu größeren Informationsmengen. Die Kommandos können komplexe Bedeutungen haben, die u.a. auch vom Kontext eines Dialoges abhängen können, z.B. bei einer Beratung zur Bedienung des Systems, einer Beratung zum Inhalt eines Lernprogrammes u.s.w. Die Zifferntastatur ist dazu durch Kommandotasten zu ergänzen.

3 Einfache Graphik
Die einfache Graphik als Eingabemodalität umfaßt die Eingabe von Sonderzeichen, Formelzeichen, Tabellen und Balkendiagrammen, wofür evtl. gesonderte Tasten in der Eingabetastatur oder simple graphische Zeicheneinrichtungen notwendig sind.

4 Stichworte
Stichworteingaben sind einfache Textfolgen bzw. einzelne Worte, die als Schlüsselworte für eine Zielinformation dienen können. Für die Stichworteingaben ist eine alphanumerische Volltastatur, z.B. eine Schreibmaschinentastatur, notwendig.

5 Stichwortverknüpfungen
Für komplexere Aufgaben ist die operationelle Verknüpfung von Stichworten erforderlich. Dabei können die Operationen, z.B. als logische Verknüpfungen, selbst Stichworte oder auch Tasten- bzw. Bedienfunktionen sein. Diese Art der Eingabemodalität führt zu einem höheren Schwierigkeitsgrad, weil syntaktische Regeln beachtet werden müssen, die Eingabe kontextabhängig sein kann und häufig auch semantische Beziehungen herzustellen sind.

6 Freie Texte
Die freie Texteingabe gestattet Formulierungen auf der Ebene der »natürlichen Sprache«, z.B. die Formulierung von Fragen oder eine unmittelbare Textkommuni-

kation. Auch einfache Formen einer Spracheingabe über ein Mikrophon werden in Zukunft genutzt werden können.

7 Graphik
Bei dieser Eingabemodalität können graphische Gebilde, Elemente, Muster sowie Bilder eingegeben werden, die aber noch nicht die Komplexität eines Videovollbildes haben. Graphikeingaben dieser Art können mit Einrichtungen wie einer elektronischen Zeichentafel, einem Lichtgriffel oder einem Abtaster erfolgen.

8 Ton
Toneingaben erfolgen über ein Mikrophon oder können von einem Tonspeicher abgerufen werden.

9 Festbild
Für die Eingabe stillstehender Bilder ist z.B. ein Diaabtaster oder eine einfache Videokamera erforderlich.

10 Bewegtbild
Für die Eingabe bewegter Bilder mit Begleitton ist eine Videokamera und ein Mikrophon notwendig.

Kombinationen der genannten Eingabemodalitäten sind notwendig, um bestimmte Nutzungsformen z.B. den Abruf von Texten und stillstehenden Bildern, den computerunterstützten Unterricht usw. zu realisieren.

Bei den *Ausgabemodalitäten* kann man unterscheiden:

1 Ziffern, Cursorpositionen, Schaltsignale
Die Ausgabe enthält eine relativ geringe Informationsmenge und ist sehr einfacher Natur. Daher genügen auch sehr einfache Ausgabegeräte. Die im Mittel pro Zeiteinheit übertragene Informationsmenge ist gering.

2 Text
Die Ausgabe von Texten erfordert das ganze Alphabet sowie die zugehörigen Satzzeichen und Symbole.

3 Einfache Graphik
Einfache graphische Darstellungen können nach Erweiterung des Zeichensatzes auf Sonderzeichen, Symbole und einfache graphische Elemente, z.B. Balkendiagramme, erzeugt werden.

4 Drucken
Die auf dem Bildschirm dargestellte alphanumerische und einfache graphische Information kann auf einem Drucker ausgegeben werden.

5 Graphik
Die ausgegebene Graphik ist komplexerer Natur, d.h. jeder Bildpunkt kann beispielsweise bezüglich seiner Farbe und Helligkeit einzeln adressiert und angesteuert werden.

6 Sprache
Diese Ausgabemodalität ist gekennzeichnet durch die Wiedergabe von Sprache, die in analoger oder digitaler Form aufgezeichnet sein kann. Dabei kann Sprache auch synthetisch erzeugt werden.

7   Ton

Die Tonausgabe umfaßt beispielsweise die Wiedergabe von Musikdarbietungen und stellt damit höhere Anforderungen als die Sprachausgabe.

8   Festbild

Diese Ausgabemodalität kennzeichnet die Wiedergabe stillstehender Bilder, wobei je nach Einsatzfall unterschiedliche Qualitätsansprüche bezüglich der Auflösung e.t.c. bestehen.

9   Bewegtbild

Die Ausgabe von Bewegtbildsequenzen mit Ton ist mit herkömmlichen oder speziell für Kabelnetze konzipiertenFernsehempfängern möglich.

Auch bei der Ausgabe ist es häufig notwendig, diese neun Arten von Ausgabemodalitäten sinnvoll zu kombinieren.

Eine Rangskalierung der in Rückkanalsystemen notwendigen *Verarbeitungsintelligenz* ist sehr schwierig. Die Einstufung der Dialogqualität und Dialogfähigkeit derartiger Systeme könnte vielleicht nach folgender Ordnung in neun Gruppen beschrieben werden:

1   Durchschalten, Vermitteln
2   Entscheiden
3   Verknüpfen
4   Verstehen
5   Erkennen
6   Anleiten
7   Problemlösen
8   Lernen/Lehren
9   Beraten

Aufbauend auf den in Unterkapitel 2.2 beschriebenen Einsatzmöglichkeiten für Systeme mit Rückkanälen und den verschiedenen Arten von Eingabemodalität, Ausgabemodalität und Verarbeitungsintelligenz kann man die einzelnen Nutzungsarten zu insgesamt neun Nutzungsklassen zusammenfassen, die entsprechend dem Grad ihrer Komplexität in folgender Weise geordnet sind:

1   Fernmessen/Fernsteuern
2   Bestellen/Reservieren
3   Nachrichten/Auskunft
4   Zugriff auf externe Datenbanken
5   Spiele
6   Lernen
7   Anleitung/Beratung
8   Schreib- und Bürotätigkeiten
9   Individual- und Gruppenkommunikation

2.3.1   Fernmessen/Fernsteuern

Bei dieser Nutzungsklasse sind die Eingabe- und Ausgabemodalitäten sehr einfach, d.h. es wird eine relativ geringe Informationsmenge transportiert. Teilweise werden die Ein- und Ausgaben auch von Automaten (Meßfühler, Schalter) durchgeführt. Die benötigte Verarbeitungsintelligenz ist gering.

Beispiele für Nutzungsformen sind:
1 Zählerablesen (Strom, Gas, Wärme, Wasser)
2 Fernschalten (Heizung, Herd, Beleuchtung)
3 Überwachung (Feuer-, Wasser-, Einbruchalarm, Verkehrsüberwachung, Banküber-
   wachung, Umweltüberwachung, Patienten- und Geräteüberwachung)
4 Notrufe
5 Terminerinnerung, Wecken
6 Datenerhebung/Umfrage (Verkehrsaufkommen, Quizantworten, Lernresultate,
   Tests, Meinungsumfrage, Programmbeurteilung)
7 Messung der Systemnutzung (Pay-TV)

2.3.2 Bestellen/Reservieren

Bei dieser Nutzungsklasse benötigt der Teilnehmer die Möglichkeit der Stichworteingabe. Für die Ausgabe genügt häufig eine Textdarstellung. Beim Ferneinkauf
allerdings kann es notwendig sein, Bilder mit einzubeziehen. Die Verarbeitung in der
Zentrale kann teilweise an externe Systeme (Buchungsrechner) delegiert werden.
Beispiele für Nutzungsformen dieser Klasse sind:

1 Kartenbestellung für Veranstaltungen und Reisen
2 Terminreservierung (Arzt, Friseur, Behörden)
3 Fernbestellung (Bücherausleihe, Taxi, Dienstleistungsaufträge)
4 Ferneinkauf
5 Geldverkehr/Kontoführung
6 Bestellung von Systemdiensten (Abruf von Tonsendungen und Filmen (Audiothek
   und Videothek), Bestellen von Konferenzschaltungen).

2.3.3 Nachrichten/Auskunft

In dieser Nutzungsklasse sind alle Informationsdienste zusammengefaßt. Sie zeichnen
sich dadurch aus, daß bei der Eingabe auch Stichwortverknüpfungen verstanden und
verarbeitet werden müssen. Die Ausgabe reicht bis zur Graphik und umfaßt die Möglichkeit, die abgerufene Information beim Teilnehmer auch in gedruckter Form ausgeben zu können. Die Fest- und Bewegtbildausgaben haben in dieser Nutzungsklasse
noch eine untergeordnete Bedeutung. Der Bearbeitungsaufwand zum Auffinden der
Information kann beträchtlichen Umfang annehmen.
Beispiele für Informations- oder Auskunftsdienste sind:

1   Politik (Außen-, Innen-, Lokalpolitik)
2   Wirtschaft (Arbeit/Lohn, Verbraucherinformation, Renten, Versicherungen, Bau-
    wirtschaft, Wohnungsmarkt, Steuern)
3   Verkehr (Fahrpläne, Verkehrssituation, Straßenzustand)
4   Touristik (Sonderangebote, Preise, Werbung)
5   Wetter (für Landwirtschaft, Reise, Sport)
6   Kultur (Veranstaltungskalender, Kurzkritiken, Öffnungszeiten, Premieren)
7   Handel (Branchen-Sonderangebote, Preis, Werbung)
8   Sport (Veranstaltungen, Berichte, Öffnungszeiten von Sportstätten)
9   Recht
10 Medizin/Gesundheit
11 Erziehung/Schule
12 Berufsbildung/Aus- und Weiterbildung
13 Behörden (Adressen, Zuständigkeiten, Terminkalender, »Schwarzes Brett«)
14 Interessengruppen (Kirchen, Vereine, Parteien, Gewerkschaften)

2.3.4 Zugriff auf externe Datenbanken

Bei dieser Nutzungsklasse verwendet der Teilnehmer die Netzzentrale zur Vermittlung, d.h. er kommuniziert über die Netzzentrale mit anderen Datenbanken. Dabei werden ihm Hilfen z.B. Ausgabeformatanpassungen, Gebrauchsanleitungen usw. gegeben. Die Ein- und Ausgabemodalitäten werden von den externen Datensystemen bestimmt, sind aber in aller Regel auf Stichwortverknüpfungen und Texte beschränkt. Beispiele solcher Dienste sind:

1 Zugriff auf bestehende externe Dokumenten-Abrufsysteme (z.B. für Behörden, Juristen)
2 Zugriff auf bestehende externe Datenbanksysteme (beispielsweise für Medizin, Wissenschaft, Technik, Handel)
3 Zugriff auf bestehende externe Kommunikationssysteme
4 Zugriff auf bestehende externe Reservierungs- und Bestellsysteme (Fluggesellschaften, Versandhandel)
5 Zugriff auf externe Systeme für den computerunterstützten Unterricht (PLATO, LIDIA, PLANIT)

2.3.5 Spiele

Bei dieser Nutzungsklasse können die Eingabemodalitäten schon graphischen Charakter haben, so z.B. das Aufnehmen und Setzen von Spielsteinen. Die Ausgaben können bei kommunikativen Spielen Bewegtbild mit Ton notwendig machen. Bei algorithmischen Spielen (z.B. Schach) ist eine hohe Verarbeitungsintelligenz erforderlich. Diese Spiele können in drei Kategorien eingeteilt werden:

1 einfache Spiele (»TV-Spiele«, Zufallsspiele)
2 algorithmische Spiele (Mühle, Schach, Go)
3 kommunikative Spiele

2.3.6 Lernen

Im Bereich Lernen sind die Ein- und Ausgabemodalitäten komplexer und können beispielsweise auch freie Texteingaben bzw. Bewegtbildsequenzen umfassen. Computerunterstützte Lernprogramme erfordern eine hohe Verarbeitungsintelligenz, die in der Lage ist, Lernwege adaptiv zu gestalten. Beispiele für Lehr- und Lernprogramme sind:

1 Lexikalische Wissensvermittlung
2 Ergänzende Lehrprogramme
   - für das Schul- und Bildungssystem (gegliedert nach Stoffgebieten und Klassenstufen, für Telekolleg und Fernuniversität)
   - für Umschulung/Weiterbildung (Handel, Industrie, Gewerbe)
   - für Erwachsenenbildung (Fremdsprachenprogramme, Technik, Wirtschaft, Recht, Kunst)
3 Allgemeine Bildungsprogramme
   - Allgemeinbildung (Literatur, Musik, Kunst, Technik, Populärwissenschaft)
   - für spezielle Zielgruppen (Behinderte, Ärzte, Wissenschaftler, Ausländer)
4 Computerunterstützte Lernprogramme (für spezielle Interessengebiete, für Nachhilfe und Förderunterricht, für das Selbststudium)
5 Lerntests mit unmittelbarer Auswertung

2.3.7 Anleitung/Beratung

Dieser Nutzungsbereich erfordert eine freie Texteingabe. Wegen der komplexen Inhalte, die vermittelt werden sollen, sind die Ausgabemöglichkeiten nicht beschränkt. Die Verarbeitungsintelligenz muß sehr hoch sein, da es gilt, den Teilnehmer bei der Problemlösung zu beraten und auf seine individuellen Fähigkeiten und Vorkenntnisse adaptiv einzugehen. Als Beispiele lassen sich hier anführen:

1 Anleitung für den Haushalt (Kochrezepte, Haushaltsführung, Wäschepflege)
2 Anleitung für den Heimwerker (Pflege von Haus, Garten, Auto)
3 Anleitung für die Freizeit (Malerei, Stricken, Musik, Modellbau, Sammeln, Sport, Spiel, Urlaubsgestaltung)
4 Anleitungen zur Gestaltung sozialer Beziehungen
5 Bürgerberatung (»Bürgernahe Verwaltung« – Hilfen im Umgang mit Behörden)
6 Verbraucherberatung (Konsumgüter, Reisen, Wohnung)
7 Rechtsberatung (Steuern, Arbeit, Verkehr, Gesetz)
8 Gesundheitsberatung (Präventivmedizin, Vor- und Nachsorge, Erste Hilfe, psychologische Erstberatung)
9 Seelsorge und Lebensberatung
10 Erziehungs- und Bildungsberatung
11 Berufs- und Ausbildungsberatung
12 Lernberatung (Tutorieller Unterricht, interaktive Hilfen beim Problemlösen)
13 Systembezogene Bedienungsanleitung und -beratung

2.3.8 Schreib- und Bürotätigkeiten

Dieser Bereich kann bei der Ein- und Ausgabe alle erwähnten Modalitäten umfassen. Die Verarbeitungsintelligenz des technischen Systems wird hierbei voll ausgeschöpft. Beispiele für teilweise unterschiedliche Anforderungen an die Leistungsfähigkeit des verwendeten Rückkanalsystems sind:

1 Schreibplatz (Briefe schreiben, Berichte schreiben)
2 Anzeigen aufgeben und beantworten
3 Arbeitsplatz, auch für Heimarbeit (kaufmännische und technische Berechnungen, Textverarbeitung, Beratertätigkeit, Verkäufertätigkeit)
4 Individuelle Programmerstellung

2.3.9 Individual- und Gruppenkommunikation

In dieser Nutzungsklasse sind die Ein- und Ausgabemodalitäten nicht beschränkt. Die Verarbeitungsintelligenz ist dagegen begrenzt auf technische Vermittlungs- und Überwachungsfunktionen. Beispiele solcher Kommunikationsformen sind:

1 Interaktive Textkommunikation
2 Tonkonferenz
   - Kommunikation zwischen Gruppen
   - Tutorieller Gruppenunterricht
   - Offener Kanal mit Interaktion
3 Bildkonferenz
   - Kommunikation zwischen Gruppen
   - Tutorieller Gruppenunterricht
   - Offener Kanal mit Interaktion
4 Bildfernsprechen

45

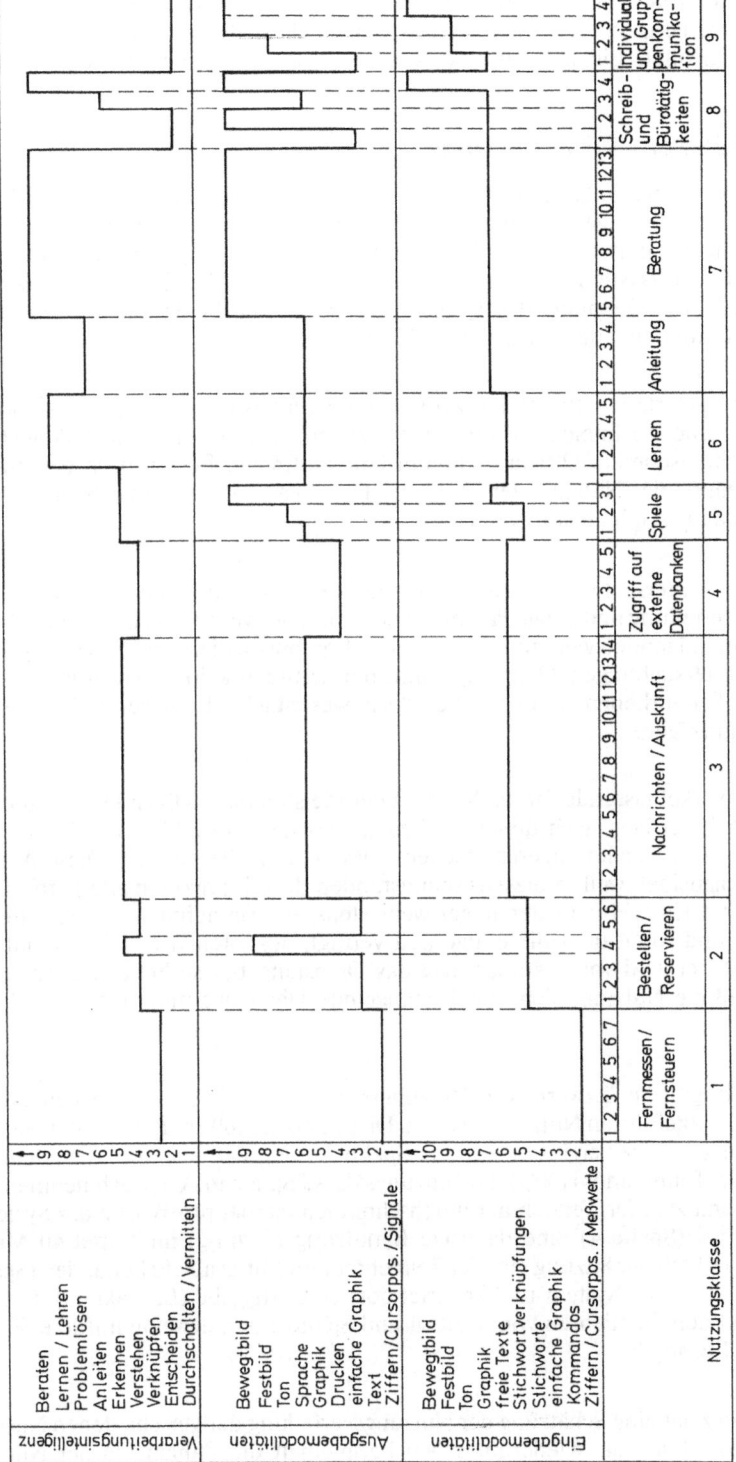

Bild 2.14 Nutzungsklassen und ihre Komplexität

Das folgende *Bild* 2.14 zeigt einen möglichen Zusammenhang zwischen den verschiedenen Nutzungsarten und Nutzungsklassen in Rückkanalsystemen und den drei rangskalierten Größen Eingabe- und Ausgabemodalität sowie Verarbeitungsintelligenz.

2.4 Schätzwerte für die Nutzung

Es gibt sehr wenig Anhaltspunkte, die Nutzung eines interaktiven Breitbandkommunikationssystems einigermaßen begründet zu schätzen, da einerseits in weiten Kreisen der potentiellen Benutzer kaum Vorstellungen über die Möglichkeiten dieses neuen Kommunikationssystems bestehen und daher kein Bedarf erfragt werden kann und andererseits die Akzeptanz des Systems sehr stark vom Spektrum der angebotenen Nutzungsformen und deren Inhalten abhängt.

Im Heinrich-Hertz-Institut Berlin wurden innerhalb des vom Bundesministeriums für Forschung und Technologie geförderten Forschungsvorhabens »Laborprojekt Zweiweg-Kabelfernsehen« /222/ in mehreren Unteraufträgen Fragen nach der Intensität und Verteilung der Nutzung verschiedener Dienstkategorien von Fachleuten der entsprechenden Disziplin beantwortet.

Aus diesen Untersuchungen lassen sich eine Reihe von Annahmen in Bezug auf die Nutzungsverteilung und einige Parameter der Nutzung, wie z.B. die Länge einer Sitzung, ableiten. Im folgenden werden einige wichtige Ergebnisse dieser auf Schätzungen beruhenden Untersuchungen /222/ angeführt, die natürlich keinen Anspruch auf Allgemeingültigkeit erheben können, aber doch wesentliche Kennwerte für interaktive Systeme aufzeigen.

Die Hauptverkehrsstunde für die Nutzung der meisten interaktiven Dienste durch private Teilnehmer liegt nach dieser Schätzung zwischen 18 und 22 Uhr. In dieser Zeit werden bis zu 10% aller angeschlossenen Teilnehmergeräte benutzt. Diese Annahme erscheint plausibel, weil in diesen Abendstunden derzeit praktisch alle Fernsehgeräte eingeschaltet sind, also in der Regel wenigstens ein Teilnehmer vor dem Fernsehgerät sitzt und somit über die nötige Zeit verfügt, um interaktive Dienste nutzen zu können. Dabei wird vorausgesetzt, daß das Dienstangebot so breit und inhaltlich so tief ist, daß die Nutzung nicht durch mangelnde Dienstquantität und -qualität reduziert wird.

Tabelle 2.15 gibt Schätzwerte von Nutzungsparametern für die in den Unterkapiteln 2.2 und 2.3 aufgeführten Nutzungsklassen. Diese Tabelle soll am Beispiel der Nutzungsklasse »Spiele« näher erläutert werden. Spalte 2 zeigt, daß alle an das System angeschlossenen Teilnehmer (100%) die Nutzungsklasse Spiele in Anspruch nehmen. Nach Spalte 3 benutzt jeder Teilnehmer durchschnittlich einmal pro Woche das System für Spiele, wobei (Spalte 4) eine derartige Benutzung (Sitzung) im Mittel 40 Minuten dauert. Innerhalb der Sitzung gibt der Teilnehmer im Mittel alle 10 Sekunden (Spalte 5) eine Eingabe in das System und erwartet dort eine Ausgabe (Interaktion). Die letzte Spalte stellt den Quotienten von Spalte 4 und Spalte 3 dar, der eine mittlere Sitzungsdauer pro Tag angibt.

Tabelle 2.16 zeigt eine Schätzung der Nutzungsverteilung der verschiedenen Nutzungsklassen über den Tag. Wiederum sollen beispielhaft die Zahlen bei der Nutzungs-

Tabelle 2.15 Schätzwerte der Nutzungsparameter für die verschiedenen Nutzungsklassen

Nutzungsklasse		Prozentsatz der Nutzer	mittleres Benutzungs-intervall (Tage)	mittlere Sitzungs-dauer (Minuten)	mittlerer Abstand einer Interaktion (Sekunden)	mittlere Zahl von Interaktionen pro Minute	mittlere tägliche Sitzungs-dauer pro Teilnehmer (Minuten)
Bestellen/ Reservieren		100	7	10	12	5	1,43
Nachrichten/ Auskunft		100	1	10	12	5	10
Zugriff auf externe Daten-banken		15	0,5	15	15	4	30
Spiele		100	7	40	10	6	5,7
Lernen		100	3	40	15	4	13,3
Anleitung/ Beratung		100	7	30	15	4	4,3
Schreib- und Büro-tätig-keiten	privat	100	7	20	60	1	2,8
	geschäftl.	10	1	60	30	2	60
Individual- und Gruppenkommunikation		100	14	30	30	2	2,1
Audio- und Videothek		100	7	40	240	0,25	5,7

Tabelle 2.16 Schätzwerte der prozentualen Nutzungsverteilung über den Tag

Nutzungsklasse		Uhrzeit									
		0-6	6-8	8-10	10-12	12-14	14-16	16-18	18-20	20-22	22-24
Bestellen/ Reservieren		0	0	5	3	2	2	30	50	5	3
Nachrichten/ Auskunft		5	5	20	5	5	5	10	20	20	5
Zugriff auf externe Daten-banken		2,5	2,5	5	5	2,5	15	20	25	20	2,5
Spiele		5	5	5	5	5	5	10	25	25	10
Lernen		2	3	10	10	5	10	15	20	20	5
Anleitung/ Beratung		2	3	15	15	5	10	10	20	15	5
Schreib- und Büro-tägig-keiten	privat	3	2	5	5	3	5	25	25	25	2
	geschäftl.	2	3	20	20	5	20	15	10	3	2
Individual- und Gruppenkommunikation		0	0	20	20	5	10	15	20	10	0
Audio- und Videothek		2,5	2,5	10	10	7,5	7,5	10	20	20	10

Tabelle 2.17 Zahl der gleichzeitig aktiven Teilnehmer über den Tag und Interaktionsrate für ein System mit 10 000 angeschlossenen Teilnehmern

Nutzungsklasse		Anzahl der Teilnehmer, die gleichzeitig aktiv sind, bezogen auf eine Gesamtteilnehmerzahl von 10 000										Interaktionsrate pro Minute, bezogen auf eine Gesamtteilnehmerzahl von 10 000		
		0-6	6-8	8-10	10-12	12-14	14-16	16-18	18-20	20-22	22-24	16-18	18-20	20-22
Bestellen/ Reservieren		0	0	6	4	3	3	36	60	6	4	180	300	30
Nachrichten/ Auskunft		14	42	167	42	42	42	83	167	167	42	415	835	835
Zugriff auf externe Datenbanken		3	9	19	19	9	56	75	94	75	9	300	376	300
Spiele		8	24	24	24	24	24	47	119	119	47	282	714	714
Lernen		7	33	111	111	56	111	167	222	222	56	668	888	888
Anleitung/ Beratung		2	11	53	53	18	36	36	72	53	18	144	288	212
Schreib- und Bürotätigkeiten	privat	2	5	12	12	7	12	60	60	60	5	60	60	60
	geschäftl.	2	15	100	100	25	100	75	50	15	10	150	100	30
Individual- und Gruppenkommunikation		0	0	36	36	9	18	27	36	18	0	54	72	36
Audio- und Videothek		4	12	47	47	36	36	47	95	95	47	12	24	24
Summe		42	151	575	448	229	438	653	975	830	236	2265	4657	3129

klasse »Spiele« erläutert werden: Die Zahl der Teilnehmer, die während der Dauer eines Tages diese Nutzungsklasse auswählen, ist zu 100% gesetzt. In der Zeit von 8 bis 10 Uhr benutzen 5% der Teilnehmer dieser Gruppe das System in dieser Nutzungsklasse, in der Abendzeit, z.B. zwischen 20 und 22 Uhr, sind es dagegen 25% der Teilnehmer dieser Gruppe.

Die *Tabelle* 2.17 gibt für ein System, an das 10000 Teilnehmer angeschlossen sind, die Zahl der in einem bestimmten Zeitintervall gleichzeitig aktiven Teilnehmer an, wobei wiederum auf die Nutzungsklassen aufgeschlüsselt wurde. Außerdem sind in den letzten drei Spalten die Interaktionsraten, d.h. die Zahl der vom System zu bewältigenden Teilnehmerein- und -ausgabevorgänge pro Minute, aufgeführt. Diese Zahl ist ein wesentlicher Lastwert und für die Auslegung des technischen Systems wichtig. Die Werte sind Rechenwerte und basieren auf den in den vorhergehenden Tabellen aufgeführten Schätzwerten. Wird wiederum die Nutzungsklasse Spiele betrachtet, so sind z.B. zwischen 16 und 18 Uhr insgesamt 47 Teilnehmer in einem Dienst dieser Nutzungsklasse tätig (Spalte 8). Denn nach *Tabelle* 2.15 benutzen im Mittel 10000/7 = 1428 Teilnehmer täglich die Nutzungsart Spiele, wovon nach *Tabelle* 2.16 10% in der Zeit von 16 bis 18 Uhr tätig sind. Da die Dienstdauer 40 Minuten beträgt, sind 143/3 = 47 Teilnehmer gleichzeitig aktiv. Diese 47 Teilnehmer erzeugen pro Minute 282 Interaktionen (Spalte 12), weil nach *Tabelle* 2.15 ein Teilnehmer pro Minute 6 Interaktionen erzeugt.

Tabelle 2.17 gibt die Lastverteilung über den Tag an, aus der erkennbar ist, daß die höchste Belastung bei den meisten Nutzungsklassen in den Abendstunden liegt.

Die Nutzungsklasse Fernmessen/Fernsteuern wurde in den Tabellen nicht berücksichtigt, weil bei dieser Nutzungsklasse der Teilnehmer als Person meist nicht direkt beteiligt ist, also z.B. von einer Sitzungszeit oder einem mittleren Benutzungsintervall nicht geredet werden kann. Außerdem wird angenommen, daß Fernmessen/Fernsteuern nur unerheblich die Last des Systems beeinflußt, weil in der Regel relativ selten auftretende Ereignisse gesteuert oder erfaßt werden.

In der Nutzungsklasse »Schreib- und Bürotätigkeiten« unterscheiden sich die den privaten bzw. geschäftlichen Teilnehmer betreffenden Werte erheblich. Daher werden für diese Nutzungsklasse zwei Zeilen verwendet, die obere für die private, die untere für die geschäftliche Nutzung.

Weitere Anhaltspunkte für die in einem interaktiven Breitbandkommunikationssystem als typisch zu erwartenden Nutzungswerte konnten im Rahmen des »Laborprojekts Zweiweg-Kabelfernsehen« durch das Heinrich-Hertz-Institut auf der Internationalen Funkausstellung 1979 mit einem System gewonnen werden, das den Messebesuchern Gelegenheit bot, interaktive Breitbanddialogdienste zu erproben. An insgesamt 10 Terminals konnten die Messebesucher selbständig die verschiedenen Dienste nutzen, die im wesentlichen mit der Dialogform »komfortables Blättern« /222/ realisiert wurden. Dafür wurde ein spezielles Dienstlaufsystem ABAKUS /143/ entwickelt, mit dessen Hilfe es möglich ist, den Teilnehmerdialog für statistische Untersuchungen zu beobachten und u.a. folgende Daten zu erheben:

- Beginn und Ende einer Dienstnutzung (Sitzungsdauer)
- mittlere Plattenzugriffszeit und Zahl der Plattenzugriffe
- mittlere Teilnehmerreaktionszeit als Zeitdauer von der Ausgabe durch das System bis zur nächsten Eingabe durch den Teilnehmer
- Dauer der Rechnerbelegung
- mittlere Diabetrachtungszeit und Zahl der gesehenen Dias
- mittlere Filmbetrachtungszeit und Zahl der gesehenen Filmausschnitte
- Anzahl der betrachteten Textseiten
- Anzahl der gesehenen Dienstauswahltafeln
- Anzahl der Interaktionen, aufgeschlüsselt nach Themenbereichen
- Anzahl der fehlerhaften Eingaben
- Anzahl der ausgegebenen Zeichen
- Anzahl der eingegebenen Zeichen
- Daten über die Kommandotastenbenutzung

Weiterhin wurde ein detailliertes Dialogprotokoll erstellt, das bei jeder Interaktion festhält, zu welcher Zeit, unter welcher Bedingung, mit welcher Kommandotaste, an welcher inhaltlichen Stelle welche Eingabe erfolgt. Dabei bezeichnet eine Interaktion einen Dialogvorgang bestehend aus einer Ausgabe mit anschließender Eingabe durch den Teilnehmer. Zusätzlich wurden eventuelle Fehler des Laufsystems mitprotokolliert. Damit war die Möglichkeit geschaffen, die in /222/ gemachten Annahmen zu überprüfen. Obwohl die Funkausstellung weder eine repräsentative Umgebung noch einen repräsentativen Querschnitt an Teilnehmern bot, lassen sich doch einige der gemessenen Werte, die nicht so sehr von der Zusammensetzung der Teilnehmer abhängen, als Anhaltspunkt für weitere Arbeiten und als Bestätigung für früher getroffene Annahmen heranziehen.

Im einzelnen sollen hier beispielhaft dargestellt werden:
- Teilnehmerreaktionszeit
- Zahl der Interaktionen pro Nutzungsform
- Textlänge pro Teilnehmereingabe bei Nutzungsformen mit Stichworteingabemöglichkeit

Die im folgenden beschriebenen Diagramme wurden an 9 Endgeräten bei 2021 Dialogen in 19 Nutzungsformen unter dem Laufsystem ABAKUS gemessen.

Bild 2.18 zeigt die Häufigkeitsverteilung der Teilnehmerreaktionszeit, d.h. der Zeit, die zwischen der Beendigung der Ausgabe des Systems und dem Ende der Teilnehmereingabe (Eintreffen der Teilnehmereingabe in der Zentrale) verstreicht. Hier ist deutlich zu sehen, daß das Maximum bei etwa 6 Sekunden liegt, d.h. die meisten Teilnehmer reagieren mit dieser Verzögerung auf die Systemausgabe. Hierbei mag die besondere Atmosphäre der Funkausstellung eine Rolle gespielt haben, da viele Besucher mit dem System nur »spielten«, so daß sich bei der Nutzung in realen Systemen davon etwas abweichende Zeitspannen ergeben können.

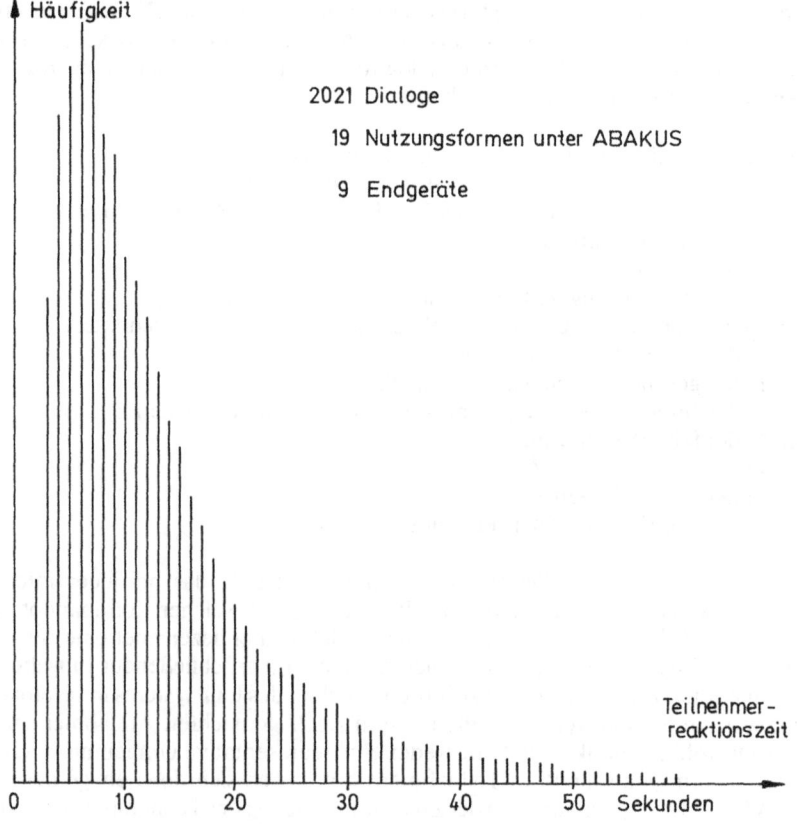

Bild 2.18 Häufigkeitsverteilung der Teilnehmerreaktionszeiten

Unter diesem Aspekt ist auch die in *Bild* 2.19 dargestellte Häufigkeitsverteilung der Interaktionen pro Nutzung zu sehen. Die Kurve zeigt ein ausgeprägtes zweites Maximum bei etwa 10 Interaktionen. Dies kann als eine kurze Nutzung des Dienstes, beispielsweise bei Informationsdiensten wie der Verkehrs- und Fahrplanauskunft, interpretiert werden. Mehr Interaktionen und damit eine deutlich intensivere Nutzung wurden besonders in den Lehrauskunftsprogrammen und bei Spielen beobachtet. Bei diesen Nutzungsformen sind auch die Teilnehmerreaktionszeiten deutlich länger als sechs Sekunden.

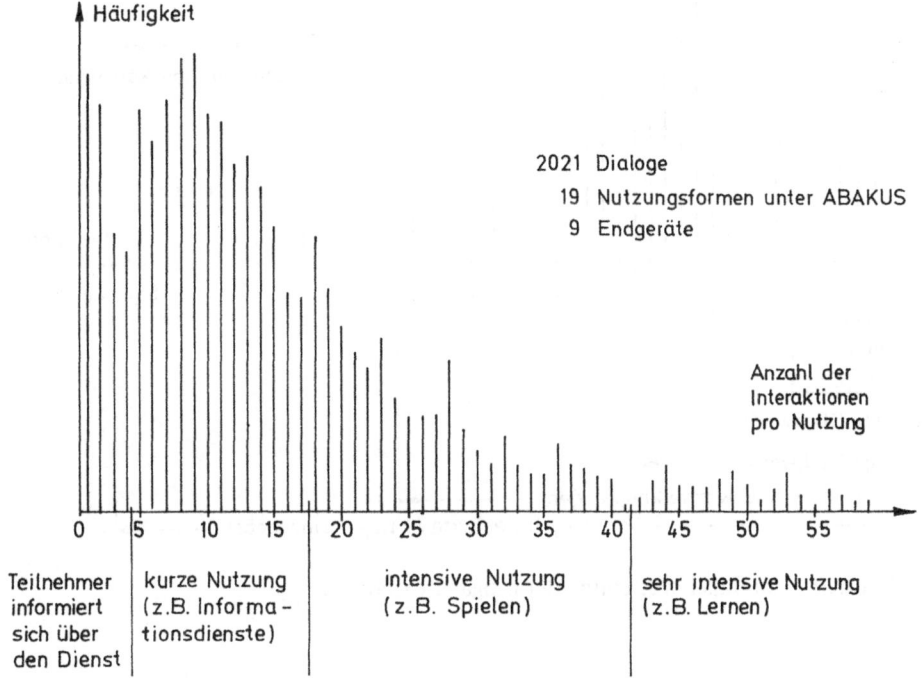

Bild 2.19   Häufigkeitsverteilung der Interaktionen pro Nutzung

Die Häufigkeitsverteilung der Eingabetextlängen (*Bild* 2.20) zeigt keinen »typischen« Kurvenverlauf. Die Ursachen hierfür sind vielfältig. Die Einbrüche bei 9, 16 und 20 Zeichen können durch die Verteilung der Wortlängen der deutschen Sprache zustandekommen. Teilweise sind in der Kurve auch Einflüsse der vorgegebenen Texte der Auswahllisten für die verschiedenen Nutzungsformen zu vermuten. Die Dialogprotokolle zeigen, daß zunächst die Kommandoeingaben bzw. Ja/Nein-Antworten überwiegen. Dann kommen kurze Stichworteingaben. Bei längeren Texteingaben wurde vielfach der Versuch unternommen, freie Texte z.B. Fragen in natürlicher Sprache einzugeben. Die Zahl der Eingaben ohne jeden Text lag bei 20030 Aktionen, die nur durch Kommandotastenbenutzung gekennzeichnet waren, d.h. der überwiegende Teil der Nutzer benutzte das System nur mit der Kommandotastatur. Auch diese Erscheinung kann sicherlich zu einem großen Teil auf die besonderen Umstände der Ausstellung zurückgeführt werden.

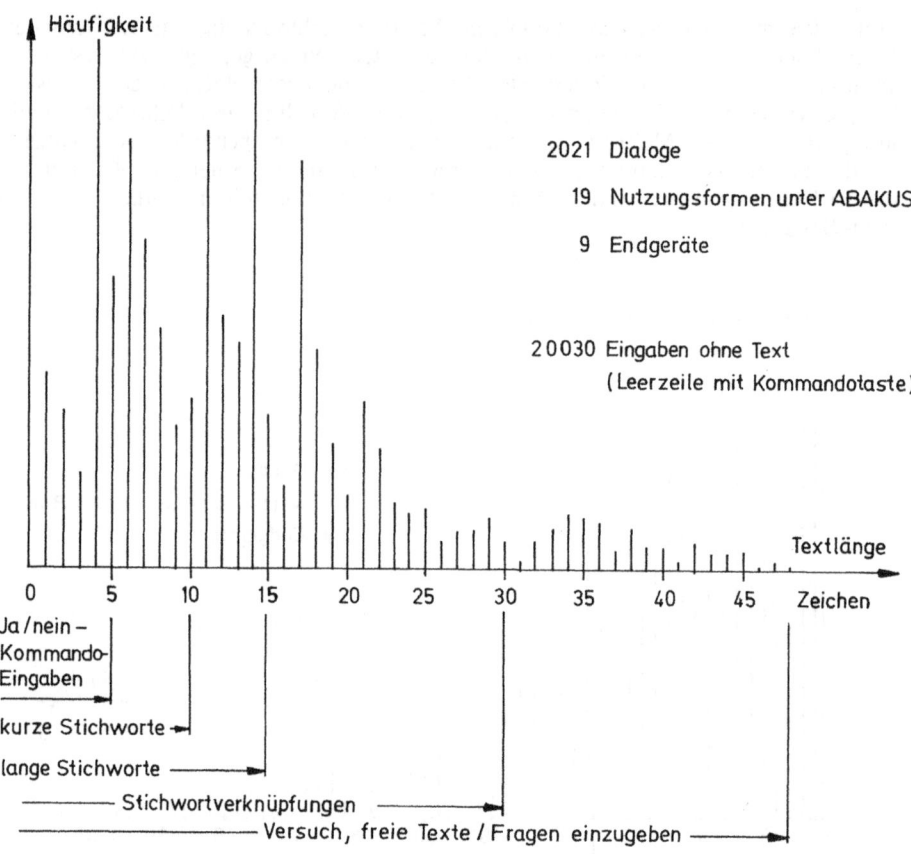

Bild 2.20   Häufigkeitsverteilung der Eingabetextlängen

3 Technische Gestaltung

In diesem Kapitel werden die verschiedenen Möglichkeiten zur technischen Realisierung von Rückkanalsystemen diskutiert. Als Grundlage für die sich daran anschließenden Betrachtungen wird zunächst die heutige Breitbandkommunikationstechnik in Verteilnetzen ohne Rückkanal vorgestellt. Nach einer Übersicht über die verschiedenen Arten von Rückkanälen folgt eine systematische Betrachtung derjenigen Rückkanalsysteme, die auf Verteilnetzen heutiger Art, d. h. auf Koaxialkabelnetzen mit Baumstruktur, aufbauen, wobei die Rückkanäle durch Frequenzgetrenntlage in demselben Kabel, durch Erweiterung des bestehenden Netzes oder auch durch Nutzung eines getrennten Netzes gebildet werden können. Wegen der großen Bedeutung der optischen Nachrichtenübertragung auf Glasfaserkabeln werden die sich in der Zukunft ergebenden Möglichkeiten zur Realisierung von breitbandigen Rückkanalsystemen in einem eigenen Unterkapitel 3.4 beschrieben. Die sich daran anschließenden Unterkapitel 3.5 und 3.6 befassen sich dann mit den Teilnehmerendgeräten und den zentralen Einrichtungen für interaktive Breitbandsysteme.

3.1 Heutige Breitbandkommunikations (BK)-Netze ohne Rückkanal

Bei der rundfunkmäßigen Ausstrahlung von Fernsehprogrammen muß in Kauf genommen werden, daß nicht jeder Punkt eines Sendebereichs erreicht werden kann. So lassen sich trotz des in Deutschland relativ dichten Netzes von Sendern nicht alle Empfangsschatten hinter Bergrücken und Hochhäusern ausleuchten, teils wegen der hohen Kosten, teils wegen der Frequenzknappheit. Eine vollständige Fernsehversorgung ist somit nicht erzielbar. Beispielsweise sind im topographisch recht unterschiedlichen Bayern derzeit folgende Versorgungsgrade erreicht:

> 98% für die ARD-Senderkette
> 97% für die ZDF-Ausstrahlungen und
> 94% für das Dritte Programm

Zur Versorgung derjenigen Gebiete, in denen die Fernsehprogramme nicht mit zufriedenstellender Qualität empfangen werden können, haben sich in allen Ländern der Erde in steigendem Maße Gemeinschaftsantennenanlagen herausgebildet. Dazu werden die Fernseh- und Hörfunksignale an einem antennentechnisch günstigen, meist hochgelegenen Ort empfangen und über ein Netz von Koaxialkabeln den Teilnehmern zugeführt. Solche Gemeinschaftsantennenanlagen sind nicht nur geeignet, Abschattungsgebiete qualitätsmäßig besser zu versorgen, sie stellen auch häufig eine besonders wirtschaftliche Lösung dar und ermöglichen den Empfang weiterer Programme.

Aus historischen und technischen Gründen entwickelte sich über Jahrzehnte hinweg allmählich die heutige Struktur von Gemeinschaftsantennenanlagen, in denen eine große Zahl von Fernseh- und Hörfunkprogrammen verteilt werden können. Eine

Gemeinschaftsantennenanlage besteht aus einer Zentrale (Netzknoten) und einem daran angeschlossenen, durch Koaxialkabel gebildeten Verteilnetz.

3.1.1 Programmzuführung und Signalaufbereitung

Zunächst müssen die Signale an einem möglichst günstigen Standort (Rundfunkempfangsstelle) aus der Luft empfangen und der Zentrale zugeleitet werden. Die Zentrale bereitet diese Signale auf, indem sie diese
– in der Frequenzlage auf ein neues, vorgewähltes und gegenüber Störungen optimiertes Kanalraster umsetzt,
– deren Pegel auf bestimmte Ausgangswerte automatisch regelt und sie
– zu einem gemeinsamen Multiplexsignal zusammenfaßt.

Zu einem späteren Zeitpunkt können Fernseh- und Hörfunkprogramme, die von Nachrichtensatelliten ausgestrahlt werden, in gleicher Weise empfangen und in der Zentrale eingespeist werden.

Zusätzlich zu den an der Empfangsstelle zu empfangenden Rundfunkprogrammen kann man im Prinzip weitere Signale (Fernseh- und Hörfunkprogramme, aber auch Informationen, Texte und Daten) verteilen, die auf anderen Wegen zugeführt werden oder aus anderen Quellen stammen, z.B. von einem Fernseh- oder Hörfunkstudio, das ein lokales Programm erzeugt, oder von einer entsprechenden Datenbank.

Alle diese zusätzlichen Programme und Dienste erweitern die Gemeinschaftsantennenanlage zu einer Breitbandkommunikations (BK)-Anlage, da über die ortsüblich empfangbaren Programme hinaus weitere Signale verteilt werden. Allerdings ist diese zusätzliche Nutzung (»Kabelfernsehen«) in der Bundesrepublik Deutschland noch nicht eingeführt.

3.1.2 Verteilnetz

3.1.2.1 Übertragungsfrequenzbereiche

Anfangs richtete sich das Hauptaugenmerk bei der Netzgestaltung fast ausschließlich darauf, wie man das Verteilnetz so aufbauen kann, daß die Übertragung mit möglichst wenig Verlusten, also mit möglichst geringer Dämpfung, erfolgt. Die Übertragungskanäle wurden deshalb in einen möglichst tiefliegenden Frequenzbereich gelegt.

Mit zunehmender Zahl der Übertragungskanäle wurde der Frequenzbereich erst auf 216 MHz (Kanal 13 in den USA) bzw. 230 MHz (CCIR-Kanal 12 in Europa) und dann auf etwa 300 MHz erweitert (*Bild* 3.1) Neuere Anlagen im Ausland sehen eine obere Frequenzgrenze bei 400 oder sogar bei 450 MHz und damit eine Kapazität von mehr als 40 Fernsehkanälen vor. Selektionsschwierigkeiten, insbesondere bei älteren Empfangsgeräten, werden umgangen, wenn nicht alle Kanäle nebeneinander belegt werden (Nachbarkanalbelegung). Gleichzeitig können mit einer solchen Kanalbelegung die durch Oberschwingungen (Störprodukte 2. Ordnung) hervorgerufenen Störungen unwirksam gemacht werden.

Für den Empfang von Sonderkanälen, d.h. von Kanälen außerhalb der Fernseh-Rundfunkbereiche I und III, sind bei normalen Fernsehgeräten zusätzliche Maßnahmen bzw. Zusatzeinrichtungen erforderlich. Entweder der Anlagenbetreiber entschließt sich zu einer Abweichung vom genormten CCIR-Kanalplan oder er setzt die Sonderkanäle in UHF-Kanäle um und umgeht so die vorhandenen Geräteschwächen (mangelnde

55

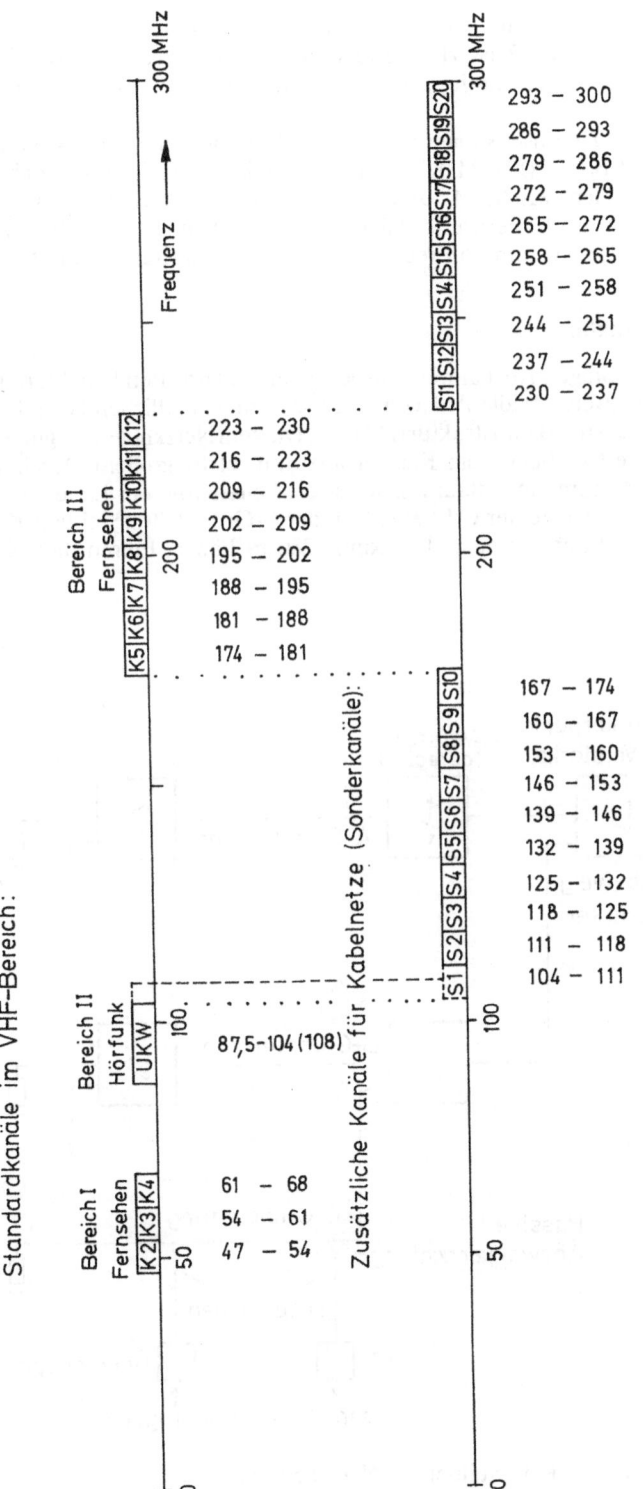

Bild 3.1 Frequenzplan für die Übertragungskanäle in Breitbandverteilnetzen

Selektion und Oberschwingungsabstrahlungen). Eine andere Lösung ist, dem Teilnehmer den Kauf eines Zusatzkonverters oder eines Fernsehgerätes mit speziellem
BK-Tuner zu empfehlen, womit jeder Sonderkanal eingestellt werden kann.

Um insgesamt 30 Fernsehkanäle mit je 7 MHz Bandbreite und 24 Hörfunkkanäle
(im Bereich 87,5 bis 104 (108) MHz) auf einem Koaxialkabel übertragen zu können, muß
der Frequenzbereich zwischen 47 und 300 MHz ökonomisch eingeteilt werden. Bei der
Übertragung von nur 12 Fernsehkanälen wird die vorhandene Übertragungskapazität
des Koaxialkabels im gesamten Frequenzbereich nicht voll ausgeschöpft.

3.1.2.2 Netzstruktur

Abgesehen von einigen Ausnahmen, insbesondere bei privaten Errichtern und Betreibern, zeigen weltweit fast alle Anlagen einen nahezu einheitlichen Grundriß, ein Netz
von Koaxialkabeln mit Baumstruktur (*Bild* 3.2). Die vom Netzknoten ausgehende Haupt-
ader der Strecke (A-Ebene), ein Koaxialkabel mit relativ großem Durchmesser, ver-
gleichbar dem Stamm eines Baumes, speist die Seitenarme der Linie (B-Ebene) und
diese wiederum die Äste der C-Ebene. Von der C-Grundleitung, einem Koaxialkabel
mit geringerem Durchmesser und maximal 280 m Länge, führen die relativ kurzen

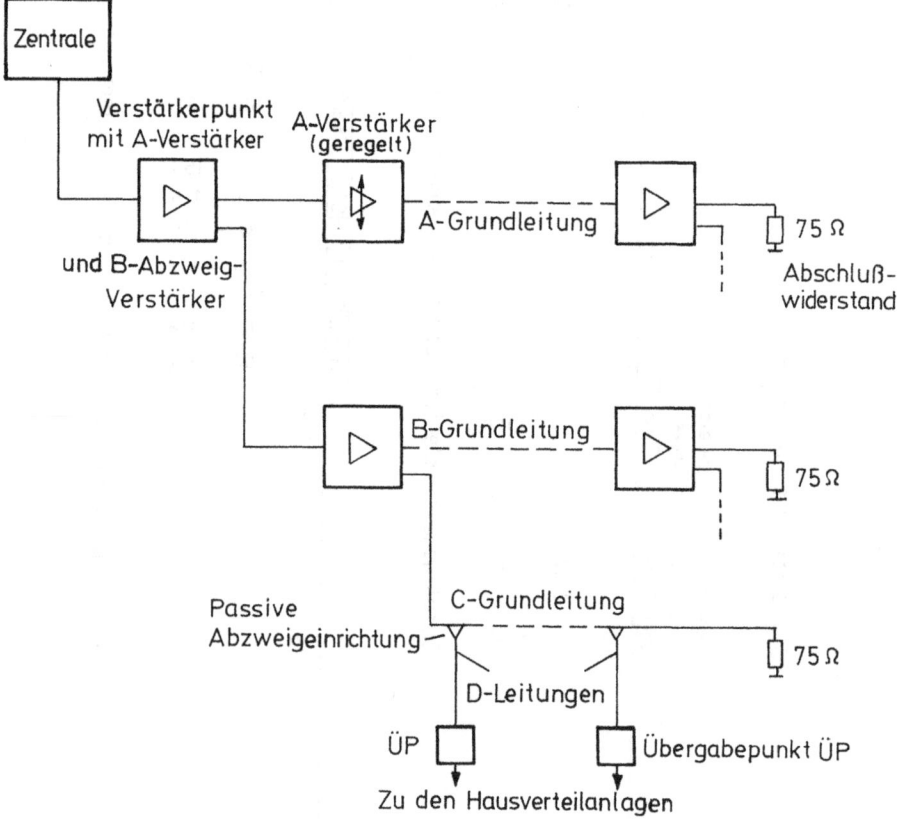

Bild 3.2 Struktur des BK-Verteilnetzes (Netzebene 3)

D-Stichleitungen, die in passiven Abzweigeinrichtungen ausgekoppelt werden, zu den Übergabepunkten ÜP und von dort zu den Hausverteilanlagen.

Die Baumstruktur eines solchen, hierarchisch gegliederten Verteilnetzes hat sich aus der Aufgabe entwickelt, Signale von einer zentralen Stelle aus kostengünstig über Kabel, Verstärker und Abzweiger bis hin zum Geräteanschluß zu führen, und hat sich über viele Jahre hinweg bewährt. Mit den heute verfügbaren, hinsichtlich Geräuschabstand und Aussteuerbarkeit verbesserten Verstärkern könnte man alte Koaxialkabelnetze durch Verstärkeraustausch relativ einfach modernisieren und auf eine höhere Kapazität bringen. Nur das im Erdboden vergrabene Koaxialkabelnetz läßt sich nicht so einfach umbauen und in seiner Struktur verändern.

3.1.2.3 Kabel, Dämpfung

Die Dämpfung des Koaxialkabels nimmt mit wachsendem Leiterdurchmesser und kleiner werdender Dielektrizitätskonstante ab. Wirtschaftliche und verarbeitungstechnische Gesichtspunkte sowie Fragen der Anwendbarkeit setzen hierbei jedoch Grenzen. Zu den wirtschaftlichen Aspekten bei der Kabelauswahl zählen:

  – der Materialaufwand beim Kabel
  – die erreichbare Verstärkerfeldlänge
  – die Kosten für Kabel, Verstärker und Verlegung

Die im *Bild* 3.3 dargestellten Kabeltypen werden heute in BK-Verteilnetzen eingesetzt, in der A-, B- und C-Ebene vorwiegend die dämpfungsärmeren Ausführungen mit Luftkammern (Bambusausführung), in der D-Ebene die vollisolierte Ausführung. *Bild* 3.4 zeigt den typischen Verlauf der Dämpfung dieser Koaxialkabel.

3.1.2.4 Streckenverstärker, Verstärkerfeldlänge

Wegen der bei hohen Frequenzen relativ großen Kabeldämpfung müssen die Signale in geeigneten Abständen (Verstärkerfeldlänge) durch Verstärker auf den ursprünglichen Sendepegel wieder angehoben werden. Gleichzeitig muß der Frequenzgang des Kabels durch einen Entzerrer kompensiert werden. Heutige Streckenverstärker weisen weitgehend eine Einheitsbestückung auf, so daß zwischen den unterschiedlichen Typen nur noch geringe Abweichungen bei der Aussteuerbarkeit, beim Rauschmaß und in der Verstärkung erkennbar sind.

Für Systeme, mit denen größere Entfernungen, z.B. 20 oder mehr Kilometer, überbrückt werden sollen oder in denen besonders hohe Anforderungen an die Übertragungsparameter (Rauschabstand, Kreuzmodulationsabstand, Störungen 2. Ordnung etc.) gestellt werden, haben die Streckenverstärker Verstärkungswerte von 14 bis 16 dB. In Anlagen normaler Größe mit einem Radius von 5 bis 10 km und üblichen Anforderungen haben sich jedoch Verstärkungswerte von 20 bis 25 dB als besonders wirtschaftlich erwiesen.

Abhängig davon, wieviele Hörfunk- und Fernsehkanäle im geplanten Endausbau übertragen werden sollen und welche Forderungen an die Übertragungsparameter gestellt werden, läßt sich die Anzahl der hintereinander schaltbaren Verstärker berechnen. Üblicherweise werden die Verstärkerdaten für die maximale Aussteuerung und den Signal-/Geräuschabstand für den Fall angegeben, daß ein einzelner Verstärker mit nur zwei Fernsehsignalen belastet wird. Sobald aber mehr Kanäle übertragen und mehr Verstärker hintereinander geschaltet werden (Kaskadierung), muß dies entsprechend berücksichtigt werden. Jeder zusätzliche Kanal und jeder nachgeschaltete Verstärker würde die Störpro-

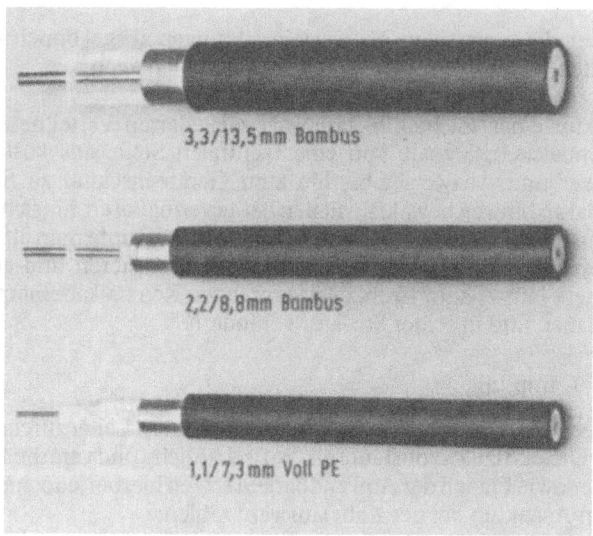

Bild 3.3 Typische Koaxialkabel mit 75 Ohm Wellenwiderstand für BK-Anlagen

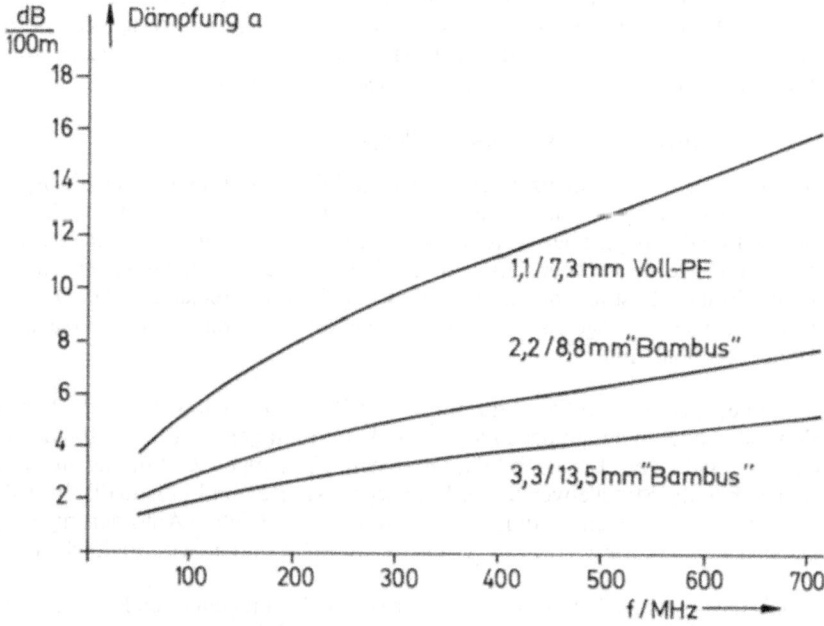

Bild 3.4 Dämpfungsverlauf typischer Koaxialkabel für BK-Anlagen

dukte (Rauschen, Kreuzmodulation) in der ganzen Kette erhöhen, wenn nicht durch Reduzierung der Ausgangspegel bzw. durch Erhöhung der Eingangspegel dieser Systemdegradation vorgebeugt werden würde.

Als Faustregel gilt:
- Mit jeder Verdoppelung der Kanalzahl (wobei alle UKW/FM-Kanäle zusammen vereinfacht wie ein einziger Fernsehkanal berücksichtigt werden) muß die Aussteuerung, d.h. der maximale Pegel an jedem Verstärkerausgang, um 3 dB reduziert werden. So ist beispielsweise bei 12 Fernsehkanälen und dem UKW-Hörfunkband mit 24 FM-Kanälen eine Reduzierung um ca. 8 dB gegenüber dem Wert bei der Übertragung von nur zwei Fernsehsignalen erforderlich.
- Mit jeder Verdoppelung der Verstärkerzahl muß der Pegel am Eingang jedes Verstärkers um 3 dB erhöht und der Pegel an seinem Ausgang um 3 dB abgesenkt werden. Die Reichweitengrenze ist erreicht, wenn die Differenz zwischen den so ermittelten Pegeln am Eingang und am Ausgang des Verstärkers der Nennverstärkung entspricht.

Die rechnerisch ermittelten Verstärkerfeldlängen und Reichweiten müssen in der Praxis zum Teil erheblich korrigiert werden, weil sich die Kabelwege an der Straßenführung und das Aufstellen der Verstärker nach der örtlichen Bebauung zu richten haben. Aber auch wegen System- und Regeltoleranzen lassen sich die theoretischen Reichweiten nicht ausnutzen.

Daher hat die Deutsche Bundespost bei ihren BK-Netzen (vgl. Abschn. 3.1.3) für 12 Fernseh- und 24 UKW-Kanäle festgesetzt, daß maximal 20 Verstärker mit einem Verstärkungswert V = 14 dB in Kaskade betrieben werden dürfen, was bei einer Dämpfung des Koaxialkabels von 3,3 dB je 100 m bei 300 MHz in der A- und B-Ebene des Verteilnetzes einer Verstärkerfeldlänge von 420 m und damit einer Gesamtreichweite von 8,5 km entspricht.

3.1.3 Standardtechnik der Deutschen Bundespost für BK-Anlagen

3.1.3.1 Bezugskette

Die Deutsche Bundespost betrachtet das in öffentlichen Wegen und Grundstücken verlegte Kabelnetz als einen Teil eines möglicherweise bundesweiten Gesamtversorgungsnetzes (*Bild* 3.5), das bei dem Aufnahmegerät (Mikrophon, Kamera) im weitentfernten Studio beginnt und am Wiedergabegerät (Ton- bzw. Fernseh-Rundfunkempfänger) des Teilnehmers endet. Dementsprechend werden die gesamten Übertragungsparameter auf die Teilabschnitte der Übertragungskette so aufgeteilt, daß eine sehr gute Übertragungsqualität über die ganze, u.U. bis zu 1000 km lange Strecke hinweg und nicht nur in den Teilabschnitten gewährleistet wird.

Dabei werden 4 Netzebenen unterschieden:

Netzebene 1: Überregionale oder internationale Verbindung (Kabel, Richtfunk etc.) zwischen Aufnahmeort (Studio) und Schaltstelle.

Netzebene 2: Regionale Verbindung von der Schaltstelle oder vom regionalen Studio aus über eine rundfunkmäßige Senderabstrahlung und den Empfang in der Rundfunkempfangsstelle bis zur Zentrale (Netzknoten) des Verteilnetzes oder eine direkte Verbindung von der Schaltstelle zum Netzknoten.

Netzebene 3: Breitbandkommunikations(BK)-Verteilnetz, das entsprechend *Bild* 3.2 aufgebaut ist und an den Übergabepunkten ÜP endet.

Netzebene 4: Hausverteilanlage innerhalb privater Grundstücke ab dem Übergabepunkt ÜP bis zum Wiedergabegerät in der Wohnung des Teilnehmers.

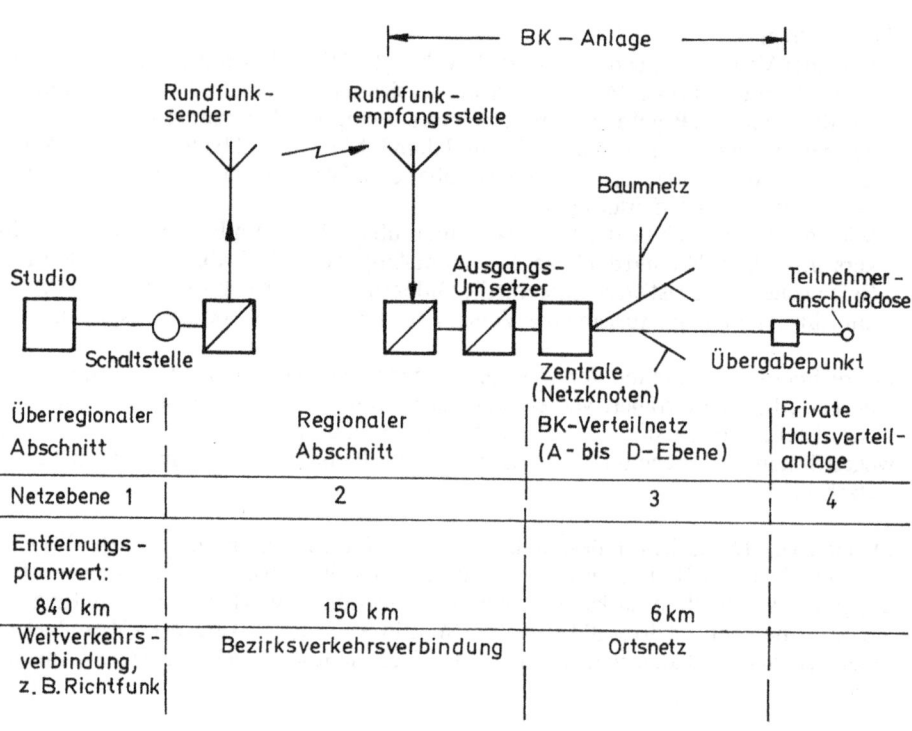

Bild 3.5 Bezugskette des deutschen BK-Netzes

Das BK-Verteilnetz bildet dabei die dritte Netzebene der Bezugs-(Versorgungs-)Kette und übernimmt die flächendeckende Erschließung in den Inselnetzen von Städten und Gemeinden. Es ist funktionell wieder in vier Unterebenen (A bis D) gegliedert, die aus *Bild* 3.2 ersichtlich sind. Nur in den Ebenen A und B sind Verstärker(punkte) angeordnet.

Bild 3.6 zeigt einen BK-Verstärkerpunkt, der einen ungeregelten A/B-Verstärker, einen B-Verstärker und einen C-Verstärker, von dessen 4 Ausgängen nur einer angeschlossen ist, enthält. Zusätzlich werden immer benötigt: Fernspeiseweiche, Fernspeiseverteiler und Stromversorgungsgerät. An den Verstärkerpunkt können bis zu 12 Koaxialkabel angeschlossen werden. Die noch freien Plätze im Gehäuse ermöglichen einen Weiterausbau sowie die Installation der für Rückkanäle erforderlichen Einrichtungen. Die Abzweigung auf die verstärkerlose C-Ebene geschieht in den Verstärkerpunkten über die C-Verstärker. Als D-Ebene wird der Verbindungsabschnitt zwischen den Abzweigern (meist im Erdboden in wasserdichten Muffen) und dem Übergabepunkt (fast immer im Innern eines Wohngebäudes) bezeichnet.

Der Übergangspunkt ÜP als letztes Bauteil des postalischen Netzes ist die Trennstelle der Netzebene 3 zur privaten Hausverteilanlage (Netzebene 4). *Bild* 3.7 zeigt einen Übergabepunkt mit einem Stecker zur Trennung der Verbindung zwischen Netzebene 3 und Netzebene 4.

Bild 3.6 Verstärkerpunkt in Standardtechnik
      1 Verstärkerbaugruppen, 2 Stromversorgung, 3 Kabeleinführungen

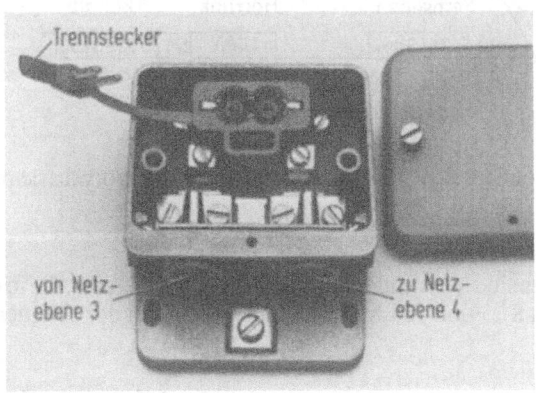

Bild 3.7 Übergabepunkt der Standardtechnik

3.1.3.2 Übertragungsfrequenzbereiche

Innerhalb des Frequenzbereiches 47 ... 300 MHz werden bei der BK-Technik der Deutschen Bundespost folgende Signale in Verteilrichtung übertragen:

12 Fernsehsignale der Norm B nach CCIR-Empfehlung 470

24 FM-Hörfunksignale mit 75 kHz Hub nach CCIR-Empfehlung 412

Normalerweise werden die Kanäle K2, K4, S3, S5, S7, S9, K5, K7, K9, K11, S11 sowie S13, S15, S17 und S19 belegt. Wenn jedoch starke Ortssender Störungen durch direkte Einstrahlung in das Empfangsgerät des Teilnehmers erwarten lassen, wird im Band III auf die geradzahlige Belegung K6, K8, ... K12 ausgewichen. Der Kanal S20 (293 – 300 MHz) ist für die Übertragung von individuellen Daten und Texten in Vorwärtsrichtung vorgesehen.

Die Standardtechnik berücksichtigt bereits eine mögliche Einführung von Rückkanälen, wobei Frequenzen wesentlich unterhalb von 47 MHz, nämlich im Frequenzbereich 5 – 10 MHz, benutzt werden und eine Trennung zwischen dem Frequenzbereich für die Vorwärtsrichtung und dem für die Rückwärtsrichtung durch Frequenzweichen erfolgt (*Bild 3.8*).

Daneben gibt es noch die Bereiche 4,19 – 4,7 MHz für den Betrieb von Dienstkanälen und 32 – 64 kHz für Signale zur Überwachung und Fehlerortung. Die Pilotfrequenzen für die automatische Pegelregelung, mit denen auch die Funktionsüberwachung für die Fehlerortung ermöglicht wird, liegen bei 80,15 MHz und 287,25 (bzw. 280,25) MHz.

Ebenso wie beim Fernsehen werden auch im UKW-Hörfunkbereich Kanäle mit starken Ortssendern ausgespart, um Störungen durch Direkteinstrahlung auf das Teilnehmergerät zu vermeiden. Mit Rücksicht auf die Selektionseigenschaften der vorhandenen Empfänger erhalten die UKW-Kanäle einen Abstand von 300 kHz oder mehr. Außerdem sind Frequenzen zu vermeiden, die in der Kombination mit einer anderen Frequenz die Zwischenfrequenz von 10,7 MHz oder die Hälfte davon ergeben; diese Mischfrequenzen könnten sich ebenfalls störend im Empfänger bemerkbar machen.

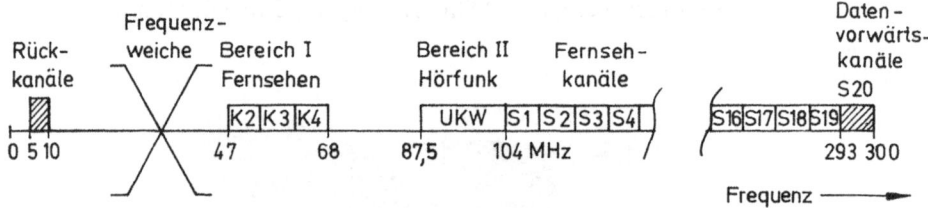

Bild 3.8 Frequenzbereiche für Rückkanäle und Datenvorwärtskanäle (S20) in BK-Anlagen

Darüber hinaus sind auch andere Kombinationsfrequenzen, die in den Übertragungsbereich zwischen 87,5 und 104 MHz fallen könnten, bei der Frequenzplanung zu berücksichtigen.

Aus diesen Überlegungen geht hervor, daß die Anlagen von Ort zu Ort meist unterschiedliche Frequenzen verwenden. Verbesserungen der Schirmung (Koaxialeingang) und der Selektivität bei den Empfängern wären wünschenswert, um eine höhere Ausnutzung der BK-Anlagen zu ermöglichen.

3.1.4 Hausverteilanlagen

In Deutschland fiel der Ausbau des UKW/FM-Ton- und des Fernsehrundfunks zeitlich eng mit dem Wohnungswiederaufbau zusammen. So entwickelten sich Gemeinschafts-antennenanlagen, die sich dem sozialen Wohnungsbau am besten anpaßten, d.h. die Antennensteckdosen wurden in den Wohnzimmern immer an gleicher Stelle von Etage zu Etage von oben nach unten durchgeschleift (siehe *Bild* 3.9). Durch die Verwendung von Doppelsteckdosen wird von einem Punkt im Zimmer aus sowohl der Hörfunk- als auch der Fernseh-Empfänger versorgt. Dagegen hat sich von den USA aus die Appartement-verteilung, d.h. die sternförmige Verteilung von einer Stelle aus, verbreitet, mit der ursprünglichen Absicht, die Anschlüsse dem Gebühreneingang entsprechend verbinden oder trennen zu können.

Die Entkopplung der Anschlüsse von Teilnehmer zu Teilnehmer wird durch verschiedene Schaltmittel (Widerstände, Transformatorverteiler oder Richtungskoppler) am einfachsten an zentraler Stelle im Sternverteilsystem erreicht, sie wird aber technisch auch in den dezentralen Abzweigern und Verteilern oder Steckdosen des Durchschleifsystems beherrscht.

Die beiden typischen Strukturen für die Netzgestaltung in einer Hausverteilanlage zeigt *Bild* 3.9. Der in diesem Bild gezeigte Verstärker hat die Aufgabe, die in der Hausverteilan-

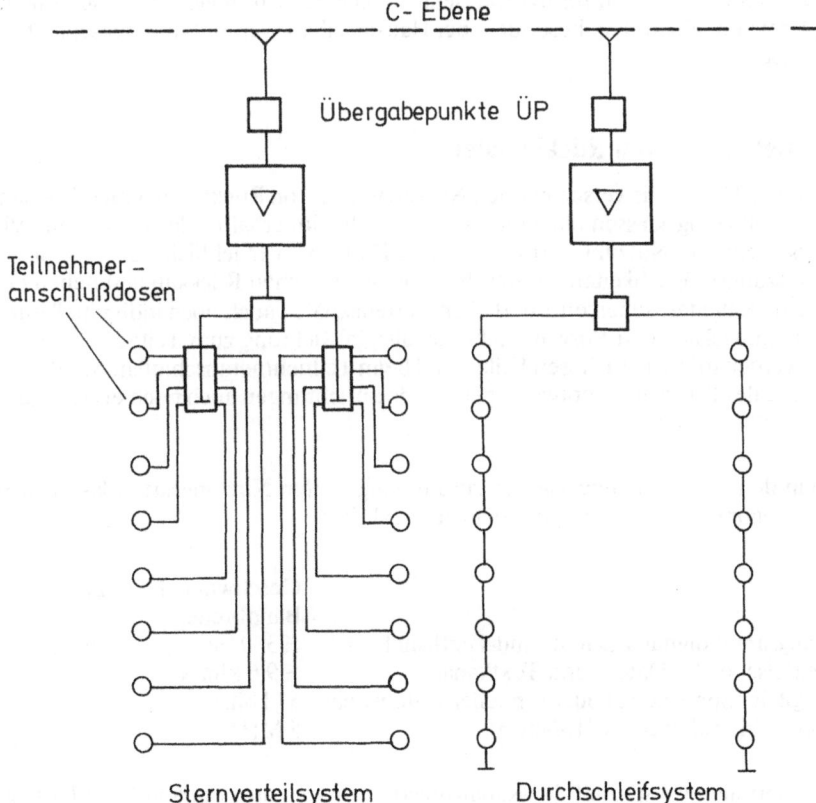

Bild 3.9 Strukturen von Hausverteilanlagen (Netzebene 4)

lage durch Kabelstrecken, Abzweiger, Verteiler und Anschlußdose entstehende Dämpfung auszugleichen.

Größere deutsche Gemeinschaftsanlagen enthalten neben der Leitungsführung mit durchgeschleiften Steckdosen Kabelverbindungen über verteilte Abzweiger und Verteiler, die geeignet sind, auch die Frequenzen des Tonrundfunks im Lang-, Mittel- und Kurzwellenbereich zu übertragen. In Gegensatz dazu sieht die Standardtechnik der Deutschen Bundespost keine Übertragung des Lang-, Mittel- und Kurzwellenbereiches vor.

Zum Empfang der Fernseh-Sonderkanäle sind besondere Maßnahmen erforderlich. In einigen Verteilnetzen Deutschlands oder Österreichs, so z.B. in Rosenheim und Wien sowie in allen Verteilnetzen in den Niederlanden, werden schon in der Netzebene 3, also vom Betreiber des öffentlichen Netzes, in teilnehmernahen Rückumsetzern die Sonderkanäle auf Rundfunkkanäle im UHF-Bereich (470–790 MHz) umgesetzt. Damit wird den Teilnehmern die Weiterbenutzung ihrer alten Geräte ohne Anschaffung von Zusatzkonvertern ermöglicht. Aber auch in der privaten Netzebene 4 können die Sonderkanäle zentral für die Gemeinschaftsanlage auf UHF-Kanäle umgesetzt werden. Mehr und mehr stehen jedoch schon Fernsehgeräte mit BK-Tunern zur Verfügung, bei denen eine Umsetzung nicht mehr erforderlich ist, da sie den Empfang aller Sonderkanäle gestatten.

Die Baumstruktur der bestehenden Verteilnetze verlangt für eine Erweiterung auf ein System mit Rückkanälen zusätzliche elektronische Einrichtungen, aber auch eine Reihe von Umbaumaßnahmen, besonders bei Hausinstallationen mit durchgeschleiften Antennensteckdosen.

3.2 Kategorien von Rückkanälen

In Kapitel 2.3 sind die verschiedenen Nutzungsarten von Rückkanälen beschrieben und in neun Nutzungsklassen eingeteilt worden, wobei innerhalb jeder Klasse eine Vielfalt unterschiedlicher Nutzungsformen existiert. Dabei wird ersichtlich, daß bei einigen dieser Nutzungsmöglichkeiten zusätzlich zu den eigentlichen Rückkanälen neben den für das reine Kabelfernsehen erforderlichen Verteilkanälen auch noch individuell nutzbare Übertragungskanäle in Vorwärtsrichtung, also in Richtung zum Teilnehmer, bereitgestellt werden müssen. In diesen Fällen sind beim Teilnehmeranschluß neben den für die Nutzung des Rückkanals notwendigen Sendeeinrichtungen auch noch erweiterte Empfangsgeräte erforderlich.

Alle in den neun Nutzungsklassen zusammengefaßten Nutzungsarten lassen sich mit vier Kategorien von Übertragungskanälen realisieren:

	Geschwindigkeit bzw. Bandbreite
1. Langsamer digitaler Daten- und Textkanal	$\leq$ 300 bit/s
2. Mittelschneller Daten- und Textkanal	$\leq$ 9,6 kbit/s
3. Digitaler Sprachkanal oder schneller Datenkanal	64 kbit/s
4. Fernsehkanal nach CCIR-Norm	5 MHz

Die Übertragungskapazität der Kanalkategorie 1 reicht aus, um alle Erfordernisse der Eingabe mit Tastaturen, Lichtgriffel, Zeichentableaus zu erfüllen. Sie ist der maximalen Eingabegeschwindigkeit eines Menschen angepaßt.

Übertragungskanäle der Kategorie 2 ermöglichen alle Anwendungen der mittelschnellen Datenübertragung, wie sie vor allem im Bereich der Bürokommunikation auftreten. Dazu zählen die verschiedenen Formen der elektronischen Textkommunikation einschließlich der Übertragung von Graphiken und der Faksimileübertragung.

Tabelle 3.10 Zuordnung der Nutzungsklassen zu den Kanalkategorien

Nutzungsklassen nach Unterkapitel 2.3 \ Kanalkategorie	1 ≤ 300 bit/s	2 ≤ 9,6 kbit/s	3 64 kbit/s	4 5 MHz
1 Fernmessen/ Fernsteuern	□←○ □→○			
2 Bestellen/ Reservieren	□←○	□→○	□→○	□→○
3 Nachrichten/ Auskunft	□←○	□→○		
4 Zugriff auf externe Datenbanken	□←○	□→○	□→○	
5 Spiele	□←○	□→○	□→○	□→○
6 Lernen	□←○	□→○	□←○ □→○	□→○
7 Anleitung/ Beratung	□←○	□→○	□→○	□→○
8 Schreib- und Bürotätigkeiten		□←○ □→○	□←○ □→○	□←○ □→○
9 Individual- und Gruppenkommunikation		□←○ □→○	□←○ □→○	□←○ □→○

□←○ Nachrichtenfluß vom Teilnehmer zur Zentrale (Rückkanal)
□→○ Nachrichtenfluß von der Zentrale zum Teilnehmer

Kanäle der Kategorie 3 dienen zur Abwicklung der Dienste, die die Übertragungsgeschwindigkeit eines digitalen Sprachkanals benötigen. Hierzu gehört insbesondere auch die Festbildübertragung.

Für Bewegtbildübertragung schließlich muß ein Kanal der Kategorie 4 mit Fernsehbandbreite zur Verfügung stehen.

In *Tabelle* 3.10 ist die Zuordnung der neun Nutzungsklassen zu den vier Kanalkategorien dargestellt. Da es innerhalb jeder Klasse eine Vielzahl verschiedener Nutzungsarten gibt, können für eine bestimmte Nutzungsklasse auch mehrere Kanaltypen in Frage kommen.

Tabelle 3.10 zeigt auch, daß für den eigentlichen Rückkanal in der überwiegenden Anzahl der Nutzungsklassen ein Kanal der Kategorie 1 mit einer Übertragungsgeschwindigkeit bis zu 300 bit/s ausreicht. Nur bei einigen Nutzungsarten der Klassen »Lernen« und »Schreib- und Bürotätigkeiten« sowie bei der Nutzungsklasse »Individual- und Gruppenkommunikation« werden Rückkanäle der Kategorien 2–4 nötig.

3.3 Rückkanalsysteme für Verteilnetze in Koaxialkabeltechnik

3.3.1 Struktur der Rückkanalsysteme

3.3.1.1 Netzstrukturen in Verteil- und Dialognetzen

Heutige Fernsehverteilnetze werden, wie in Unterkapitel 3.1 im einzelnen beschrieben, nahezu ausschließlich in Baumnetzstruktur aufgebaut. Dabei werden im Frequenzmultiplex nach Bedarf 12, 18 oder mehr Kanäle gleichzeitig bereitgestellt. Der Teilnehmer kann mit seinem Empfangsgerät, das evtl. durch spezielle Umsetzereinheiten ergänzt ist, den gewünschten Kanal auswählen. Anschlußdosen werden in »Durchschleiftechnik« aufgefädelt. Einzelne Breitbandkommunikations(BK)-Anlagen sind auch ab einem Übergabepunkt sternförmig zu den einzelnen Wohneinheiten verkabelt. *Bild* 3.11 gibt die in *Bild* 3.2 bereits gezeigte Baumstruktur in schematischer Form nochmals wieder, wobei die Verstärker aus Vereinfachungsgründen weggelassen wurden. Beispielhaft sind in diesem Bild insgesamt zehn, durch Kreise gekennzeichnete Teilnehmeranschlußdosen über vier Übergabepunkte mit dem Netz verbunden. Diese Teilnehmeranordnung liegt auch den folgenden Bildern zugrunde.

Rückkanaldienste erfordern individuelle Übertragungskanäle vom Teilnehmer zur Zentrale (*Bild* 3.12). Dabei können Breitbandrückkanäle auf Koaxialkabelnetzen mit Baumstruktur nur in beschränkter Zahl eingerichtet werden. Breitbanddialog, z.B. Bildfernsprechen, würde pro Teilnehmer je einen Breitbandkanal zur Zentrale und zurück, d.h. insgesamt vier Kanäle, blockieren und darüberhinaus eine Breitbandvermittlung in der Zentrale benötigen. Bildfernsprechen ist daher in Baumnetzen nur für wenige Teilnehmer realisierbar.

Eine Verbindung vieler oder aller Teilnehmer mit der Zentrale durch schmalbandige individuelle Kanäle ist durch Multiplexbildung innerhalb der Breitband-Rückkanäle möglich. Die gesamte verfügbare Bandbreite wird dabei in viele schmalbandige Kanäle unterteilt, die den Teilnehmern dauernd oder bei Bedarf zugeordnet werden. In den Standard-BK-Anlagen steht der Frequenzbereich 5–10 MHz für die Übertragung der Rückkanalsignale zur Verfügung. Durch die entsprechenden Selektionsmittel sind diese Schmal-

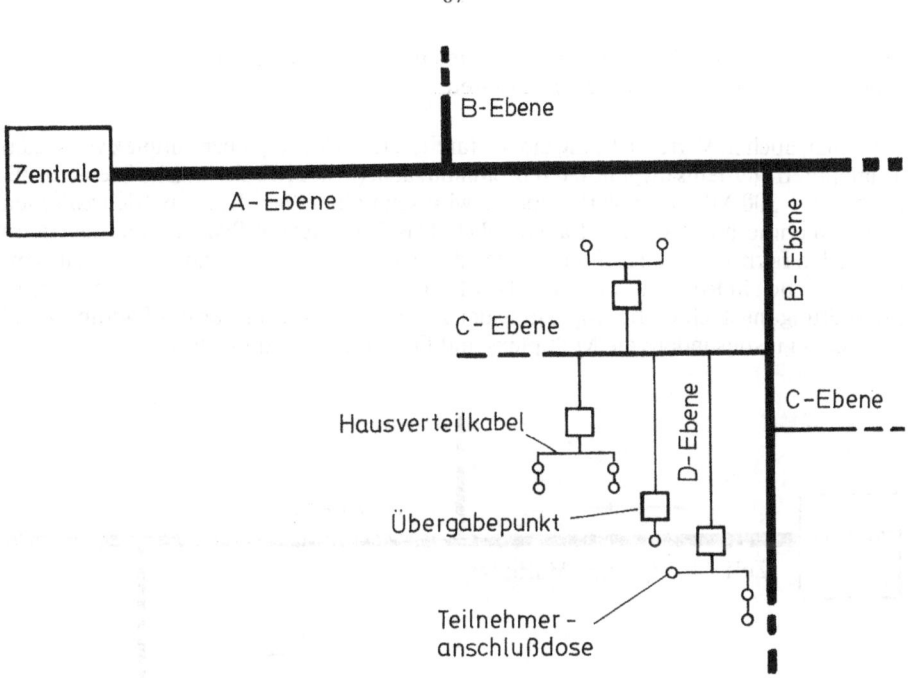

Bild 3.11 Koaxialkabel-BK-Netz für die Verteilkommunikation (Fernsehen und Hörfunk). Die Netzstruktur entspricht dem in *Bild* 3.2 gezeigten Baumnetz; die
Verstärker und Abzweigeinrichtungen wurden aus Vereinfachungsgründen
weggelassen.

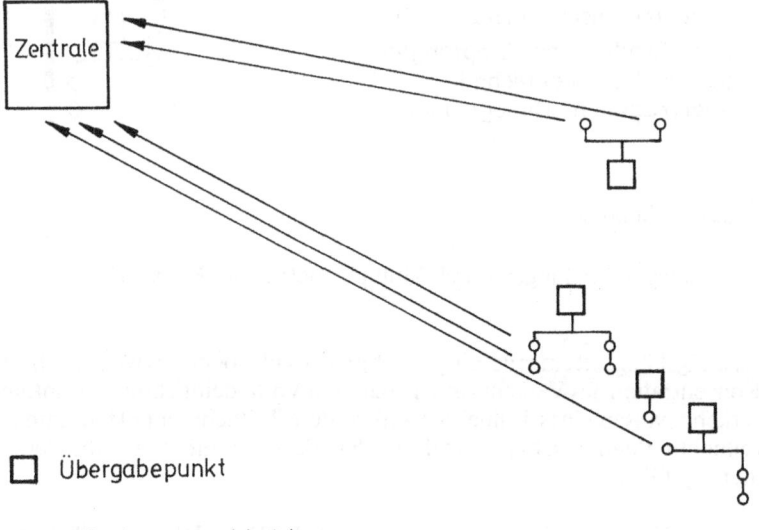

□ Übergabepunkt

o Teilnehmeranschlußdose

Bild 3.12 Verkehrsbeziehungen für Rückkanalverbindungen von einigen Teilnehmern
zur Zentrale

bandkanäle von den Teilnehmern individuell nutzbar. Sie erscheinen wie einzelne Leitungen, die sternförmig zur Zentrale führen.

Stellt man auch in Verteilrichtung einen, durch Zeit- oder Frequenzmultiplex von vielen Teilnehmern gemeinsam genutzten Breitbandkanal (in der BK-Technik im Frequenzbereich 293 ... 300 MHz) zur Verfügung, so wird schmalbandiger Dialogbetrieb zwischen den Teilnehmern und der Zentrale möglich. Das Baumnetz in *Bild* 3.13 überträgt dann neben den Fernseh- und Hörfunksignalen die zusätzlichen Dialogsignale sowohl in Vorwärts- als auch in Rückwärtsrichtung. Das Teilnehmeranschlußgerät (TAG) übernimmt die übertragungstechnische Anpassung der Teilnehmerendgeräte an das Baumnetz und führt dabei insbesondere die Multiplex- und Demultiplexbildung durch.

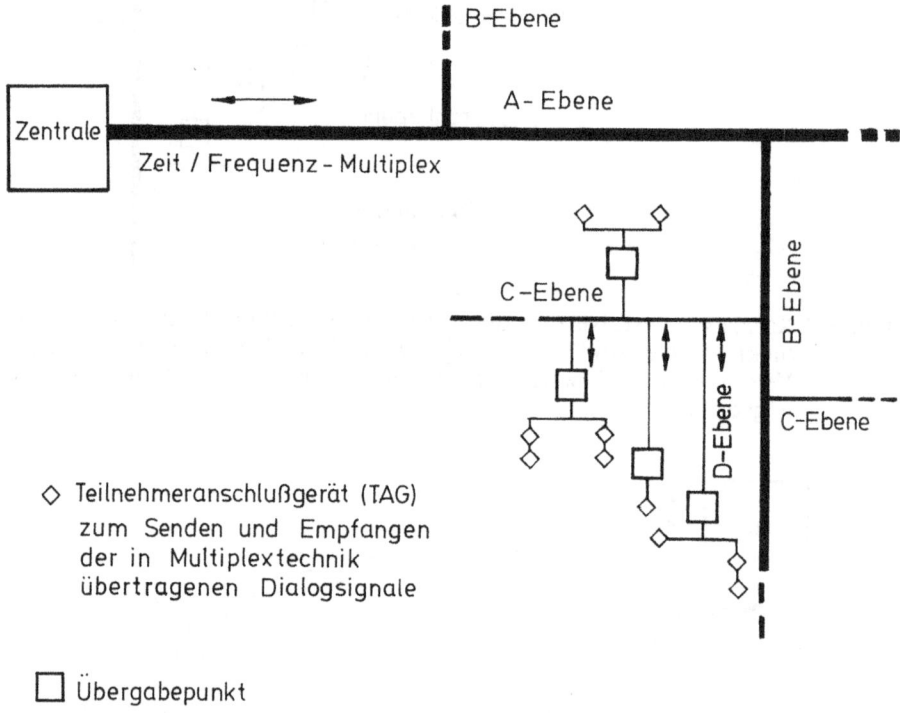

Bild 3.13 Dialogverbindungen durch Multiplexbetrieb im Koaxialkabel-Baumnetz

Die Leistungsfähigkeit eines derartigen Schmalbanddialognetzes wird erhöht, wenn man eine Konzentration des Verkehrs in sogenannten Vorfeldeinrichtungen einführt und damit Verkehrspausen eines Teilnehmers für andere Teilnehmer nützen kann (*Bild* 3.14). Die Teilnehmerleitungen bzw. -kanäle werden hierzu sternförmig an die Vorfeldeinrichtung herangeführt.

Bestehende Dienste für Sprach-, Daten-, Text- oder Festbildkommunikation, die unabhängige Verkehrsbeziehungen zwischen beliebigen Teilnehmern erfordern, werden heute in Sternnetzen abgewickelt (*Bild* 3.15). Dabei tritt die Zentrale als Vermittlungsorgan auf, das die individuellen Verbindungen zwischen den Teilnehmern herstellt. Die na-

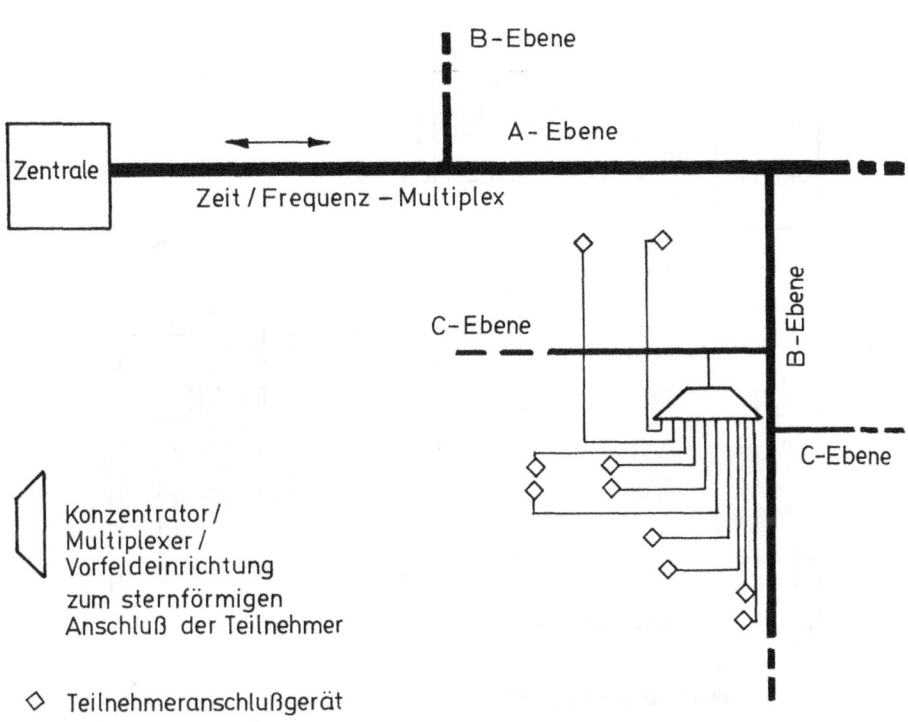

Bild 3.14 Dialogverbindungen im erweiterten Koaxialkabel-Baumnetz (Baum-Stern-Struktur)

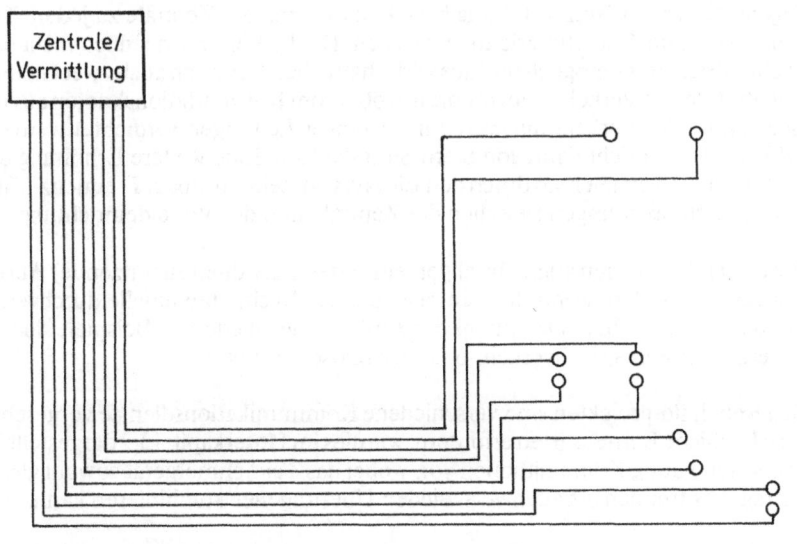

Bild 3.15 Dialogverbindungen durch Einzelleitungen (Sternnetz)

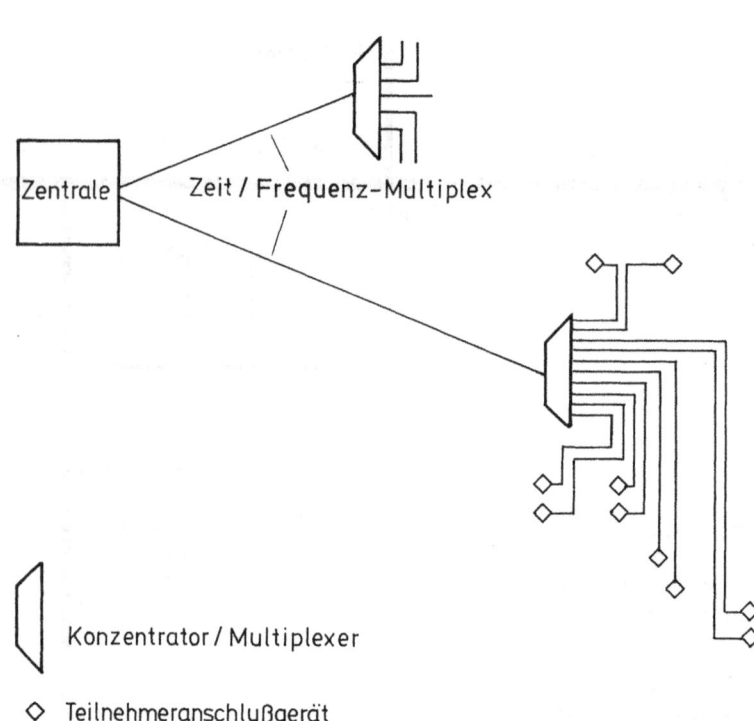

Zeit / Frequenz-Multiplex

Zentrale

Konzentrator / Multiplexer

◇ Teilnehmeranschlußgerät

Bild 3.16 Dialogverbindungen durch Stern-Stern-Netzstruktur

heliegendste Art der Netzgestaltung besteht darin, von der Zentrale zu jedem Teilneh-mer eine separate Teilnehmerleitung zu legen. Da die Leitungen jedoch nicht dauernd Verkehr führen, ist es möglich und aus wirtschaftlichen Gründen auch zweckmäßig, eine Konzentration des Verkehrs einzuführen, wobei vom Konzentrationsknoten aus in Rich-tung Zentrale der Verkehr auf wesentlich weniger Leitungen verdichtet werden kann (*Bild* 3.16). Man spricht dann von Stern-Stern-Netzen. Eine weitere Erhöhung der Lei-tungsausnutzung erzielt man durch den Einsatz von Zeit- und/oder Frequenz-Multiplex auf den Anschlußleitungen zwischen der Zentrale und der Vorfeldeinrichtung.

Netze dieser Art können auch für (allgemeine oder individuell zu nutzende) Abrufdien-ste eingesetzt werden, wenn die Zentrale zu einer Nachrichtenquelle durchvermitteln kann oder eine Text- bzw. Datenbank der Zentrale angegliedert ist. Beispiele sind die An-sagedienste im Fernsprechverkehr oder der Bildschirmtext.

In den Kabelpilotprojekten sind verschiedene Kommunikationsdienste vorgesehen, die unterschiedliche Betriebsarten erfordern, wie dies im Unterkapitel 3.2 dargestellt ist. Da-bei kommen häufig Kombinationen vor, wobei das Teilnehmergerät sowohl gleichartig Übertragenes trennen als auch verschieden Übertragenes kombinieren kann.

Beim Abrufen von Fest- oder Bewegtbildern wird z.B. auf dem Schmalbanddialognetz das Gewünschte mittels Tastatur oder Fernbedienung ausgewählt; anschließend schaltet die Zentrale das Breitbandsignal auf einen bestimmten Kanal des in Baumstruktur gebil-deten Verteilnetzes. Der Teilnehmer kann das gewünschte Programm dann mit einem entsprechend ausgebauten Fernsehgerät oder durch Umsetzung in der Vorfeldeinrichtung empfangen.

Bei kombinierter Fernsehbild- und Textsendung in getrennten Kanälen kommt gleichzeitig ein Fernsehsignal über das Breitbandverteilnetz, das Texttelegramm über einen entsprechenden Schmalbandkanal und beide werden im Fernsehgerät überlagert dargestellt.

Da das Heimgerät grundsätzlich in der Lage ist, verschiedene Bandbreiten und Darstellungsarten zu kombinieren, ist es auch möglich, die verschiedenen Signalarten über verschiedene Leitungsnetze an das Heimgerät heranzuführen. Dies wird im Unterabschnitt 3.3.1.4 näher ausgeführt.

3.3.1.2 Rückkanalsysteme auf der Basis heutiger Standard-BK-Netze

Im Standard-BK-Netz der Deutschen Bundespost /65, 91/ (siehe auch Unterkapitel 3.1) ist am unteren Ende des Übertragungsbandes der Frequenzbereich 5–10 MHz für die Nutzung durch Rückkanäle vorgesehen. Außerdem steht in Vorwärtsrichtung der Sonderkanal S20 (293–300 MHz) mit einer Bandbreite von ebenfalls 5 MHz für die Datenübertragung von der Zentrale zum Teilnehmer zur Verfügung. Der für diese Systeme gültige Frequenzplan ist in *Bild* 3.8 dargestellt.

Zur Realisierung der Übertragungsmöglichkeit in Rückwärtsrichtung sind in den A- und B-Verstärkerpunkten des BK-Verteilnetzes Frequenzweichen und Koppelnetzwerke zur Trennung und zur Zusammenführung der Übertragungsbänder 47–300 MHz in Vorwärtsrichtung und 5–10 MHz in Rückwärtsrichtung erforderlich. In *Bild* 3.17 ist der für Rückkanalbetrieb notwendige zusätzliche Aufwand stark vereinfacht dargestellt. Um die gegenseitige Beeinflussung der beiden Übertragungsrichtungen hinreichend klein zu halten, müssen von den Frequenzweichen hohe Dämpfungswerte im jeweiligen Sperrbereich eingehalten werden. Damit für die Fernsehkanäle in Vorwärtsrichtung ($f \geqq 47$ MHz) eine verzerrungsarme Übertragung möglich ist, müssen die Rückkanäle wegen der von

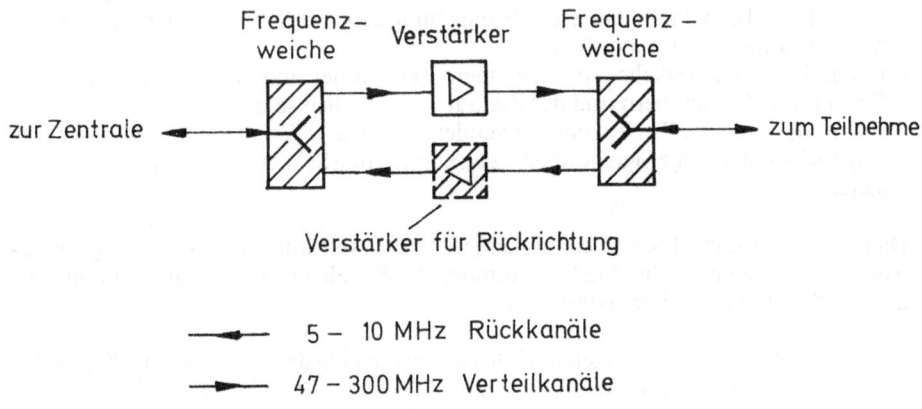

Bild 3.17 Zusätzlicher Aufwand (schraffiert) für Rückkanäle in BK-Verstärkerpunkten

den Filtern hervorgerufenen Laufzeitverzerrungen in einem möglichst tiefen Frequenzbereich, hier von 5 bis 10 MHz, angeordnet werden. Da in diesem Bereich die Dämpfung
relativ gering ist, genügt es in der Regel, in den am Übergang von der B- in die C-Ebene
angeordneten Verstärkerpunkten Verstärker für die Rückwärtsrichtung einzusetzen. Ein
derartiger Verstärker ist in *Bild* 3.17 gestrichelt eingezeichnet. Während die Weichen und
Koppelnetzwerke bereits beim Erstausbau der BK-Streckenausrüstung vorgesehen sind,
ist die Aufnahme der Verstärker lediglich konstruktiv vorbereitet.

Falls in einem BK-Netz von einer Zentrale aus über vier Koaxialkabelbäume ungefähr
10 000 Teilnehmer versorgt werden sollen, steht für jeweils etwa 2 500 Teilnehmer ein Kanal mit 5 MHz Bandbreite für die Bildung von Rückkanälen zur Verfügung, d.h. jedem
Teilnehmer kann gleichzeitig nur ein schmalbandiger Rückkanal zugeordnet werden.

Eine weitere Einschränkung für die Rückkanäle ist durch die Baumstruktur des BK-Verteilnetzes gegeben: In Rückwärtsrichtung summieren sich die Geräusche der Einzelver-
stärker in den verschiedenen Ästen des Baumnetzes auf. Außerdem findet eine Akkumu-
lation solcher Störspannungen statt, die durch eventuell elektromagnetisch undichte Kabel und Armaturen eingestreut werden. Da auch fehlerhafte Teilnehmerschaltungen als
Störquelle wirken können, muß durch besondere Schaltungsmaßnahmen sichergestellt
werden, daß diese nur kurzzeitig, entsprechend dem Abfragezyklus, angeschaltet sind.

3.3.1.3 Erweiterung der heutigen BK-Netzstrukturen

Wie in Unterkapitel 3.1 gezeigt wurde, bietet die Standard-BK-Technik 12 Fernsehkanäle
in Vorwärtsrichtung und die Möglichkeit zur Übertragung einer Anzahl schmalbandiger
Signale in Vorwärts- und Rückwärtsrichtung. Ausgehend von dieser Basis werden im folgenden Erweiterungen des Netzes beschrieben, die neben dem Verteilen von Rundfunkprogrammen einen über die Möglichkeiten der Standard-BK-Technik hinausgehenden
Individualverkehr zwischen Teilnehmern und der Zentrale erlauben. Der folgenden Betrachtung wird eine Netzausdehnung entsprechend dem Pflichtenheft der Deutschen
Bundespost und eine Systemgröße von ca. 10 000 Anschlüssen zugrunde gelegt. Darüber
hinaus gelten folgende Anforderungen:

- Eine hohe Anzahl der angeschlossenen Teilnehmer soll Rückkanäle nutzen können
  (Annahme > 50%).
- Die Übertragungskapazität ist so hoch zu bemessen, daß eine nennenswerte Zahl rück-
  kanalfähiger Teilnehmergeräte gleichzeitig für Rückkanaldienste genutzt werden kön-
  nen (Annahme: 2 bis max. 10%).
- Ein individueller Verkehr zwischen einem Teilnehmer und der Zentrale oder einer
  Gruppe von Teilnehmern und der Zentrale soll möglich sein.
- Die für die individuelle Nutzung verwendeten Kanäle sollen in nennenswertem Um-
  fang auch breitbandige Signale übertragen können und Schutz vor unerlaubtem Zugriff
  bieten.

Diese Anforderungen lassen sich erfüllen, wenn das Netz durch eine Erhöhung der Ka-
nalkapazität und eine individuelle Zuordnung der Kanäle und damit eine Sicherung gegen unerlaubten Zugriff erweitert wird.

Bild 3.18 zeigt ein Netz der Netzebene 3, bei dem parallel zu dem vorhandenen Koaxialkabel (Kabel 1) ein weiteres Koaxialkabel (Kabel 2) verlegt wird. Über Kabel 2 können bei
Nachbarkanalbelegung z.B. 30 Fernsehkanäle in Vorwärts- und 4 Fernsehkanäle in Rückrichtung übertragen werden. An den Übergabepunkten zum Netzbereich 4 (Teilnehmer-

73

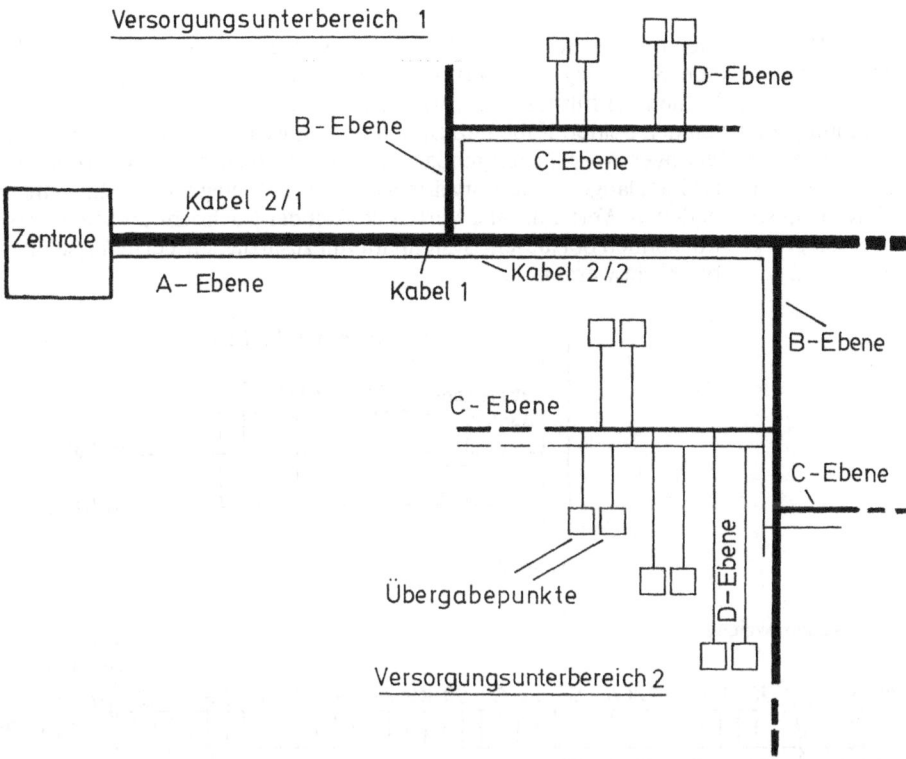

Bild 3.18 Breitbandnetz mit einem Verteilkabel (Kabel 1) und zwei zusätzlichen Koaxialkabeln (Kabel 2) zur individuellen Versorgung der zwei Unterbereiche

bereich) stehen dann 12 Fernsehkanäle aus Kabel 1 für Verteilprogramme und 30 Fernsehkanäle aus Kabel 2 für Individualprogramme zur Verfügung und die angeschlossenen
Teilnehmer können bis zu 4 Fernsehkanäle in Rückrichtung mit Fernseh- oder Datensignalen belegen. Reicht diese zusätzliche Kapazität für das Gesamtnetz nicht aus, so besteht die Möglichkeit, Versorgungsunterbereiche zu bilden. In *Bild* 3.18 sind zwei solche
Versorgungsunterbereiche eingezeichnet. Das zweikabelige Netz in den Versorgungs-
unterbereichen bleibt bestehen. Es werden lediglich die Individualkabel dieser Bereiche
(Kabel 2) direkt (sternförmig) an die Zentrale angeschlossen. Auf diese Weise stehen bis
zu n x 30 Kanäle (n = Anzahl der Versorgungsunterbereiche) und die entsprechende Anzahl Rückkanäle für individuelle Information zur Verfügung.

Die Forderungen hinsichtlich der Individualinformation, der Verhinderung des unerlaubten Zugriffs und der Vermeidung von Störungen in Rückwärtsrichtung durch defekte Teilnehmergeräte lassen sich durch die im folgenden beschriebenen Veränderungen
in der Netzebene 4 (Teilnehmerbereich) und durch Vorfeldeinrichtungen, die zwischen
Netzebene 3 und Netzebene 4 geschaltet werden, erfüllen. Dabei sollte die Vorfeldeinrichtung, die eine Schlüsselfunktion für das Verhindern eines unerlaubten Zugriffs und
für das Vermeiden von Störungen des Rückwärtsnetzes einnimmt, nicht dem Zugriff der
Teilnehmer unterliegen, sondern wenigstens organisatorisch der Netzebene 3 (Öffentlicher Bereich) zugeordnet sein. In der Netzebene 4, d.h. im Teilnehmerbereich, können
vier Netzvarianten zum Einsatz kommen.

Netzvariante 1:
In der Netzform nach *Bild* 3.19 wird in der Hausverteilanlage neben dem Standardkabel 3/1 ein zweites Kabel 3/2 verlegt, das Fernsehkanäle mit individueller Information aus Kabel 2 bis zum Teilnehmer führt. Diese Variante erfordert eine sehr hohe Übersprechdämpfung zwischen den beiden Kabelnetzen und zwei Anschlußdosen je Teilnehmer. Sie kann nur sehr geringen Ansprüchen genügen und erfüllt lediglich die Forderung nach einer Erhöhung des Kanalangebots in Vorwärtsrichtung in befriedigendem Maße. Interaktive Dienste, bei denen Wert auf hohe Vertraulichkeit der Nachricht und Betriebssicherheit gelegt wird, können bei diesem System nur mit zusätzlichen Verschlüsselungseinrichtungen verwirklicht werden.

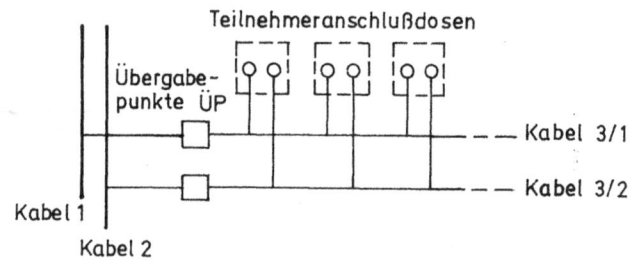

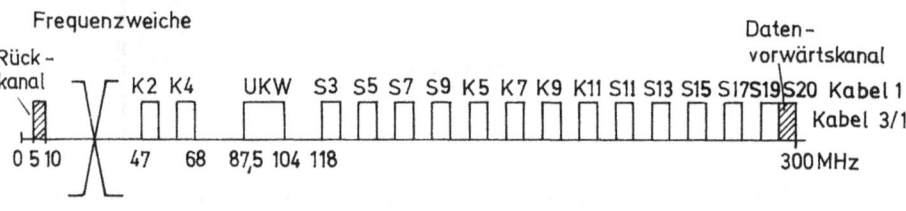

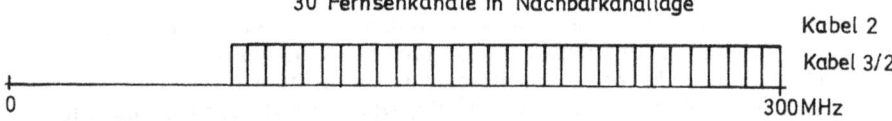

Bild 3.19 Variante 1 eines erweiterten Rückkanalnetzes

Netzvariante 2:
Bei dieser, in *Bild* 3.20 skizzierten Variante befindet sich in Netzebene 4, wie in der Standardtechnik üblich, nur ein Kabel. Breitbandkanäle mit individueller Information aus Kabel 2 werden durch fernsteuerbare Umsetzer in einer Vorfeldeinrichtung (VFE) auf den UHF-Bereich (Band IV/V) umgesetzt, und zwar nur diejenigen, die einem der angeschlossenen Teilnehmer zugeordnet werden sollen. Der Teilnehmer erhält also die Verteilprogramme aus Kabel 1 und kann Zugriff auf alle in den Anschlußbereich der Vorfeldeinrichtung fallenden Individualkanäle aus Kabel 2 nehmen.

In Rückwärtsrichtung steht allen Teilnehmern der Frequenzbereich 5–10 MHz zur Verfügung, der z.B. durch ein Zeitmultiplexsystem genutzt werden kann. Da alle Teilnehmer Zugang zu diesem Bereich haben, kann das Rücksignal relativ leicht gestört werden. Bei dieser Variante besteht die Aufgabe der Vorfeldeinrichtung lediglich in der Auswahl der

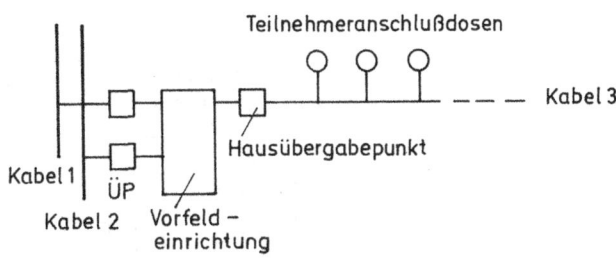

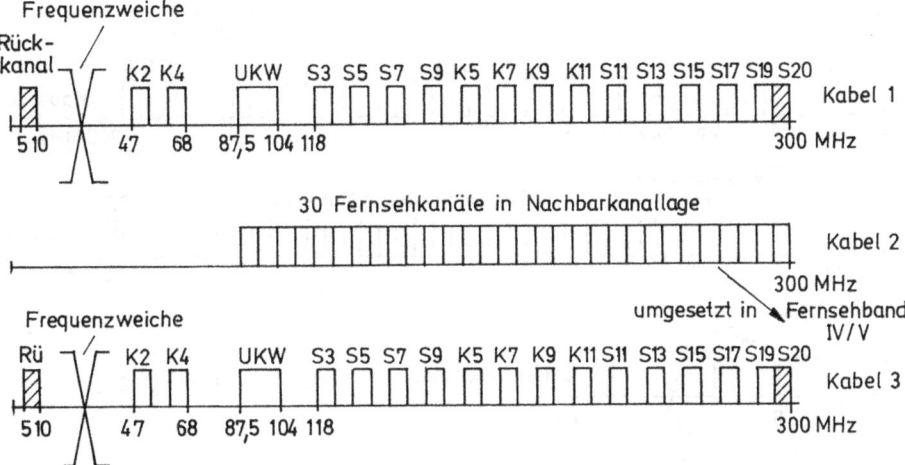

Bild 3.20 Variante 2 eines erweiterten Rückkanalnetzes

Breitbandkanäle in Vorwärtsrichtung. Die Tauglichkeit für interaktive Dienste ist auch in dieser Variante noch sehr eingeschränkt. Zwar ließe sich die Betriebssicherheit in Rückrichtung durch geeignete Maßnahmen in der Vorfeldeinrichtung erhöhen, doch scheint dies erst sinnvoll zu sein, wenn auch andere Netzelemente entsprechend modifiziert werden.

Netzvariante 3:

Wie *Bild* 3.21 zeigt, werden die Teilnehmer hier mittels der Vorfeldeinrichtung über das Kabel 3/1 mit den Verteilprogrammen versorgt. Diejenigen Teilnehmer, die an interaktiven Diensten teilnehmen, werden zusätzlich mit je einer symmetrischen Leitung 3/2, die die Individualinformationen trägt, sternförmig an die Vorfeldeinrichtung angeschlossen. Die Vorfeldeinrichtung schaltet nur dann Vorwärtskanäle aus Kabel 2 (Individualinformation) auf eine der Leitungen 3/2 durch, wenn die darin übertragene Information für den entsprechenden Teilnehmer bestimmt ist. Rücksignale vom Teilnehmer schaltet die Vorfeldeinrichtung nur dann zum Rückwärtsnetz der Netzebene 3 durch, wenn für den Teilnehmer eine Sendeerlaubnis vorliegt.

Diese Netzvariante bietet einen sehr hohen Schutz der Individualinformation sowie hohe Störsicherheit und ist besonders interessant für die Nachrüstung bestehender Anlagen. Es lassen sich alle Anforderungen befriedigend erfüllen.

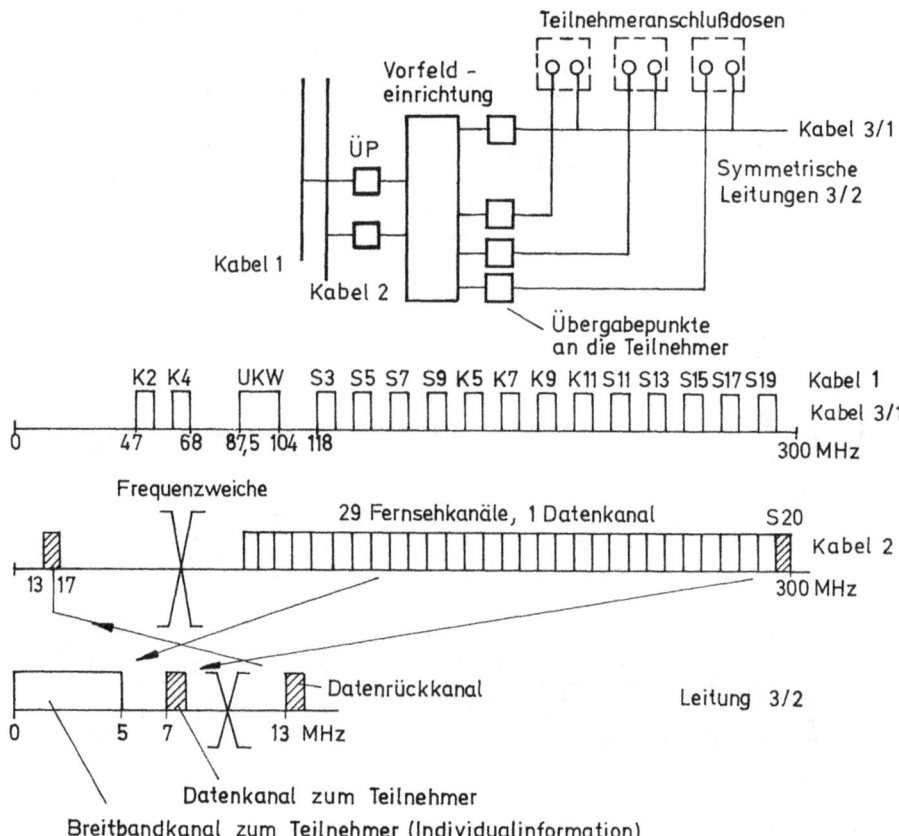

Bild 3.21 Variante 3 eines erweiterten Rückkanalnetzes

Netzvariante 4:

Bei dieser Variante (*Bild* 3.22) sind die Teilnehmer sternförmig über je ein Koaxialkabel an die Vorfeldeinrichtung angeschlossen. Dadurch ist wie bei Variante 3 von der Struktur des Netzes her die Voraussetzung geschaffen, daß in der Vorfeldeinrichtung wirksame Maßnahmen zum Schutz der vertraulichen Information und zur Abblockung von Störungen aus dem Teilnehmerbereich getroffen werden können. Aufgrund des breitbandigen Teilnehmeranschlußkabels (Kabel 3) läßt sich ein breitbandiger Hin- und Rückweg für den Teilnehmer realisieren und damit Dienste mit sehr hohen Anforderungen abwickeln. Diese Variante ist besonders dann interessant, wenn Netze neu installiert werden.

An dieser Stelle soll noch auf zwei Probleme eingegangen werden, die den baumförmigen bzw. teilweise baumförmigen Netzen anhaften und mit Hilfe der hier vorgeschlagenen Netzvarianten vermieden bzw. verringert werden können:

- Da sich die Signale aus den einzelnen Zweigen in den Knoten des Netzes überlagern, kann in der Zentrale nur dann eine Trennung der Einzelsignale erfolgen, wenn sie entweder zeitlich hintereinander (Zeit- oder Adreßmultiplex) oder in verschiedenen, ihnen zugewiesenen Frequenzlagen übertragen (Frequenzmultiplex) bzw. in unterschiedlichen, ihnen zugewiesenen Codes gesendet werden (Codemultiplex).

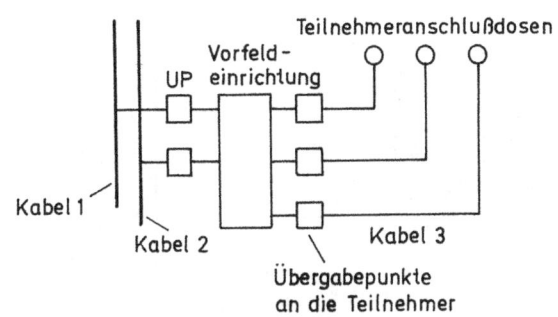

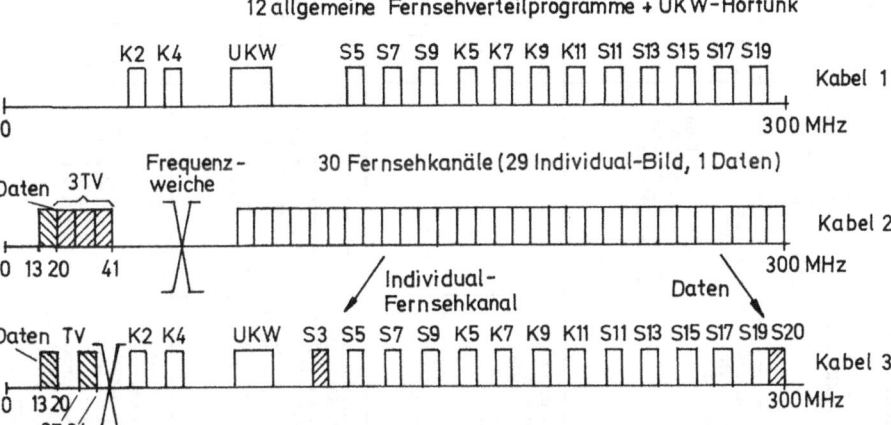

Bild 3.22 Variante 4 eines erweiterten Rückkanalnetzes

Die Nichteinhaltung der von den Teilnehmern geforderten Sendedisziplin kann zu empfindlichen Störungen im System führen. Dieser Schwierigkeit wird begegnet, indem in solchen Netzen Übertragungssysteme verwendet werden, bei denen die Initiative zur Übertragung ausschließlich von der Zentrale ausgeht. Das bedeutet aber, daß die Zentrale ständig jeden Teilnehmer in gewissen Zeitabständen abfragen muß, ob ein Verbindungswunsch vorliegt. Dieses sog. »Polling«-Verfahren verhindert jedoch nicht, daß defekte Teilnehmergeräte oder auch »böswillige« Teilnehmer, die sich nicht an diese Sendeordnung halten, zu Störungen führen können. Durch die Einführung der Vorfeldeinrichtung in den Varianten 3 und 4 wird diese Schwachstelle beseitigt.

- Die Zusammenführung der Zweige des Netzes in den Knoten bringt außerdem das Problem der Geräuschakkumulation. Jeder angeschlossene, aktive oder passive Teilnehmer bzw. jede Vorfeldeinrichtung und alle Verstärker in Rückrichtung geben Geräuschleistungen ab, die sich in den Knoten aufaddieren und zu einer erheblichen Signalverschlechterung führen. Gehen die Störungen über das erträgliche Maß hinaus, so müssen in den Knoten, die der Zentrale am nächsten liegen, steuerbare Selektionsglieder oder Schalter in den Rückkanal eingebaut werden, um nichtbelegte Zweige oder nichtbelegte Frequenzbänder einzelner Zweige vom Rückwärtsnetz abzutrennen. Die Vorfeldeinrichtung in den Varianten 3 und 4 verringert das Summengeräusch und reduziert damit den Einfluß der Geräuschakkumulation.

Tabelle 3.23 Eigenschaften der Varianten 1–4 eines erweiterten Rückkanalnetzes

Variante	Verteilkanäle (aus Kabel 1)	VORWÄRTSKANÄLE Schmalbandige Individualkanäle	Breitbandige Individualkanäle (aus Kabel 2)	ZUGRIFFSBEDINGUNGEN und SCHUTZ DER INDIVIDUAL-INFORMATION	RÜCKKANÄLE	BETRIEBSSICHERHEIT in Bezug auf Störung der Rückwärtsrichtung	AUSSTATTUNG der Vorfeldeinrichtung	des Teilnehmeranschlußgerätes
1	Kabel 1 wird bis zum Teilnehmer geführt, alle Verteilkanäle liegen am Teilnehmeranschluß an.	Es findet keine Vermittlung im Netz statt. Alle von der Zentrale in das Netz eingespeisten Signale liegen am Teilnehmeranschluß an.		Jeder Teilnehmer hat auf jeden Kanal der Vorwärtsrichtung (Verteil- und Individualkanäle) Zugriff. Die Information kann durch Verschlüsselungsverfahren geschützt werden.	Frequenzbereich 5–10 MHz in Kabel 1 bzw. 3/1	Kein Schutz vor Störungen. Jeder Teilnehmer kann durch Störsignale aus seinem Bereich heraus fremde Rückkanäle stören.	entfällt	Umschalter zwischen Kabel 3/1 und 3/2 nachbarkanaltauglicher Kanalumsetzer für 30 Kanäle Empfänger und Sender für den Schmalbandkanal
2	Alle Signale aus Kabel 1 werden durch die Vorfeldeinrichtung bis zum Teilnehmeranschluß geführt.	Keine Vermittlung im Netz. Alle Kanäle werden bis zum Teilnehmeranschluß geführt.	Die in den Anschlußbereich der Vorfeldeinrichtung fallenden Kanäle werden aus Kabel 2 auf das Teilnehmerkabel 3 umgesetzt.	Zugriff auf – Verteilkanäle – alle Schmalbandkanäle (Vorwärtsrichtung) – die in den Anschlußbereich der Vorfeldeinrichtung fallenden Breitbandindividualkanäle. Schutz der Information wie bei Variante 1	Frequenzbereich 5–10 MHz in Kabel 1 bzw. 3	wie Variante 1	pro angeschlossenem (zweiwegtauglichem) Teilnehmeranschlußgerät ein von der Zentrale aus gesteuerter Fernsehkanalumsetzer, Empfänger für Steuersignale	Empfänger und Sender für den Schmalbandkanal
3	wie bei Variante 2	Vermittlung in der Vorfeldeinrichtung und Umsetzung der Kanäle auf das dem Teilnehmer zugeordnete Teilnehmerkabel		Zugriff auf – Verteilkanäle – für den Teilnehmer individuell bestimmte Schmalband- und Breitbandkanäle. Verschlüsselungsverfahren können entfallen	schmalbandiger Rückkanal in symmetrischem Kabel 3/2 (Sternstruktur) vom Teilnehmer bis zur Vorfeldeinrichtung geführt	Hohe Sicherheit. Die Vorfeldeinrichtung schaltet nur dann einen Teilnehmer in den Netzbereich 3 durch, wenn für ihn eine Sendeerlaubnis vorliegt.	wie Variante 2, zusätzlich: Durchschalteeinrichtungen für schmalbandige Rückkanäle	wie Variante 2, zusätzlich: TV-Modulator oder Empfänger mit Videoeingang
4	wie bei Variante 2	wie bei Variante 3	wie bei Variante 3	wie bei Variante 3	schmal- und breitbandiger Rückkanal über Koaxialkabel 3 (Sternstruktur) vom Teilnehmer bis zur Vorfeldeinrichtung geführt	wie Variante 3, die Vorfeldeinrichtung schaltet schmalbandige und breitbandige Signale zum Netzbereich 3 durch.	wie Variante 3, zusätzlich: Umsetzer und Durchschalteeinrichtungen für breitbandige Rückkanäle	wie Variante 2, zusätzlich: TV-Modulator für breitbandigen Rückkanal

Tabelle 3.23 faßt die wesentlichen Eigenschaften der vier Netzvarianten für die Netzebene 4 zusammen.

3.3.1.4 Realisierung der Rückkanalsysteme durch getrennte Netze

Wie in Unterkapitel 3.2 dargestellt wurde, muß zur Realisierung von interaktiven Nutzungsformen bei den verschiedenen Nutzungsklassen eine Kombination von teilweise individuellen Übertragungskanälen unterschiedlicher Bandbreite vorgesehen werden. Der Versuch, ein Universalnetz mit Koaxialkabeln zu projektieren, das als Sternnetz gleichermaßen Breitband- und Schmalbandkanäle individuell jedem Teilnehmer zur Verfügung stellt, ist aus technischen und wirtschaftlichen Gründen nicht möglich, weil

- Koaxialbündel zu voluminös wären und
- ein genereller Anschluß eines jeden Teilnehmers über ein eigenes Koaxialpaar zu teuer wäre.

Zudem wäre ein schrittweiser Ausbau eines derartigen Netzes entsprechend dem Nutzungsgrad der verschiedenen Schmalband- und Breitbanddienste organisatorisch schwierig durchzuführen.

Da Bild-, Text-, Ton- und Sprachinformationen erst im Endgerät zu einem »Dienst« kombiniert werden, ist es durchaus möglich, zur Übertragung unterschiedlicher Quellensignale auch getrennte Leitungsnetze zu benützen (*Bild* 3.24). So könnte z.B. die Breit-

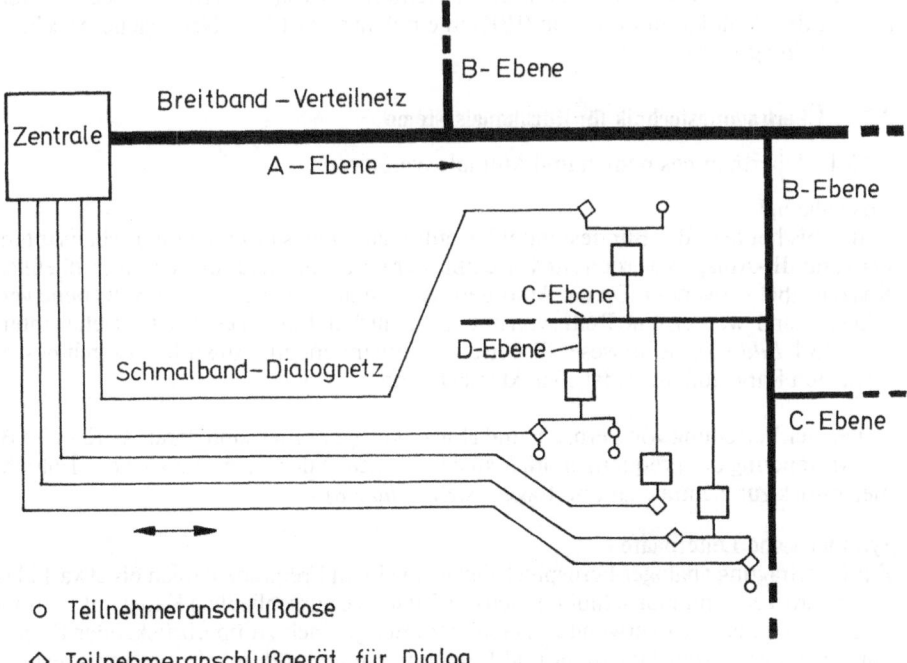

o Teilnehmeranschlußdose

◇ Teilnehmeranschlußgerät für Dialog

Bild 3.24 Interaktives Breitbandkommunikationsnetz mit Rückkanälen in getrenntem Netz. Im Bild sind nur einige Teilnehmer mit einem derartigen Rückkanal ausgestattet.

bandverteilung von Fest- und Bewegtbildern über Koaxialkabel-Baumnetze erfolgen, während für die Schmalband-Dialogverbindungen zur Übermittlung von Text-, Graphik- und Datensignalen symmetrische Teilnehmeranschlußadern verwendet werden, die in Form der Fernsprechanschlußleitungen schon heute fast alle Häuser und Wohnungen erreichen.

Obwohl die Verwendung von zweierlei Trassen auf den ersten Blick umständlich erscheint, sind doch eine Reihe von Vorteilen mit diesem Vorschlag verbunden:

- vorhandene BK-Verteilanlagen, aber auch viele Gemeinschaftsantennenanlagen (GA) sind ohne Rückkanalzusätze verwendbar;
- die Entwicklung und Fertigung von speziellen Rückkanalmultiplexsystemen auf Koaxialkabeln kann entfallen oder bei bestätigtem Bedarf später gezielt erfolgen;
- die Übertragungsgeräte der Schmalbandtechnik sind aus der Datenübertragungstechnik vorhanden oder hiervon mit erträglichem Aufwand ableitbar;
- es können vorhandene Kabel und Rohrzüge mit verwendet werden, ein schrittweiser Ausbau ist im Breitband- und Schmalbandnetz – dem Bedarf entsprechend und unabhängig voneinander – möglich.

Die zukünftige Entwicklung in der Nachrichtentechnik zeigt einen deutlichen Trend zu einem digitalen Netz, in dem für Sprach-, Daten-, Text-, Graphik- und Festbildkommunikation dieselben Übertragungs- und Vermittlungseinrichtungen verwendet werden. Man spricht von einem ISDN-System (Integrated Services Digital Network). Wegen der großen Ähnlichkeit der für Rückkanalanwendungen absehbaren Betriebsarten im Vergleich zu heutigen Schmalbanddiensten erscheint es sinnvoll, auch Rückkanäle der interaktiven Breitbandkommunikation (IBK) in ein derartiges ISDN-Netz (siehe Abschnitt 3.3.3) zu integrieren.

3.3.2 Übertragungstechnik für Rückkanalsysteme

3.3.2.1 Übertragungsmedien und Multiplexverfahren

Koaxialkabel
In den bis heute in der Bundesrepublik Deutschland realisierten Gemeinschaftsantennen- und BK-Anlagen werden zur Verteilung der Fernsehprogramme fast ausschließlich Koaxialkabel verwendet. Da die Anforderungen an diese Kabel je nach Netzebene verschieden sind, werden eine Reihe von unterschiedlichen Kabeln eingesetzt (siehe Unterkapitel 3.1, *Bild* 3.3), die im wesentlichen durch ihre Innen- und Außenleiterdurchmesser sowie den Kabelaufbau selbst charakterisiert sind.

Neben der Verteilung von Fernseh- und Hörfunkprogrammen sind derartige Kabel, z.B. bei Anwendung der Frequenzmultiplextechnik, auch in der Lage, Signale vom Teilnehmer zurück zur Zentrale zu übertragen (siehe *Bild* 3.8).

Symmetrische Leiterpaare
Zur Übertragung analoger Fernsprechsignale in einem Frequenzbereich bis etwa 4 kHz werden im Teilnehmeranschlußbereich der Ortsnetze ausschließlich Kabel mit symmetrischen Doppeladern verwendet. Dabei kommen je nach zu überbrückender Entfernung zwischen Vermittlungsstelle und Teilnehmerapparat Adern mit unterschiedlichem Leiterdurchmesser zum Einsatz.

Während auf den Verbindungswegen des Hauptkabelnetzes, also zwischen der Ortsvermittlungsstelle und dem Kabelverzweiger (mittlere Länge ungefähr 1,5 km), vorwiegend

Kabel mit 0,6 mm Leiterdurchmesser Verwendung finden, werden auf den wesentlich kürzeren Verzweigungskabeln (mittlere Länge etwa 350 m) hauptsächlich Paare mit 0,4 mm Aderndurchmesser eingesetzt. Oberhalb der Sprachfrequenzen wird durch einen relativ starken Dämpfungsanstieg die Bandbreite dieses Übertragungsmediums merklich eingeschränkt.

Aufgrund dieser begrenzten Bandbreite und der schlechten Nebensprechdämpfungswerte können symmetrische Kabel für Breitbanddienste über größere Entfernungen nicht genutzt werden. Dagegen ist es möglich, digitale Fernsprech- und Datensignale auf solchen Kabeln bis zum Teilnehmerapparat zu übertragen. Auf derartige Systemvorschläge für Rückkanalsysteme wird in Abschnitt 3.3.3 noch näher eingegangen.

Richtfunk- und Satellitensysteme
Der Fernsehprogrammaustausch zwischen den Rundfunkanstalten der Bundesländer geschieht heute ausschließlich über Richtfunkverbindungen. Darüber hinaus sind Richtfunkzubringersysteme für Fernsehsignale im 12GHz-Frequenzbereich in der Diskussion, die eine Übermittlung von Fernsehprogrammen von einer günstig gelegenen Empfangsstation aus zu einer BK-Zentrale erlauben würden. An eine direkte Zuführung zu einzelnen Wohngebäuden mittels Richtfunk wird aus Kostengründen und wegen des Mangels an freien Frequenzen nicht gedacht. Aus letzterem Grund können Richtfunksysteme voraussichtlich auch nicht zur Realisierung von Rückkanälen eingesetzt werden. Über Satelliten abgestrahlte Fernseh- und Hörfunkprogramme können zwar von den Teilnehmern, auch in abgelegenen Wohngebäuden, unmittelbar empfangen werden. Rückkanäle können aus Aufwandsgründen jedoch auf diese Weise nicht geschaffen werden, da Verbindungen von den Teilnehmern zum Satelliten entsprechend viele Sendestationen mit scharf gebündeltem Antennenstrahl und eine für alle Teilnehmer nutzbare Empfangsmöglichkeit im Satelliten voraussetzen würden.

Multiplexverfahren
Für die Realisierung von Rückkanalsystemen kommen als Multiplexverfahren die Frequenz-, Zeit-, Adreß- und Codemultiplex-Technik (siehe Glossar) in Frage. Ein Vergleich dieser vier Methoden hinsichtlich ihrer Brauchbarkeit in Koaxialkabelverteilnetzen mit Baumstruktur führt zu den in *Tabelle* 3.25 zusammengefaßten pauschalen Aussagen.

Tabelle 3.25 Vergleich der verschiedenen Multiplexverfahren

	Möglichkeiten zur Änderung der Übertragungskapazität	Gerätetechnischer Aufwand
Frequenzmultiplex	nein	groß
Zeitmultiplex	nein	klein bis mittel
Adreßmultiplex	ja	mittel
Codemultiplex	nein	groß

Am erfolgversprechendsten erscheint demnach die Adreßmultiplextechnik, die bei mittlerem Geräteaufwand die Möglichkeit beinhaltet, die Übertragungskapazität an die jeweiligen Anforderungen des Teilnehmers anzupassen.

3.3.2.2 Übertragungstechnik für Rückkanalsysteme auf der Basis heutiger BK-Netze

Die im Unterabschnitt 3.3.1.2 erläuterte schmalbandige teilnehmerindividuelle Daten-übertragung kann besonders zweckmäßig im Adreßmultiplexverfahren kombiniert mit einem sog. Pollingverfahren erfolgen. Nimmt man den wenig wahrscheinlichen Fall an, daß alle Teilnehmer gleichzeitig und gleichmäßig aktiv sind und läßt man als maximale Zeit zwischen zwei Aufrufen (Zykluszeit) 1 Sekunde zu, so können bei einer Datenüber-tragungsgeschwindigkeit von 2 Mbit/s bis zu 2 500 Teilnehmer jeweils einen Datenblock von 800 bit je Sekunde empfangen. Nimmt man ferner an, daß die Unterschiede der Lauf-zeit in der Leitungsschleife von der Zentrale zu den Teilnehmern und zurück kleiner als 100 µs bleiben, dann kann jeder aufgerufene Teilnehmer einen Datenblock von 600 bit zur Zentrale senden. Damit können mit jedem Aufruf unter Berücksichtigung der not-wendigen Synchronisationsfolgen, Steuerzeichen, Adressen und Prüfzeichen bei Ver-wendung eines 7-Bit-Codes ungefähr 85 Nutzzeichen zu jedem Teilnehmer und unge-fähr 60 Nutzzeichen von jedem Teilnehmer zurück zur Zentrale übertragen werden.

Abweichend von dem obigen Beispiel läßt sich der Aufrufzyklus entsprechend den jewei-ligen Verkehrsanforderungen so steuern, daß passive Teilnehmer weniger häufig aufge-rufen werden. Damit lassen sich im Bedarfsfall beträchtlich höhere Datenübertragungs-kapazitäten für die aktiven Teilnehmer bereitstellen.

Für die Übertragungstechnik sind in der Zentrale und beim Teilnehmer folgende zusätz-liche Einrichtungen erforderlich, die in *Bild* 3.26 dargestellt sind:
- Frequenzweichen zur Trennung der Verteil- und Rückkanal-Frequenzbereiche
- Datenmodem mit Modulator- und Demodulatorteil für eine Übertragungsgeschwin-digkeit von z.B. 2 Mbit/s

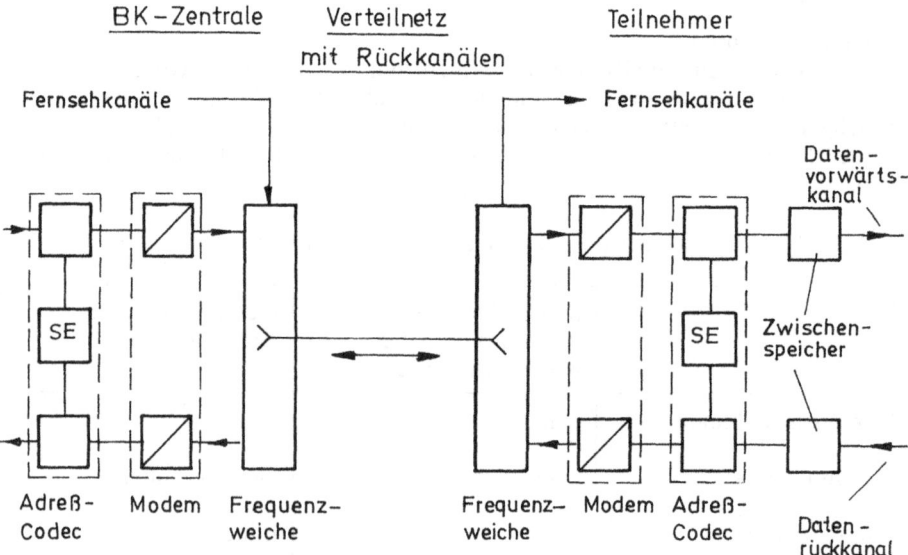

SE = Steuereinheit

Bild 3.26 Geräteaufwand für die Realisierung von Rückkanälen im Adreßmultiplex-Ver-fahren in heutigen BK-Netzen

- Adreß-Codec bestehend aus Coder- und Decoderteil
- Sende- und Empfangszwischenspeicher bei der Teilnehmereinrichtung
- Steuereinheiten in der Zentrale, die die Aufruffolge nach einem Zeitprogramm oder abhängig vom Bedarf aussenden
- Steuereinheiten beim Teilnehmer, die die Aufruffolge auswerten und, abhängig vom Status der Datenendeinrichtung des Teilnehmers, den an sie gerichteten Aufruf beantworten.

Da von der Zentrale über eine einzige Leitung bis zu 2 500 Teilnehmer bedient werden, muß eine Netzdisziplin gewährleistet sein. Dem hat die Gerätetechnik sowohl hinsichtlich der Hard- wie auch der Software Rechnung zu tragen. Es muß gefordert werden, daß das Datenübertragungsgerät immer betriebsbereit und von der Zentrale ansprechbar ist. Eine trotzdem, z.B. durch Ausfall des Stromversorgungsnetzes, nicht ansprechbare Station sollte aus dem normalen Aufrufzyklus herausgenommen und in einem wesentlich langsameren Zyklus aufgerufen werden können.

Damit ergeben sich drei verschiedene Aufrufzyklen, die kontinuierlich ablaufen:
- Aufruffolge für aktive Stationen, d.h. Stationen mit einer Datenverbindung zur Zentrale
- Aufruffolge für im Ruhezustand befindliche Stationen, d.h. Stationen im ausgelösten Verbindungszustand
- Aufruffolge für vorübergehend nicht ansprechbare Stationen.

Aus den vorstehenden Betrachtungen leitet sich die weitere Forderung ab, daß das teilnehmerseitige Datenübertragungsgerät nicht nur die rein passiven Übertragungsfunktionen ausführen, sondern selbst verantwortlich sein muß für den Ablauf der Verbindungsaufbau-, Datenübertragungs- und Verbindungsabbauprozedur. Damit wird es zu einer Einrichtung, die – gesteuert von der Zentrale – die Information in beiden Richtungen nach Art einer Speichervermittlung übermittelt. Um den geordneten Ablauf aller Prozeduren zu gewährleisten, ist es sinnvoll, die sich für Datennetze abzeichnende Protokollhierarchie auch hier anzuwenden.

3.3.2.3 Übertragungstechnik für Rückkanalsysteme, die eine Erweiterung der heutigen BK-Netzstruktur voraussetzen

Im Unterabschnitt 3.3.1.3 wurde gezeigt, daß die Möglichkeiten des Rückkanals wesentlich verbessert werden, wenn ein BK-Netz durch ein zweites Koaxialkabel und zusätzliche Einrichtungen, insbesondere Vorfeldeinrichtungen (VFE), erweitert wird. Weitere spezielle Übertragungsbaugruppen sind an den Endpunkten der Kabel notwendig, nämlich ein Anschlußgerät beim Teilnehmer und Signalaufbereitungseinrichtungen in der Netzzentrale. Andere Baueinheiten, insbesondere Kabel und Verstärkerstellen, können weitgehend aus der BK-Standardtechnik übernommen werden und werden daher hier nicht weiter beschrieben.

Vorfeldeinrichtungen haben eine Vielzahl von Aufgaben zu erfüllen, und zwar
für die Vorwärtsrichtung:
- Nachbarkanalselektion bei dichter Bandbelegung
- Zuteilung von »bestellten« Individual-Breitbandkanälen
- Selektion der Daten/Textkanäle
und für die Rückwärtsrichtung:
- Konzentration der sternförmig geführten Teilnehmerleitungen
- Organisation und Vermittlung des Datenflusses bei Multiplexsystemen

– Netzüberwachung, ggf. Fernspeisung
– Einspeisung breitbandiger Rückkanäle.

Die dichte Belegung mit Fernsehkanälen im Koaxialkabel-Verteilnetz (24–30 Kanäle) überfordert häufig die Selektivitätseigenschaften heutiger Fernsehempfänger. Auch sog. Kabelfernseh-Empfänger sind meist nur für 12 bzw. 18 Kanäle ausgelegt. Bei Verwendung einer Vorfeldeinrichtung steht jedoch jedem Teilnehmer ein Umsetzer U zur Verfügung, der – ferngesteuert vom Teilnehmer oder von der Zentrale – einen der Individual-Sonderkanäle auf einen freigehaltenen Kanal des teilnehmerindividuellen Koaxialkabels umsetzt und somit neben einer vereinfachten Nachbarkanalselektion die Zuteilung von »bestellten« Individualkanälen ermöglicht. Ist die Vorfeldeinrichtung für den Teilnehmer und dritte Personen unzugänglich, so läßt sich hiermit auch Pay-TV realisieren mit Inkassomöglichkeit pro Kanal (bei fester Zuteilung) oder pro Sendung (bei Fernsteuerung durch die registrierende Zentrale). Die sonst bei Pay-TV erforderliche Verschleierung und Entschleierung des Signals gegen Bezahlung kann hier entfallen.

Bild 3.27 zeigt ein Blockschaltbild einer Vorfeldeinrichtung, wie sie z.B. in Variante 4 der in Abschnitt 3.3.1.3 beschriebenen Netzstrukturen verwendet werden kann. Die Grundschaltung der Vorfeldeinrichtung verteilt die Breitbandkanäle aus Kabel 1 (Verteilkanäle) und Kabel 2 (Individualkanäle) auf die für jeden angeschlossenen Teilnehmer vorhan-

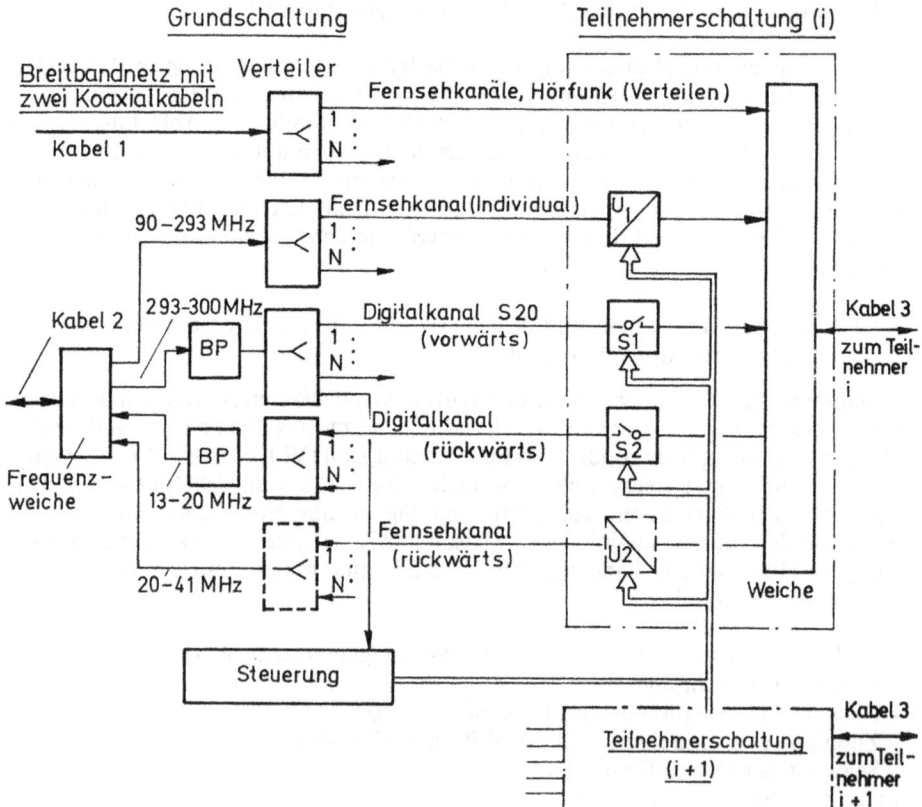

Bild 3.27 Prinzipschaltung einer Vorfeldeinrichtung für N Teilnehmer

dene Teilnehmerschaltung. Die Steuerung in der Grundschaltung empfängt Steuerzeichen aus der Zentrale und steuert damit Stellglieder in den Teilnehmerschaltungen. Über den Umsetzer U1 erhält der Teilnehmer bei Bedarf einen Individual-Breitbandkanal zugeschaltet. Über die Schalter S1 und S2 erhält er Signale aus Schmalbandkanälen bzw. kann Signale zur Zentrale absetzen. Es wird davon ausgegangen, daß die schmalbandigen Signale in einem zeit- oder adreßmultiplexen Verfahren übertragen werden, wie in Unterabschnitt 3.3.2.2 erörtert wurde. Die Schalter schließen sich nur dann, wenn ein Datenblock für den bestimmten Teilnehmer an seiner Teilnehmerschaltung anliegt bzw. wenn der Teilnehmer berechtigt ist, Signale zur Zentrale abzusetzen. Benötigt der Teilnehmer einen Rückkanal mit Fernsehbandbreite, so kann die Teilnehmerschaltung mit dem zusätzlichen Umsetzer U2 ausgerüstet werden.

Das Anschlußgerät beim Teilnehmer (*Bild* 3.28) setzt die Signale aus der Übertragungslage des Netzes auf die Schnittstellen zu den Endgeräten um und umgekehrt. Die Frequenzweiche trennt die aus dem Netz kommenden Signale auf und führt die in das Netz gehenden zusammen. Die Einrichtungen zur Verarbeitung der Schmalbandsignale können z.T. auch in der Teilnehmerschaltung der Vorfeldeinrichtung angeordnet werden, wenn eine Basisbandübertragung zwischen der Vorfeldeinrichtung und dem Teilnehmer gewählt wird. Benötigt der Teilnehmer einen Fernsehrückkanal, so muß sein Anschlußgerät zusätzlich einen Fernsehmodulator enthalten.

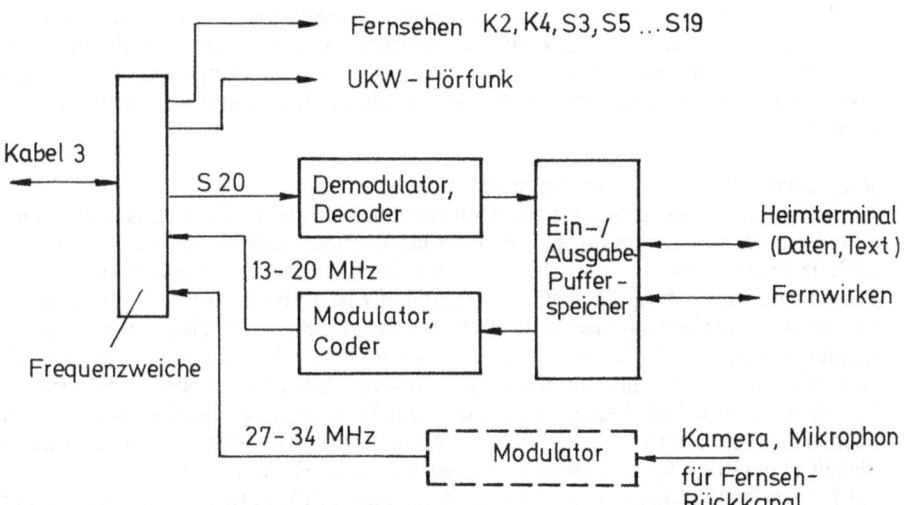

Bild 3.28 Prinzipschaltbild des Anschlußgerätes beim Teilnehmer

Die Signalaufbereitungseinrichtungen in der Zentrale umfassen eine

- Einrichtung zur Organisation der zeit- bzw. adreßmultiplexen Übertragung der Datensignale in den Schmalbandkanälen. Diese Einrichtung paßt auch Schnittstellen der Informationszentrale an das Übertragungssystem an, und eine

- Einrichtung zur frequenzmultiplexen Übertragung der Fernsehkanäle (Kopfstation). Die in Unterabschnitt 3.3.1.3 behandelte und in *Bild* 3.22 dargestellte Netzkonfiguration sieht die Übertragung von 30 Individual-Fernsehkanälen über ein zweites Koaxial-

kabel vor. Diese hohe Zahl von Fernsehkanälen läßt sich in vorhandenen BK-Standard-
netzen mit der für 12-Kanal-Betrieb festgelegten Qualität übertragen, wenn die Bildträ-
ger der 30 Kanäle in geeigneter Weise in ihrer Frequenz und Phase miteinander verkop-
pelt werden /132/.

3.3.2.4 Übertragungstechnik für Rückkanalsysteme in getrennten Netzen

Für die Realisierung von Systemen, in denen die Rückkanäle getrennt vom Verteilnetz
geführt werden, kommen mehrere Übertragungsverfahren in Betracht:

- Teilnehmerindividuelle Datenleitung
  Wenn genügend freie Doppeladern in den für das Fernsprechen installierten, schmalbandigen Teilnehmeranschlußkabeln zur Verfügung stehen, bietet es sich an, diese
  Adern mittels üblicher Datenübertragungsgeräte sowohl für den Rückkanal als auch
  für die Daten/Text-Übertragung in Vorwärtsrichtung zu nutzen. Es ergibt sich dann eine Anordnung entsprechend *Bild* 3.24. Bei jedem Teilnehmer ist ein Teilnehmeranschlußgerät TAG erforderlich, das die verschiedenen Signale zu einem gemeinsamen
  Signal zusammenfaßt. Geeignete Übertragungseinrichtungen für 1200, 2400, 4800 und
  9600 bit/s stehen zur Verfügung. Sie sind im Zweidrahtbetrieb auf Teilnehmer-Dop-
  peladern einsetzbar und wie Geräte für fest geschaltete Leitungen zu sehen. Hohe
  Stückzahlen und dienstbedingte Vereinfachungen lassen wesentliche Verbilligungen
  zu. Wegen der im allgemeinen relativ kurzen Belegungsdauer können Konzentratoren
  zur besseren Leitungsnutzung eingesetzt werden. Sie fassen den Verkehr mehrerer
  Teilnehmer zusammen und konzentrieren ihn auf weniger Leitungen zur Zentrale und
  umgekehrt. Derartige Konzentratoren sind heute verfügbar und werden weiter entwickelt.

- Rückkanäle alternativ auf Fernsprechleitungen
  Die Verwendung von eigenen Leitungen zur Realisierung des Rückkanals führt dann
  zu hohem Aufwand, wenn nicht auf vorhandene ungenutzte Doppeladern zurückgegriffen werden kann, d.h. wenn die Verlegung eines neuen Kabels notwendig wird. Zur
  Einsparung von Leitungskapazität werden daher z.B. für Bildschirmtext Modems eingesetzt, die eine Übertragung der Bildschirmtextsignale in beiden Richtungen auf vorhandenen Fernsprechteilnehmerleitungen alternativ zum Fernsprechverkehr ermöglichen (*Bild* 3.29). Der Teilnehmer kann nur entweder telefonieren oder Bildschirmtext
  benutzen, nicht jedoch beides gleichzeitig. Der Wählvorgang geschieht automatisch,
  ebenso die Identifizierung der Teilnehmernummer durch die Zentrale. Die Geschwindigkeit ist bei Bildschirmtext heute auf 1200 bit/s in der Richtung zum Teilnehmer und
  auf 75 bit/s in Rückrichtung zur Zentrale beschränkt. Eine Sonderausführung ist auch
  mit 1200/1200 bit/s vorgesehen. Eine Weiterentwicklung auf die Übertragungsgeschwindigkeit 2400 bit/s oder noch höhere Geschwindigkeiten erscheint möglich. Für
  eine Vielzahl von Diensten, auch mit zugeschalteten Breitband-Vorwärtskanälen,
  würde eine Gestaltung des Rückkanals in dieser Form ausreichen.

- Durch Frequenzmultiplex gebildete Rückkanäle auf Fernsprechleitungen
  Zur Doppelausnutzung von Teilnehmeranschlußleitungen für Fernsprechen sind
  Trägerfrequenzgeräte auf dem Markt, die oberhalb der Sprachfrequenzen einer ersten
  Fernsprechverbindung ein zweites Ferngespräch durch Anwendung des Prinzips der
  Frequenzgetrenntlage ermöglichen. Diese Methode ist grundsätzlich auch für Rück-
  kanäle einsetzbar (*Bild* 3.30). Der überlagerte Sprechkreis kann auch direkt als Daten-
  übertragungskanal digital ausgelegt werden. Er wird vor der Vermittlungseinrichtung
  durch Frequenzweichen abgetrennt und wie eine selbständige Datenstandleitung

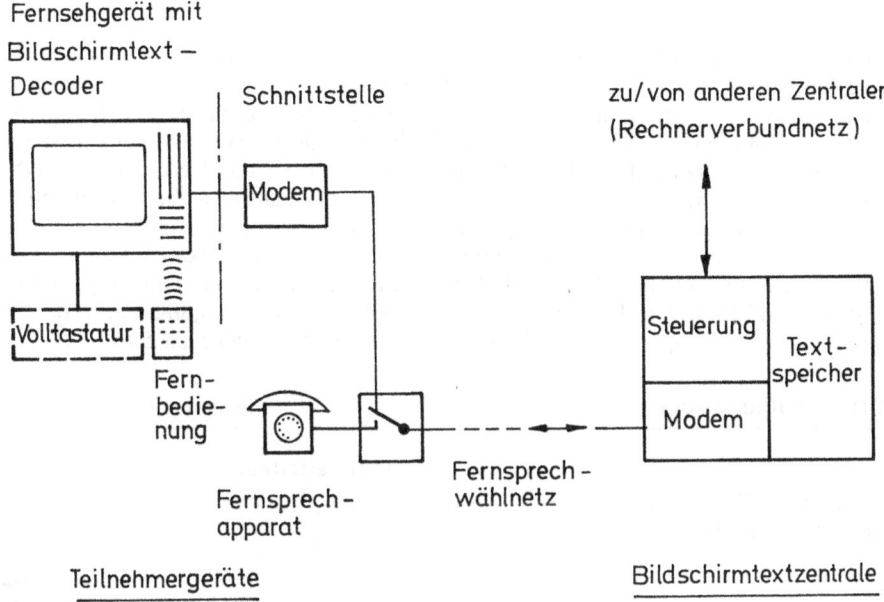

Bild 3.29 Systemkonzept des Bildschirmtext-Dienstes (Alternative Übertragung der Fernsprech- und Bildschirmtextsignale)

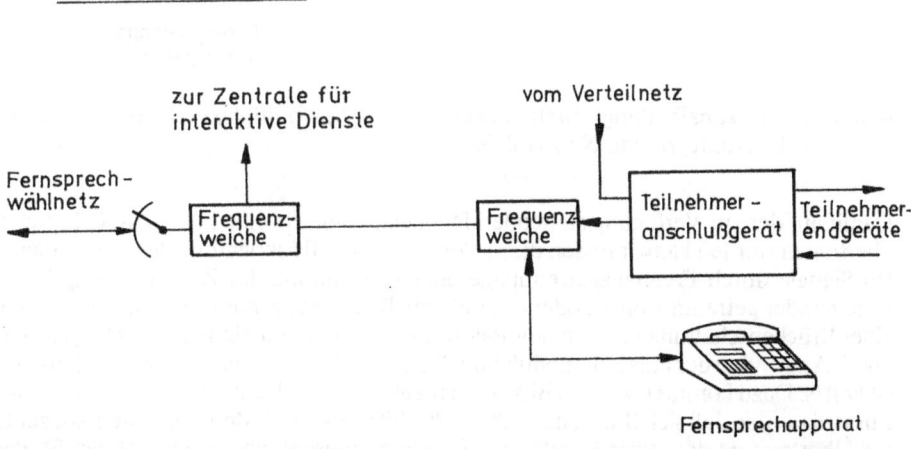

Bild 3.30 Bildung des Rückkanals durch Anwenden des Frequenzmultiplexverfahrens

weitergeleitet. Konzentratoren und die Einrichtungen in der Zentrale sind ebenso verwendbar wie bei teilnehmerindividuellen Datenleitungen des integrierten Datennetzes (IDN) der Deutschen Bundespost.

3.3.3 Ausblick auf zukünftige digitale Netze mit Dienstintegration (ISDN)

In einem zukünftigen dienstintegrierten Netz (ISDN) werden alle schmalbandigen Signale der Sprach-, Text-, Daten- und Festbildkommunikation zu einem gemeinsamen digitalen Signal zusammengefaßt, das dann auf einer Doppelader des bestehenden Teilnehmeranschlußnetzes übertragen wird. Falls Rückkanäle zu einem vorhandenen Koaxialkabelverteilnetz geschaffen werden sollen, kann selbstverständlich auch das ISDN-Netz hierfür Verwendung finden. Dazu werden die Rückkanalsignale beim Teilnehmer in das digitale Multiplexsignal eingefügt, auf der Vermittlungsseite einem Demultiplexer entnommen und der Zentrale für die interaktive Breitbandkommunikation zugeführt. In Vorwärtsrichtung stehen in dem Multiplexsignal Kanäle für die schmalbandige Individualkommunikation von der Zentrale zum Teilnehmer zur Verfügung. Die generelle Anordnung der Multiplexer/Demultiplexer für diesen Einsatzfall zeigt *Bild* 3.31.

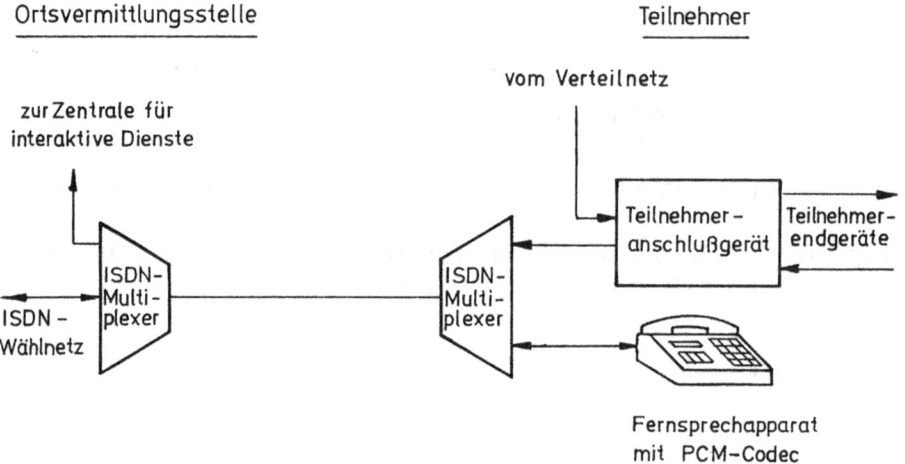

Bild 3.31 Rückkanalbildung durch Anwenden des Zeitmultiplexverfahrens in einem dienstintegrierten Netz (ISDN)

Damit auf der zur Verfügung stehenden Doppelader gleichzeitig in beiden Richtungen übertragen werden kann, müssen die in Vorwärts- bzw. Rückrichtung fließenden digitalen Signale durch Frequenzgetrenntlage oder Anwendung des Zeitmultiplexprinzips voneinander getrennt werden oder es muß eine Richtungstrennung durch Anwendung einer Brückenschaltung mit Echokompensation erfolgen. Für ein Fernsprechsignal, das durch Anwenden der Pulscodemodulation digitalisiert wurde, ergibt sich eine Bitrate von 64 kbit/s. Dazu kommen weitere Bits zur Signalisierung und Synchronisierung sowie für Zusatzdaten, so daß sich Bitraten von 80 ... 96 kbit/s ergeben. Mehrere Systemkonzepte zur Übertragung derartiger Bitraten im Teilnehmeranschlußnetz, d.h. auf den für das Fernsprechnetz verlegten Kupferkabeln, sind in Berlin erfolgreich erprobt worden und haben gezeigt, daß eine Umstellung dieses Kabelnetzes auf digitalen Betrieb möglich ist.

Bild 3.32 zeigt eine dieser Versuchsanordnungen, die es ermöglichte, gleichzeitig und unabhängig voneinander die Kommunikationsformen Fernsprechen, Bildschirmtext, Teletex und digitales Fernkopieren anzuwenden. Durch eine derartige Dienstintegration kann das Teilnehmeranschlußnetz, das beim Fernsprechen weder hinsichtlich seines Verkehrsvermögens noch seiner Übertragungskapazität ausgelastet ist, besser genutzt

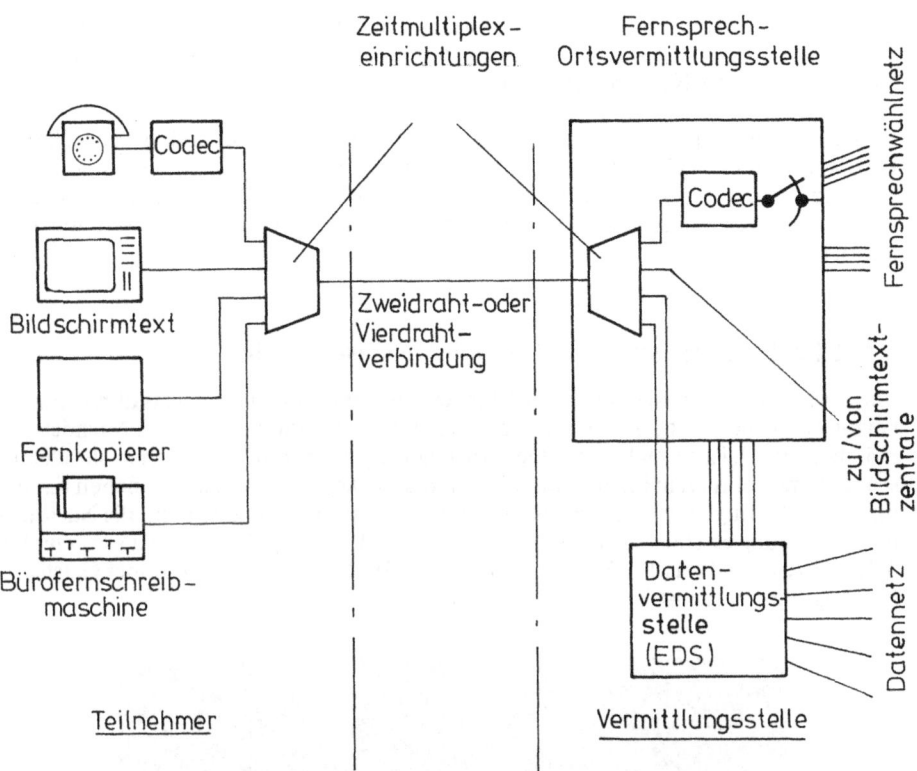

Bild 3.32 Versuchsanordnung eines digitalen Teilnehmeranschlusses mit Dienstintegration

werden. Zur Richtungstrennung der auf der Zweidrahtleitung fließenden Ströme wurde bei dieser Versuchsanordnung das Zeitgetrenntlageverfahren angewandt, da es zu einem niedrigen Leistungsbedarf in der Teilnehmeranschlußschaltung führte und damit die Fernspeisung des digitalen Fernsprechapparates ermöglichte /114/.

Neuerdings werden für das ISDN-Netz auch Kanäle mit einer Bitrate von 144 kbit/s vorgeschlagen. Damit können dann auf einer einzigen Doppelader zwei 64-kbit/s-Signale in beiden Richtungen übertragen werden. Die restlichen 16 kbit/s stehen für die Signalisierung (z.B. Übertragung der Rufnummer) zwischen Teilnehmer und Vermittlungsstelle und eine zusätzliche langsame Datenübertragung zur Verfügung. In dieses Übertragungssystem könnte auch ein schmalbandiger Dialogkanal eines interaktiven Breitbandkommunikationssystems integriert werden.

Zur Richtungstrennung soll voraussichtlich das Verfahren der Echokompensation zum Einsatz kommen. Ein derartiger digitaler dienstintegrierter Teilnehmeranschluß, bei dem pro Teilnehmer nur eine einzige Rufnummer verwendet wird, erlaubt eine flexible Anpassung an Teilnehmerwünsche und eine einfache Erweiterbarkeit. Bei den Versuchssystemen mußte in der Ortsvermittlungsstelle in einer Anpaßschaltung der Übergang in die bisher verfügbaren Wählnetze (Fernsprech- bzw. Datennetz) erfolgen und außerdem das vom Teilnehmer kommende Sprachsignal in ein analoges zurückverwandelt werden. Versuchsmuster digitaler Vermittlungsstellen werden nun aber sowohl für den Einsatz im Ortsnetz als auch im Fernnetz erprobt, so daß in absehbarer Zeit ein einheitliches ISDN-Netz entstehen kann.

Bei der Realisierung des ISDN in Ortsnetzen mit Glasfasertechnik ändert sich an diesen Überlegungen nichts Wesentliches. Mit der Einführung der zur optischen Übertragung verwendeten Glasfaserkabelnetze werden schließlich auch die Breitbandkanäle auf denselben Glasfaser-Teilnehmerleitungen geführt werden können (siehe Abschnitte 3.4.3 und 3.4.4).

3.4 Rückkanalsysteme in Netzen mit Glasfaserkabeln

Vor etwa zehn Jahren ist es erstmals gelungen, aus sehr reinem Quarzglas dünne Fasern herzustellen, die Licht über sehr große Entfernungen übertragen können. Nachdem inzwischen auch leistungsfähige Halbleiterbauelemente zur Verfügung stehen, die elektrische Ströme definiert in Licht umwandeln und umgekehrt, wurde damit – neben Kabeln mit Kupferleitungen und dem Funk – ein neues Übertragungsmedium für die Nachrichtenübertragung erschlossen, das sich derzeit in einer Phase rapider Entwicklung befindet. *Bild* 3.33 zeigt ein typisches Kabel mit mehreren Glasfasern. Das Prinzip einer Glasfaserübertragungsstrecke ist in *Bild* 3.34 dargestellt.

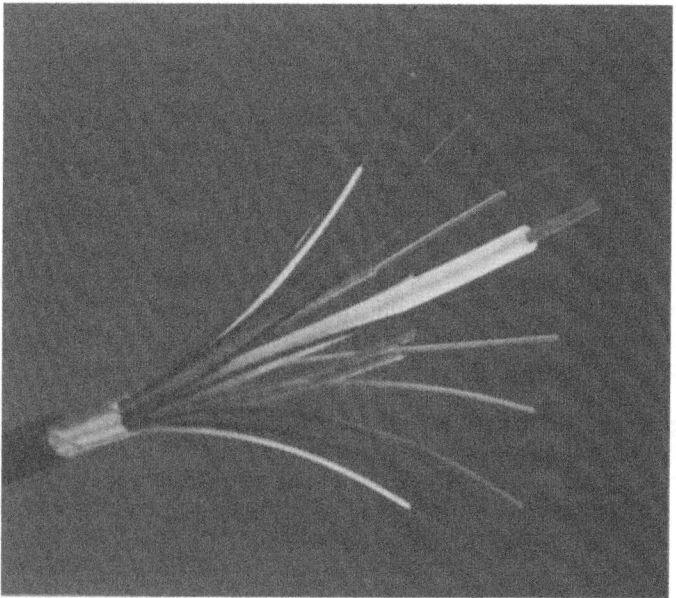

Bild 3.33 Typisches Glasfaserkabel

In dem auf der Sendeseite angeordneten elektro-optischen (E/O-)Wandler wird Licht einer bestimmten Frequenz bzw. Wellenlänge erzeugt und direkt in die Glasfaser eingekoppelt. Bei guten Wandlern ändert sich die Intensität der Lichtaussendung proportional zur Stromstärke in dem Halbleiterbaustein. In Analogie zur bekannten Trägerfrequenz-

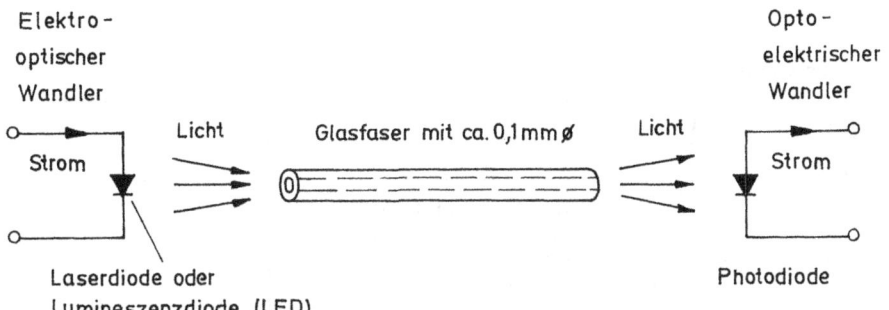

Bild 3.34 Prinzip der optischen Nachrichtenübertragung mittels Glasfaser als Übertragungsmedium

Übertragungstechnik übernimmt der E/O-Wandler also die Rolle eines Trägerfrequenzgenerators und Amplitudenmodulators. Das modulierte Licht – eine elektromagnetische Welle sehr hoher Frequenz – wird in der Glasfaser, ähnlich wie in einem Kabel oder einem Wellenleiterrohr, zur Empfangsseite übertragen. Man spricht daher auch vom Lichtwellenleiter (LWL). Der opto-elektrische (O/E-)Wandler, z.B. eine lichtempfindliche Photodiode, wandelt die empfangene Intensitätsmodulation in elektrische Signale zurück. Die Eigenschaften des Lichtes, der Glasfasern und der Wandlerelemente bedingen einige Besonderheiten dieser leistungsfähigen Art der Nachrichtenübertragung, die nachfolgend kurz umrissen werden sollen.

3.4.1 Eigenschaften optischer Komponenten der Glasfasernetze

3.4.1.1 Glasfaser (GF)

Während normales Fensterglas bei einer Dicke von 1 m nahezu undurchsichtig ist, nimmt die Intensität eines Lichtstrahls in einer für die optische Nachrichtenübertragung geeigneten Glasfaser auf einem Kilometer Länge nur um etwa ein Drittel ab. Im technischen Sprachgebrauch wird diese Abnahme der Lichtintensität als »Dämpfung« bezeichnet. Niedrige Dämpfungswerte erreicht man durch die Verwendung von hochreinem synthetischem Quarzglas (Siliziumdioxyd). Unvermeidliche Restinhomogenitäten führen zu internen Streuverlusten, die mit der Wellenlänge abnehmen (Rayleigh-Streuung). Überlagert sind weitere Absorptions- und Streuverluste, die durch Verunreinigungen (vorwiegend durch OH-Ionen) entstehen. Beide Effekte ergeben den typischen Verlauf der Dämpfung, wie er in *Bild* 3.35 dargestellt ist.

Die bei einer Wellenlänge von etwa 1,4 µm auftretende Dämpfungsspitze läßt sich zur Zeit nur durch großen Aufwand bei der Herstellung vermeiden. Da die Wellenlänge der optischen Sender durch die Wahl geeigneter Materialien einigermaßen freizügig festgelegt werden kann, lohnt sich beim heutigen Stand der Technik der Aufwand zur Unterdrückung dieser Dämpfungsspitze meist nicht. Man nützt daher Glasfasern für die Nachrichtenübertragung vorwiegend in den Bereichen um 0,85 µm, 1,3 µm und 1,6 µm aus.

Die geringe Materialdämpfung der Glasfaser kann für die Nachrichtenübertragung auf größere Entfernung nur ausgenutzt werden, wenn es gelingt, das eingekoppelte Licht innerhalb der Faser zu halten, so daß keine Verluste durch Abstrahlung entstehen. Die Glasfaser wird daher so aufgebaut, daß sie aus einem zylindrischen Kern mit einem den

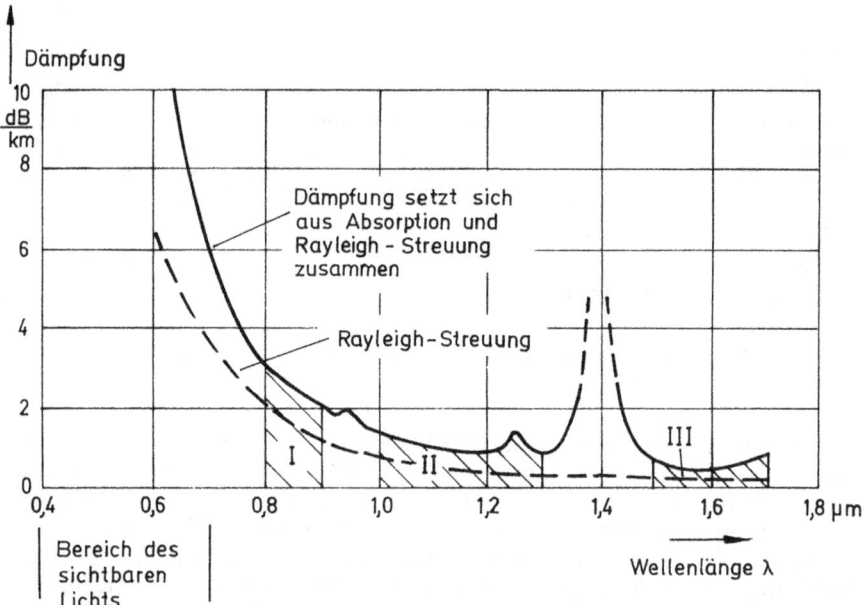

Bild 3.35 Optische Dämpfung in einer Glasfaser in Abhängigkeit von der Wellenlänge. Die schraffierten Bereiche I, II, III stellen sog. optische Fenster mit günstigen Übertragungseigenschaften dar.

Kern umschließenden Mantel besteht. Die Brechzahl des Kernglases ist geringfügig höher als die des Mantelglases. Unterhalb eines gewissen Lichteinfallswinkels zur Faserachse, dessen Sinus als numerische Apertur bezeichnet wird, kann nun ein Lichtstrahl die Faser nicht mehr verlassen, da er an der Grenzschicht zu dem Medium mit geringerer Brechzahl (Mantel) total reflektiert wird.

Schräg eingekoppelte Teilstrahlen legen, wie *Bild* 3.36 veranschaulicht, innerhalb der Kernzone einen längeren Weg zurück als Strahlen parallel zur Achse. Mit einem kurzen Lichtimpuls gleichzeitig gestartete Strahlen verschiedener Einfallswinkel benötigen daher unterschiedlich lange bis zu ihrem Eintreffen am Ende der Übertragungsstrecke. Anstelle eines einzigen kurzen Impulses wird dort eine Folge nacheinander eintreffender Teilimpulse ankommen, die sich zu einem verbreiterten Empfangsimpuls zusammenfügen. Einzeln gesendete Lichtimpulse können auf der Empfangsseite daher nur unterschieden werden, wenn eine bestimmte Impulsfrequenz nicht überschritten wird. Diese Grenzfrequenz wird um so höher, je kürzer die Laufzeit (und damit auch die Laufzeitdifferenz zwischen verschiedenen Teilstrahlen) wird, und ist daher von der Entfernung abhängig. Da ähnliche Überlegungen auch eine entsprechende Begrenzung bei sinusförmiger Modulation erklären, gibt man üblicherweise als Zahlenwert die ausnutzbare Modulationsbandbreite bei einem Kilometer Streckenlänge an. So bedeutet eine Bandbreitenangabe von 600 MHz · km, daß bei einer Streckenlänge von 1 km eine Modulationsschwingung mit einer Frequenz von 600 MHz bereits auf die halbe Amplitude abgefallen ist, Schwingungen mit geringerer Frequenz entsprechend weniger, und solche mit höherer Frequenz entsprechend mehr. Bei 2 km tritt diese Abnahme wegen der doppelten Laufzeit schon bei 300 MHz auf, usw. Bei größeren Leitungslängen nimmt die Modula-

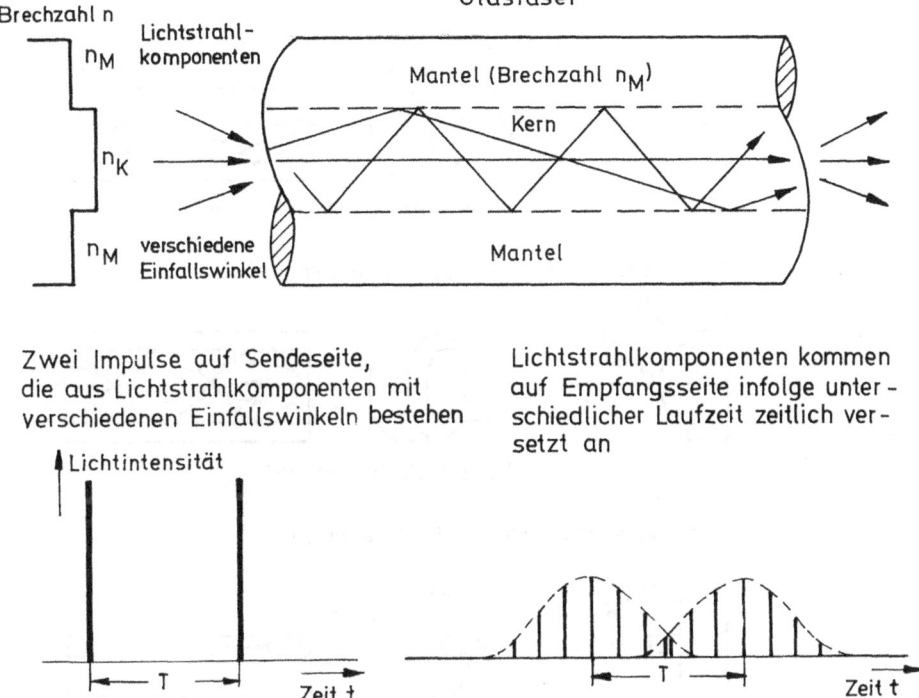

Bild 3.36 Modendispersion in einer Glasfaser mit stufenförmigem Verlauf der Brechzahl

tionsbandbreite allerdings etwas langsamer ab als es auf Grund der eben geschilderten Faustregel der Fall wäre.

Die zulässige Impulsfolgefrequenz ist jeweils etwa um den Faktor 1,5 größer als die numerische Bandbreite (in MHz) und beträgt im genannten Beispiel also etwa $900 \cdot 10^6$ bei 1 km bzw. $450 \cdot 10^6$ Impulse pro Sekunde bei 2 km Faserlänge. Den Effekt der Bandbreitenbegrenzung durch Laufzeitdifferenz der Teilstrahlen nennt man Modendispersion. Glasfasern, deren Kerndurchmesser die Ausbreitung mehrerer Strahlrichtungen (Moden) zulassen, heißen Multimodefasern.

Die Modendispersion kann verringert werden in der sogenannten Gradienten (–Index)-Faser. Hier wird durch genau dosierte Zusätze zum Quarzmaterial die Brechzahl innerhalb der Kernzone auf einen annähernd parabelförmig nach außen abnehmenden Verlauf gebracht (Bild 3.37). Entsprechend diesem Profil der Brechzahl wird ein unter schiefem Winkel eingekoppelter Strahl zum dichteren, stärker brechenden Kerninnern zurückgebeugt. Er legt dabei zwar einen längeren Weg zurück als ein Achsenstrahl, kann sich aber in den schwächer brechenden Randzonen schneller fortpflanzen. Bei geeigneter Dimensionierung des Gradientenprofils kann eine erhebliche Verringerung der Dispersion, d.h. eine deutliche Vergrößerung der Modulationsbandbreite, erreicht werden.

Der Effekt der Modendispersion kann weitgehend vermieden werden, wenn man den Kerndurchmesser so klein macht (z.B. 10µm), daß sich nur ein einziger Ausbreitungsmo-

Multimode - Glasfaser mit Stufenprofil

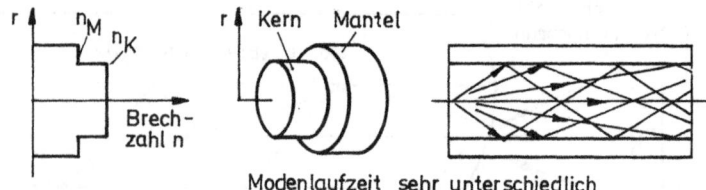

Modenlaufzeit sehr unterschiedlich

Multimode - Glasfaser mit Gradientenprofil

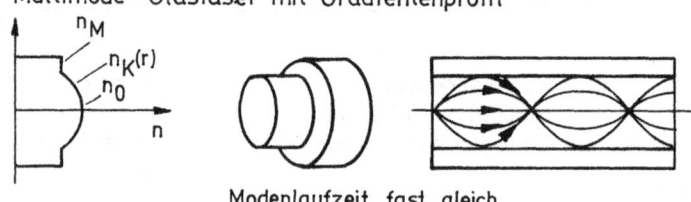

Modenlaufzeit fast gleich

Monomode - Glasfaser mit Stufenprofil

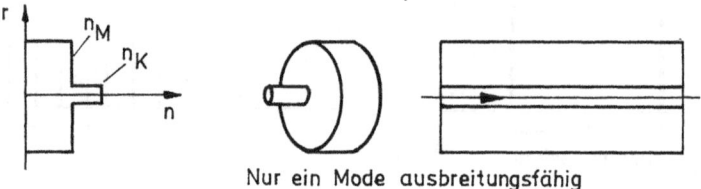

Nur ein Mode ausbreitungsfähig

Bild 3.37 Profile verschiedener Glasfasern

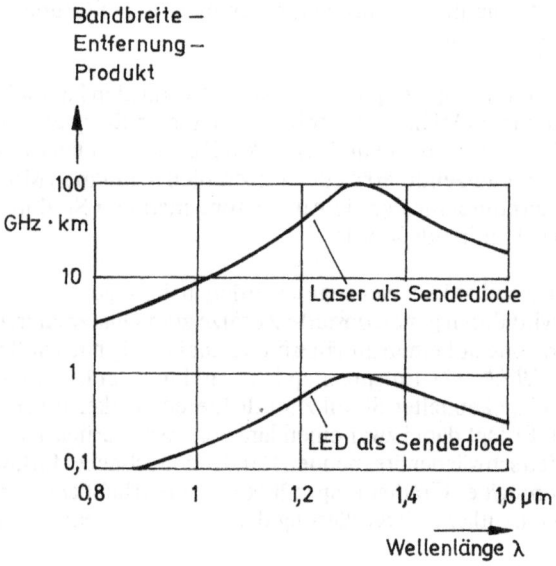

Bild 3.38 Bandbreitenbegrenzung durch Materialdispersion

dus in Achsennähe ausbilden kann. Man spricht dann von Monomodefasern. Das damit erreichbare Bandbreite-Länge-Produkt liegt mindestens eine Größenordnung höher als bei Gradientenfasern, d.h. bei 10–100 GHz · km. Damit dringt man aber in Frequenzbereiche vor, in denen die Realisierung elektronischer Schaltungen noch Schwierigkeiten bereitet.

Sowohl die Brechzahl als auch das optimale Brechzahlprofil sind von der Lichtwellenlänge abhängig. Licht unterschiedlicher Wellenlänge breitet sich, unabhängig von der Faserart, mit unterschiedlicher Laufzeit im Quarzglas aus. Dieser Effekt, der als Materialdispersion bezeichnet wird, läßt sich im Bereich um 1,3 μm auf einen Minimalwert bringen. Der Einfluß der Materialdispersion macht sich vor allem bemerkbar, wenn das ausgestrahlte Licht nicht nur bei einer Frequenz liegt, sondern eine gewisse spektrale Bandbreite aufweist, die von der Art des elektro-optischen Wandlers abhängig ist. Lumineszenzdioden haben ein relativ breites, Laserdioden dagegen ein sehr schmales Emissionsspektrum. Für die Einkopplung von Licht in Monomodefasern kommen nur Laserdioden in Frage, so daß der Effekt der Materialdispersion hier vernachlässigbar klein ist (*Bild* 3.38).

Wie bereits geschildert, macht sich der Effekt der Dispersion insgesamt erst ab einer bestimmten Grenzfrequenz im Modulationsband bemerkbar. Unterhalb dieser Grenzfre-

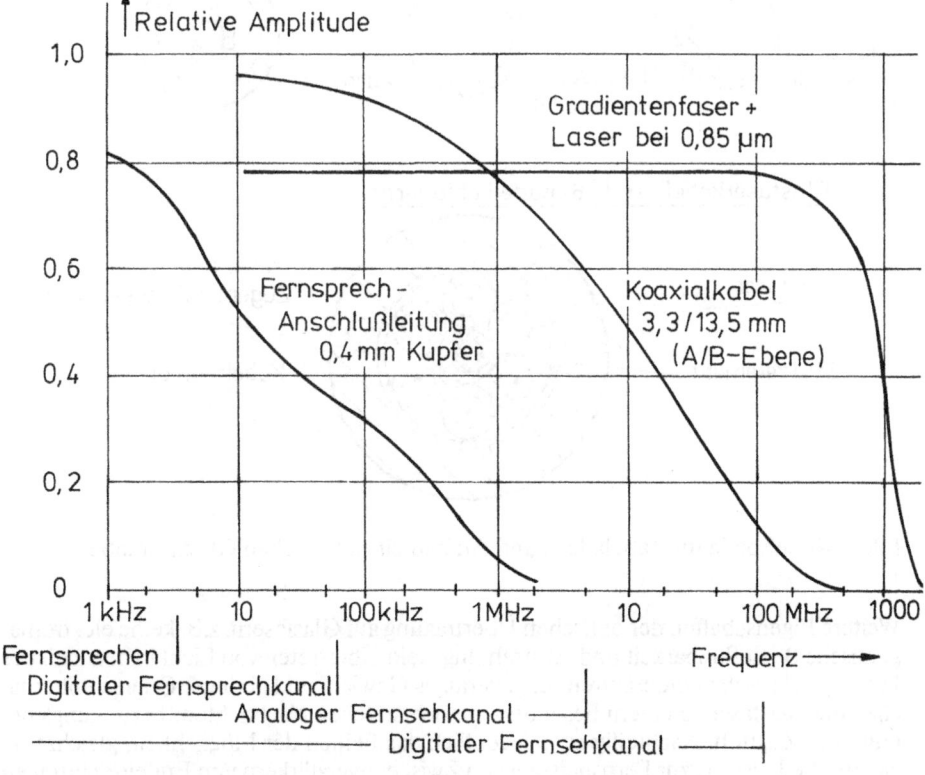

Bild 3.39 Amplitudengang im Modulationsband bei verschiedenen Leitungen von 1 km Länge sowie Bandbreitenbedarf für Fernsprechen und Fernsehen in analoger bzw. digitaler Form

quenz wirkt sich nur die optische Dämpfung aus. Da die Modulationsbandbreite bezogen auf die Lichtfrequenz verschwindend klein ist, ist die wirksame Grunddämpfung konstant und außerdem praktisch temperaturunabhängig. Ein Vergleich des Amplitudengangs einer typischen Glasfaser, die ein Bandbreite-Länge-Produkt von 1000 MHz · km besitzt, mit demjenigen üblicher Kupferkabel (*Bild* 3.39) zeigt deutlich die Vorteile der Glasfaser. In diesem Bild sind auch die für analoge bzw. digitale Übertragung von Fernsprech- und Fernsehsignalen notwendigen Bandbreiten angegeben.

Für den praktischen Einsatz müssen die Glasfasern mechanisch geschützt und durch Einziehen in ein Röhrchen oder durch eine Umspritzung mit Kunststoff so robust gemacht werden, daß man mehrere Fasern zu einem Kabel verseilen kann. Derart aufgebaute Kabel (*Bild* 3.40) sind heute ebenso biegbar, schlagbar und streckbar wie Kupferkabel. Durch ihre Leichtigkeit können sie sogar in Fabrikationslängen bis zu 5 km hergestellt werden.

Drei Arten von Kabeladern:

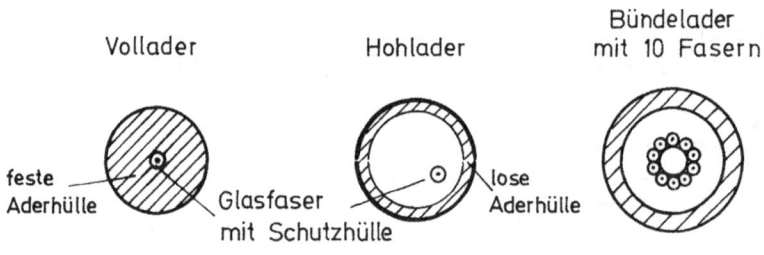

Glasfaserkabel mit 6 Kabelhohladern:

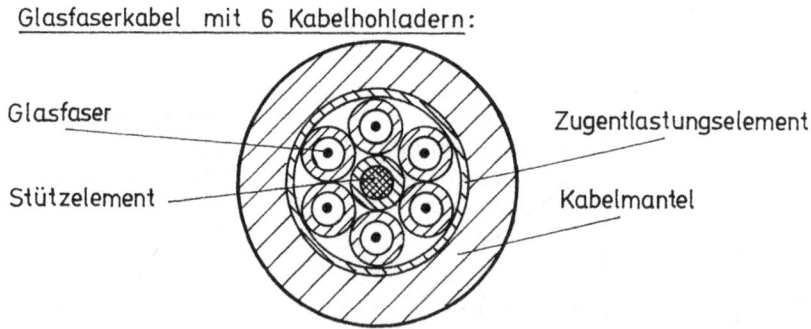

Bild 3.40 Beispiele für Kabeladern und Aufbau eines typischen Glasfaserkabels

Weitere Eigenschaften der optischen Übertragung auf Glasfasern, z.B. keine elektromagnetische Beeinflußbarkeit und Abstrahlung, kein Übertreten von Licht in benachbarte Fasern, elektrische Potentialtrennung, geringes Gewicht und geringer Querschnitt, machen die Glasfaser zu einem besonders aussichtsreichen Nachrichtenübertragungsmedium der Zukunft. Nachteilig ist gelegentlich das Fehlen der Möglichkeit, gleichzeitig elektrische Leistung zur Fernspeisung von Zwischenverstärkern und Endeinrichtungen mit übertragen zu können.

3.4.1.2 Verbindungstechnik

Die Herstellung lösbarer bzw. fester Verbindungen von Glasfasern mit Hilfe von Steckverbindungen oder Spleißen wird technisch weitgehend beherrscht. Die bisher angegebenen niedrigen Durchgangsverluste – z.B. 0,1 dB, d.h. 2% Intensitätsverlust je Spleiß – können sich bei Masseneinsatz und bei der Montage noch etwas erhöhen. Während das Spleißen sowohl bei den Multimodefasern (Kerndurchmesser ca. 50 μm) als auch bei den Monomodefasern (Kerndurchmesser etwa 10 μm) gut möglich ist, sind Steckverbinder für die letzteren wesentlich schwieriger herstellbar. Kern-Exzentrizitäten von wenigen μm beeinflussen bereits den Lichtdurchgang und damit die Streckendämpfung spürbar. Steckverbindungen für Fasern verschiedener Hersteller und Toleranzen bei extremen Klimaverhältnissen und mechanischen Belastungen stellen höchste Anforderungen, besonders wenn jahrelanger, störungsfreier Betrieb verlangt wird.

3.4.1.3 Elektro-optische Wandler

Die wichtigsten Lichtsender für die optische Nachrichtentechnik sind Lumineszenzdioden (auch *lichtemittierende Dioden* LED genannt) und Laserdioden. Sie werden beide als Mehrschichtenelemente aus Halbleitermaterialien hergestellt. *Bild* 3.41 zeigt am Beispiel von Elementen für den 0,85 μm-Bereich einen typischen Aufbau der beiden Arten von Lichtsendern.

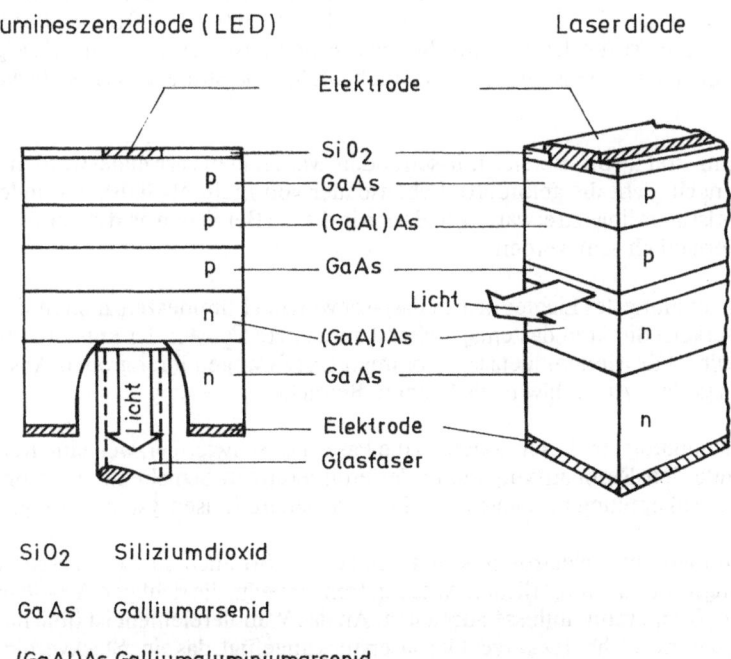

Bild 3.41 Lumineszenz- und Laserdiode, Aufbau und Wirkungsweise

Das Licht entsteht in der p-GaAs (Galliumarsenid)-Mittelschicht durch Rekombination der aus dem n-Gebiet einströmenden Elektronen mit den Löchern dieser Schicht. Während jedoch bei einer Lumineszenzdiode in der ca. 1 μm dicken Mittelschicht inkohärentes Licht aller Ausbreitungsrichtungen und Phasenlagen entsteht, das mit einer spektralen Bandbreite von ungefähr 30 nm durch ein Fenster der n-(GaAl)As-Schicht austritt, wird bei der Laserdiode das in der nur 0,1 bis 0,2 µm dicken Mittelschicht verbleibende Licht genutzt. Ein Teil dieses Lichtes wird an den vorderen und hinteren Stirnflächen reflektiert und verstärkt sich so durch induzierte Emission, d.h. das durch die Ladungsträgerrekombination neu erzeugte und das vorhandene Licht überlagern sich phasenrichtig in der durch die Abmessungen vorgegebenen Ausbreitungsrichtung. Es entsteht kohärentes Licht, das durch die höhere Brechzahl, wie bei den Glasfasern, auf die Mittelzone beschränkt bleibt. Die kohärente Abstrahlung kann jedoch erst dann einsetzen, wenn ausreichend viele Ladungsträger in die Rekombinationszone eingeschwemmt werden, weil ja immer Licht durch die Endflächen und auf dem Weg durch die Mittelschicht verlorengeht. Kohärentes Licht wird daher erst bei einem Minimalstrom, dem Schwellenstrom, der z.B. bei 100 mA liegt, emittiert. Die spektrale Breite des auftretenden Lichts liegt bei etwa 2 nm und ist damit um mehr als eine Größenordnung geringer als bei der Lumineszenzdiode. Oberhalb des Schwellenstroms werden Leistungen von 10 mW und mehr emittiert, wobei moderne Laserdioden oberhalb der Schwelle einen ziemlich, aber nicht vollständig linearen Zusammenhang zwischen Strom und abgestrahlter Lichtleistung aufweisen.

Bei den sehr geringen Abmessungen einer Laserdiode, insbesondere der geringen Dicke der Mittelschicht, entstehen durch die auf kleinem Raum konzentrierte Leistung sehr hohe Schichtbelastungen, die Probleme für die Lebensdauer bringen. Mittlerweile sind die Herstellverfahren für die insgesamt nur etwa 10 µm · 300 µm · 100 µm großen Schichtkristalle, zumindest für den 0,85 µm-Bereich, soweit ausgereift, daß zuverlässige Bauelemente mit einer Lebenserwartung von mehr als 100 000 Stunden hergestellt werden können.

Im 1,3 µm- und 1,6 µm-Bereich müssen andere Materialien verwendet werden, mit denen jedoch noch nicht die geforderte Lebensdauer von mehr als 100 000 Stunden erreicht wird. Es ist allerdings zu erwarten, daß auch in diesen Bereichen bald zuverlässige Bauelemente erhältlich sein werden.

Die Einkopplung des Lichtes in die Glasfaser wird bei Lumineszenzdioden so gelöst, daß der Faserkern direkt in das entsprechend ausgeätzte Fenster der untersten Schicht gesteckt wird. Für Monomodefasern kommen LED's wegen ihrer großen Abstrahlfläche und des großen Abstrahlwinkels kaum in Betracht.

Die Ankopplung von Laserdioden an die Fasern ist schwieriger, weil eine Reflexion am Faserende den Resonanzvorgang in der emittierenden Schicht stören kann. Deshalb muß die Ankopplung beispielsweise durch geeignete Linsensysteme erfolgen.

Zum Aufbau eines elektro-optischen Senders gehört auch eine elektrische Ansteuerschaltung, die den erforderlichen Anteuerstrom erzeugt, die richtigen Arbeitspunkte einhält und Temperatureinflüsse ausgleicht. An das Wandlerelement ist üblicherweise ein als »pig tail« bezeichnetes kurzes Glasfaserstück angefügt, das eine Steckverbindung zum Anschluß an das Glasfaserkabel besitzt.

3.4.1.4 Opto-elektrische Wandler

Als Lichtempfänger für die optische Nachrichtenübertragung werden überwiegend Photodioden und Lawinen-(Avalanche-)Photodioden eingesetzt. Durch die Absorption eintreffender Lichtquanten werden Elektron-Loch-Paare gebildet, die durch eine angelegte Spannung getrennt werden. Im Bereich um 0,85 µm werden meist Siliziumschichten verwendet, bei höheren Wellenlängen kommen Germanium oder ternäre Halbleiterma-terialien wie z.B. Indiumgalliumarsenid (InGaAs) oder Galliumindiumarsenidphosphid (GaInAsP) in Frage.

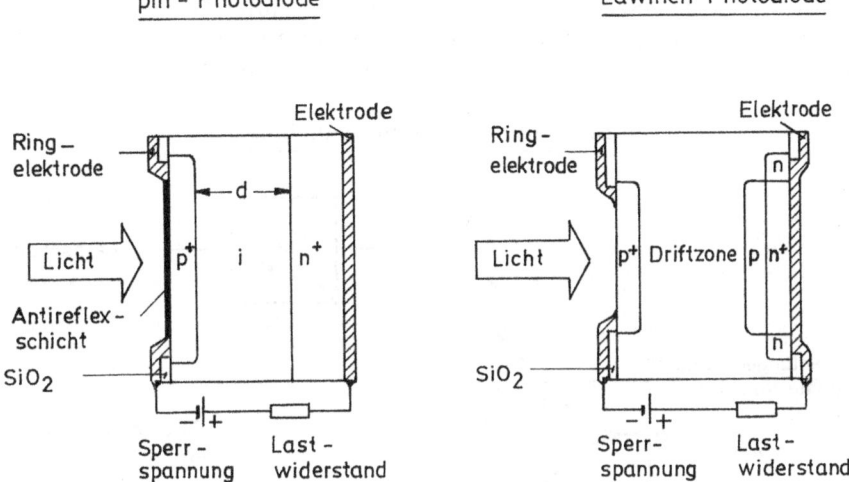

Bild 3.42 pin- und Lawinen-(Avalanche-)Photodiode

Bei einer pin-Photodiode (*Bild* 3.42) liegt zwischen der p-Schicht und der n-Schicht, an die eine in Sperrichtung gepolte Spannung angelegt wird, eine Zwischenschicht i, in der die durch das einfallende Licht erzeugten Elektronen und Löcher schnell unter dem Einfluß des starken elektrischen Feldes nach beiden Seiten wegdriften. Die in der p- und n-Schicht eintreffenden Elektronen bzw. Löcher rufen einen Strom und daraus resultie-rend auch eine Spannung am Lastwiderstand hervor. Die Schnelligkeit des Ansprechens einer Photodiode hängt wesentlich von der Driftzeit und damit von der Dicke d der Schicht i ab.

Bei Lawinen-(Avalanche-)Photodioden (*Bild* 3.42) liegt die Sperrspannung zwischen der p-Schicht des Lichteinfalls und einem pn-Übergang auf der Substratseite. Die hier aus der Driftzone (Sp) eintreffenden Elektronen können neue Ladungsträger durch Stoßionisa-tion erzeugen und damit die erzeugte Stromstärke bis zu 200-fach verstärken.

pin-Photodioden weisen einen nahezu vollständig linearen Zusammenhang zwischen der Lichtintensität und dem abgegebenen Strom auf. Sie können daher für den Empfang analogmodulierter Signale eingesetzt werden. Demgegenüber sind Avalanche-Photo-dioden zwar wesentlich empfindlicher, eignen sich aber wegen der geringeren Linearität ihrer Kennlinie mehr für die digitale Übertragung (siehe Unterabschn. 3.4.2.2)

3.4.2 Übertragungstechnik

Wegen der hohen Kosten der Glasfasern und der elektro-optischen Wandler ist man be-müht, die Fasern möglichst weitgehend mehrfach zu nutzen, d.h. auf jeder Faser mehre-re Signale gleichzeitig zu übertragen. Dies kann durch Multiplexbildung im optischen oder im elektrischen Bereich geschehen.

3.4.2.1 Multiplexbildung im optischen Bereich

Grundsätzlich gestattet die hohe Bandbreite der nutzbaren Wellenlängenbereiche bei 0,85, 1,3 und 1,6μm eine Mehrfachausnutzung innerhalb dieser Bereiche auf mehreren optischen Trägern. Man kommt so zur sogenannten »Wellenlängenmultiplex-Technik« (*Bild* 3.43), bei der Lichtsignale unterschiedlicher Wellenlänge über optische Weichen auf der Sendeseite zusammengefaßt, dann auf einer einzigen Faser übertragen und schließlich auf der Empfangsseite durch optische Weichen wieder voneinander getrennt werden. Versuchsanordnungen dieser Art sind realisiert worden, erfordern aber noch

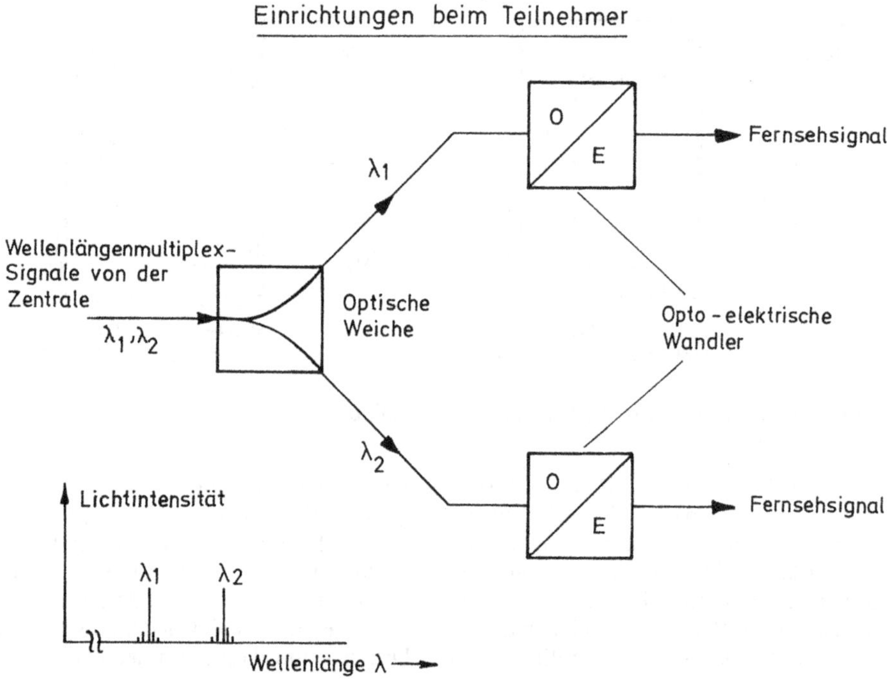

Bild 3.43 Wellenlängenmultiplex zur Mehrfachausnutzung der Glasfaserverbindung

hohen Aufwand. Vor einer serienmäßigen Nutzung dieser Wellenlängenmultiplex-Technik in Breitbandverteilnetzen sind daher noch wesentliche Entwicklungsarbeiten zu leisten. Die Ausnutzung verschiedener Wellenlängen kann dazu dienen, eine größere Anzahl von Fernsehprogrammen in Verteilrichtung zu übertragen. Die Wellenlängen-multiplex-Technik kann aber auch dazu eingesetzt werden, auf einer einzigen Faser gleichzeitig Kanäle in Vorwärts- und Rückwärtsrichtung zur Verfügung zu stellen. Für jede der verwendeten Wellenlängen und jede Übertragungsrichtung ist ein Paar elektro-optischer Wandler erforderlich.

Der entscheidende Durchbruch der Glasfasertechnik als Medium für die Übertragung einer Vielzahl breitbandiger (z.B. 5 MHz) Signale wird erreicht werden, wenn es gelingt, optische Lichtquellen (Laser) so frequenzstabil einzusetzen, daß damit das Heterodyn-Prinzip der elektrischen Nachrichtentechnik im optischen Bereich möglich wird. Dabei müßten z.B. ankommende frequenzstabile und nebenwellenfreie Lichtträger mit einer Lokallichtquelle gemischt werden, die in der Lichtfrequenz so eingestellt ist, daß die entstehende Zwischenfrequenz z.B. im Mikrowellenbereich bei einigen Gigahertz liegt. Diese Frequenzlage würde es ermöglichen, schmale Filter zu realisieren und eine Vielzahl von Trägern dicht nebeneinander im optischen Bereich unterzubringen. Allerdings befindet sich diese Technik noch im frühen Forschungsstadium.

3.4.2.2 Multiplexbildung und Modulationsverfahren im elektrischen Bereich

Um Wandler zu sparen, ist es sinnvoll, die Modulationsbandbreite bzw. Übertragungskapazität jeder Wellenlänge so weit wie möglich auszunutzen, d.h. die Multiplexbildung im elektrischen Bereich vorzunehmen und ein »gebündeltes« Basisband geschlossen in den optischen Bereich umzuwandeln. Geeignete Methoden hierzu sind aus der Übertragungstechnik auf Kabel- und Funkwegen bekannt, die allerdings an die Besonderheiten der Glasfasertechnik angepaßt werden müssen. Mit dieser Multiplextechnik ist es möglich, auf jeder Faser gleichzeitig mehrere Fernsehsignale und zusätzlich einige Sprach-, Ton-, Daten- und Textsignale zu übertragen.

Möglichkeiten einer Fernseh-Multiplex-Übertragung in Teilnehmernetzen mit Glasfaserkabeln sind in *Tabelle* 3.44 nach dem heutigen technischen Stand zusammengestellt.

Tabelle 3.44 Übersicht über elektrische Multiplexverfahren zur Übertragung von Fernsehsignalen in Glasfaser-Teilnehmernetzen. Erläuterung der Abkürzungen im Text bzw. im Glossar.

Modulationsverfahren		Multiplexbildung im		Übertragungskapazität beim heutigen Stand der Technik
		Fre-quenz-bereich	Zeit-bereich	
(1)	Amplitudenmodulation – des Videosignals	X		1–2 Kanäle
(2)	– des Restseitenband-signals in Zwischen-frequenzlage	X		1–2 Kanäle
(3)	Frequenzmodulation – des Videosignals	X		4 Kanäle
(4)	– des Restseitenband-signals in Zwischen-frequenzlage	X		4 Kanäle
(5)	Pulsmodulation – PAM	(X)	X	2–4 Kanäle
(6)	– PPM, PFM, PLM	(X)	X	4 Kanäle
(7)	Pulscodemodulation (PCM)	(X)	X	3–5 Kanäle
(8)	Differenz-Pulscode-modulation (DPCM)	(X)	X	5–10 Kanäle

Den geringsten Geräteaufwand auf der Empfängerseite erfordert die analoge Restseitenband-Übertragung (2), d.h. das Verfahren, das auf Kupferkabeln in heutigen Gemeinschaftsantennen- und BK-Anlagen benutzt wird. Als Demultiplexer ist der Hochfrequenzteil eines üblichen Fernsehempfängers verwendbar. Die Linearitätskennwerte heute verfügbarer elektro-optischer Wandler lassen jedoch bei üblichen Fasern die Übertragung von nur etwa 1–2 Kanälen zu, da durch die mangelnde Linearität eine gegenseitige Beeinflussung der gleichzeitig übertragenen Fernsehsignale erfolgt. Bei Einsatz von Laserdioden hoher Linearität und heute noch im Entwicklungsstadium befindlichen Monomodefasern erwartet man, daß mit dieser Technik zukünftig ca. 12 Kanäle realisierbar sind.

Eine reine Fernsehverteilanlage mit Glasfaserkabeln in Baumstruktur in dieser Restseitenband-Technik (2) wird wegen der Schwierigkeiten mit der Signalverzweigung, der erforderlichen elektrischen Abzweigverstärker mit den zugehörigen E/O-O/E-Wandlern und deren Fernspeisung in absehbarer Zeit kaum wirtschaftlich mit der heutigen Koaxialkabel-BK-Technik konkurrieren können.

Etwas geringere Anforderungen an die Wandler-Linearität stellt die Frequenzmodulationstechnik mit den beiden Alternativen (3) und (4), die eine etwas höhere Kanalzahl (z.B. 4) bietet, aber auch höheren Geräteaufwand benötigt.

Von den Pulsmodulationsverfahren (5) und (6), die analog zum Basisbandsignal die Pulsamplitude (PAM), die Pulsphasenlage (PPM), oder auch die Pulslänge (PLM) und Pulsfrequenz (PFM) variieren, sind vor allem PPM und PLM aussichtsreich; sie ermöglichen Zeitmultiplexbildung und stellen geringere Anforderungen an die Linearität und die Störarmut der Wandler. Die Kanalzahl wird auch hier wegen der notwendigen Bandbreite in nächster Zeit kaum wesentlich über vier je Faser erhöht werden können.

Die geringsten Ansprüche an die Linearität der Wandler stellen die digitalen Modulationsverfahren (7, 8). Wegen des hohen Bandbreitebedarfs bei der Pulscodemodulation (7) (bei Direktcodierung des Fernsehsignals etwa 120 Mbit/s je Kanal) kann jedoch auch hier die Kanalzahl nicht wesentlich über 5 je Faser erhöht werden, weil damit bereits Bitraten von ca. 560 Mbit/s entstehen. Die einfachste Form einer Bitratenreduzierung auf z.B. 34 Mbit/s stellt die Differenz-Pulscodemodulation (8) dar. Mit ihr kann man bei gewissen Qualitätszugeständnissen die Kanalzahl erhöhen. Allerdings bedingt der erforderliche Codier- und Decodierbaustein Zusatzkosten, die nur bei sehr hohen Stückzahlen tragbar werden.

Neben der Einführung digitaler Verfahren im Übertragungsbereich sind derzeit auch Bemühungen in Gange, die Digitaltechnik im Studiobereich und bei den Empfängern einzusetzen. Um große Stückzahlen und damit eine kostengünstige Herstellung der Schaltkreise zu ermöglichen, ist es sinnvoll, die Digitalisierungsverfahren aufeinander abzustimmen.

Ton-/Musik-Übertragung

Herkömmliche BK-Anlagen übertragen in der Frequenzlage des UKW-Bandes (87,5–104 MHz, Bd II) etwa 24 Stereo-Programme in Frequenzmodulationstechnik zur direkten Einspeisung in die Rundfunkempfänger. Gegebenenfalls können auch ca. 12 Stereo-Kanäle in einem unbelegten Fernsehkanal zusammengefaßt und dann geschlossen umgesetzt werden. Aus heutiger Sicht bereitet diese analoge Übertragungsart bei Glasfasernetzen noch Schwierigkeiten bei der E/O-Wandlung. Grundsätzlich gelten ähnliche

Überlegungen wie bei der Fernsehübertragung, d.h. eine digitale Übertragung wäre vorzuziehen, die sich auch durch die Arbeiten zur Einführung der Digitaltechnik im Studiobereich und die Planung für den Fernseh-Satelliten, bei dem eine digitale Tonübertragung vorgesehen ist, anbietet.

Sprach-, Text- und Datenübertragung

Für die Text- und Datenübertragung sowie für die digitale Sprachübertragung mit Fernsprechqualität nach dem Pulscodemodulationsverfahren wird eine vergleichsweise geringe Übertragungskapazität benötigt, so daß hierfür grundsätzlich eine ausreichende Bandbreite zur Verfügung gestellt werden kann. Zur Multiplexbildung stehen aus der kommerziellen Sprach-, Ton- und Daten-Übertragungstechnik erprobte Verfahren zur Verfügung, die auch in dienstintegrierten digitalen Netzen (ISDN = Integrated Services Digital Network) zur Anwendung kommen werden (siehe auch Abschnitt 3.3.3).

Kombination von Kanälen unterschiedlicher Bandbreite

Zusätzlich zu den für die Fernsehbild- und Tonübertragung notwendigen Kanälen lassen sich auf Glasfasern solche für Sprach- und Datensignale unterbringen. Da ihr Bandbreitebedarf immer klein sein wird im Vergleich zu demjenigen der Fernsehkanäle, ist eine frequenzmäßige Über- oder Unterlagerung möglich. Die *Bilder* 3.45 bis 3.47 geben einige Beispiele für die gleichzeitige Übertragung von Sprach- und Datensignalen und einem Fernsehsignal. In *Bild* 3.48 ist eine ausschließlich digitale Übertragung von Fernsehbild-,

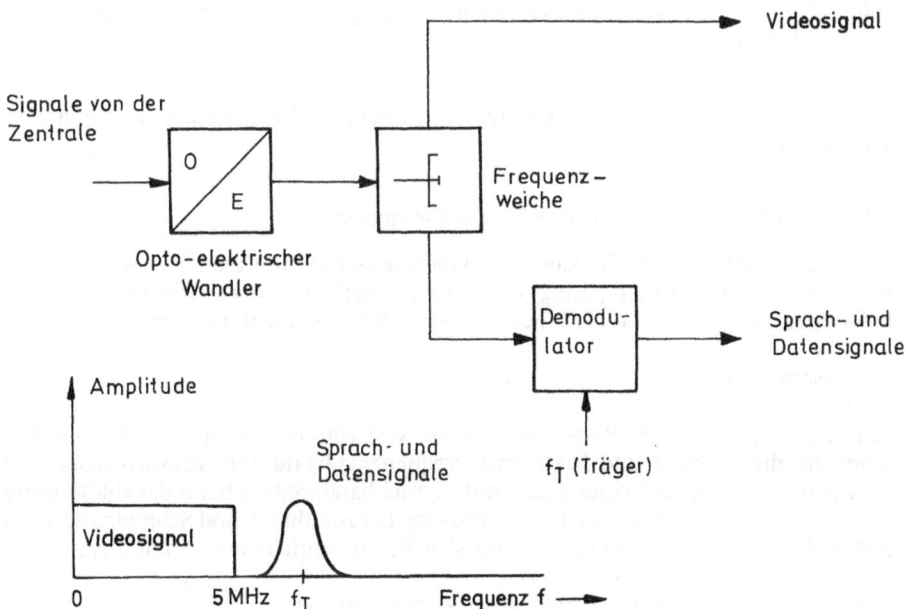

Bild 3.45 Frequenzmultiplex von Videosignal und überlagerten Sprach- und Datensignalen

Einrichtungen beim Teilnehmer

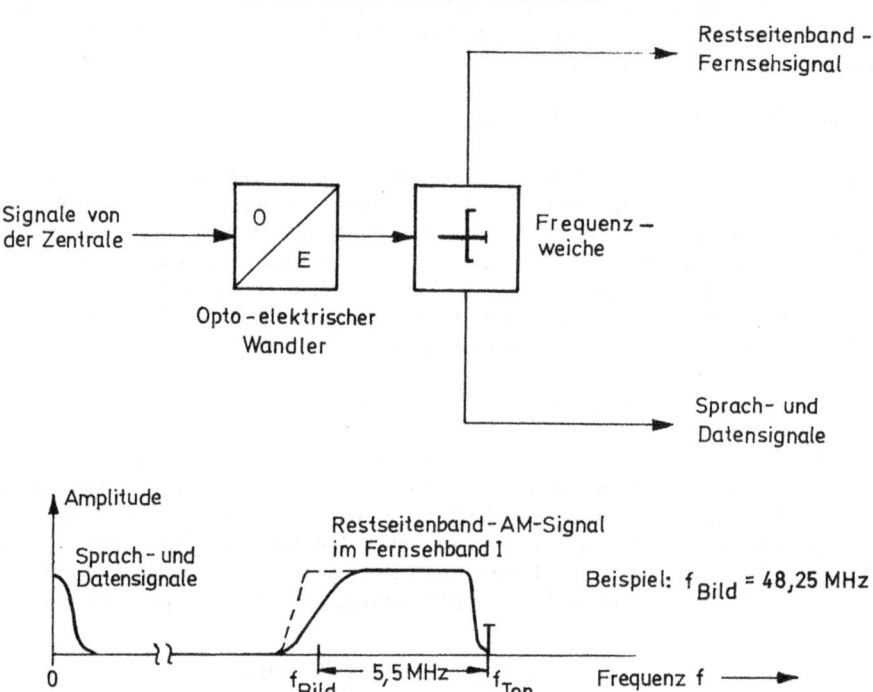

Bild 3.46 Frequenzmultiplex eines Restseitenbandsignals und unterlagerten Sprach- und Datensignalen

Ton-, Sprach- und Datensignalen dargestellt, wobei die Frequenzweiche durch einen Demultiplexer ersetzt wird.

3.4.2.3 Bildung von Rückkanälen in Glasfasernetzen

Für die Bildung von Rückwärtskanälen in Glasfasernetzen kann man entweder eine eigene Faser für die Rückwärtsrichtung vorsehen oder die für die Vorwärtsrichtung eingesetzte Faser zusätzlich auch für die Übertragung in Rückwärtsrichtung verwenden.

Zweifaserbetrieb

Eine eigene Faser für die Rückwärtsrichtung wird vom einzelnen Teilnehmer für die schmalbandigen Daten- und Textdienste frequenzmäßig nur sehr schwach ausgenutzt. Es liegt daher nahe, auch einen Kanal mit Fernsehbandbreite, z.B. für das Bildfernsprechen, mit vorzusehen. Für die Multiplexbildung der Breitband- und Schmalbandkanäle bieten sich auch hier die bei den Vorwärtskanälen beschriebenen Verfahren an.

Wellenlängen-Getrenntlagebetrieb auf einer einzigen Faser

Bei hohen Faserpreisen kann es vorteilhafter sein, innerhalb einer einzelnen Faser, z.B. im Wellenlängenmultiplex, Vorwärts- und Rückwärtskanal zu realisieren. Die hierfür

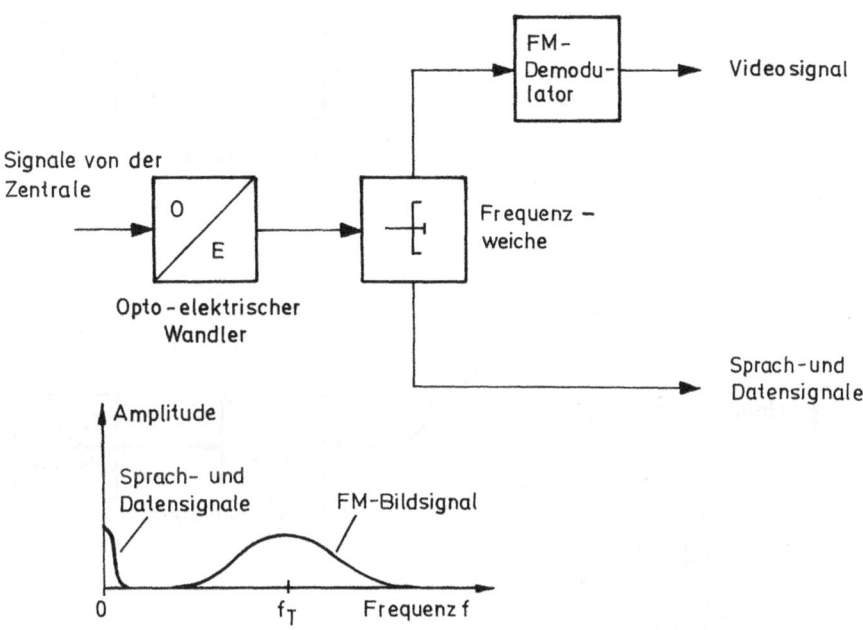

Einrichtungen beim Teilnehmer

FM-
Demodu-
lator → Video signal

Signale von der
Zentrale

O
E

Frequenz –
weiche

Opto - elektrischer
Wandler

Sprach - und
Datensignale

Amplitude

Sprach- und
Datensignale

FM-Bildsignal

0   f_T Frequenz f

Bild 3.47 Frequenzmultiplex eines FM-Bildsignals und unterlagerten Sprach- und Datensignalen

Einrichtungen beim Teilnehmer

Digitale Bildsignale

Signale von
der Zentrale

O
E

Demulti-
plexer

Opto - elektrischer
Wandler

Digitale Sprach-
und Datensignale

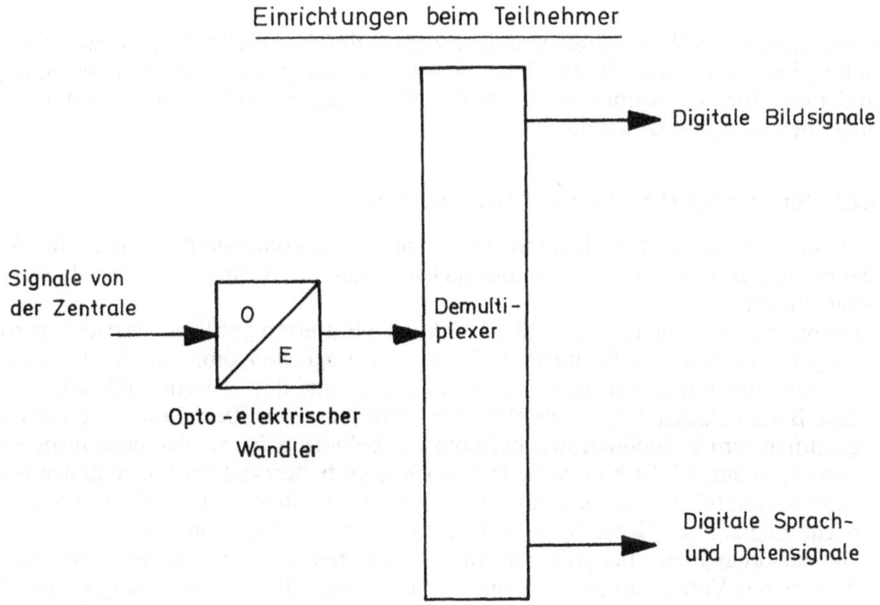

Bild 3.48 Gleichzeitige Übertragung von digitalen Bildsignalen und digitalen Sprach- und
Datensignalen in Zeitmultiplextechnik

Einrichtungen beim Teilnehmer

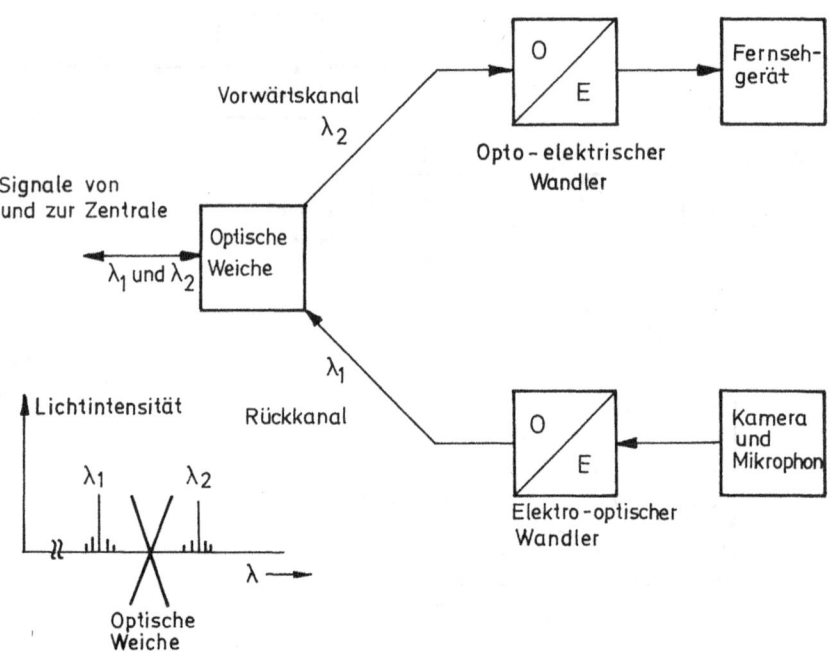

Bild 3.49 Wellenlängenmultiplex zur Richtungstrennung

verwendeten zwei Wellenlängenbereiche werden durch optische Frequenzweichen getrennt (*Bild* 3.49). Natürlich sind für die Rückwärtsrichtung eigene E/O-O/E-Wandler erforderlich. Auch hier kann jeder der beiden Wellenlängenbereiche durch Multiplexbildung mehrfach genutzt werden.

3.4.3 Struktur von Ortsnetzen in Glasfasertechnik

Aufgrund der dargelegten Eigenschaften der optischen Komponenten sind bei der Auslegung eines Breitbandkommunikationsnetzes in Glasfasertechnik die folgenden Randbedingungen zu beachten:

- Die mit diesem neuen Medium überbrückbaren Entfernungen liegen je nach Übertragungsverfahren und Aufwand bei 2–10 km und ermöglichen somit zwischenverstärkerlose Direktverbindungen zwischen einer Zentrale und den Hausanschlüssen.
- Eine Baumnetzstruktur mit gleichzeitiger Verteilung von 30 und mehr Fernsehprogrammen zum Teilnehmer, wie bei Koaxialkabelnetzen, ist zur Zeit noch nicht realisierbar, da einmal die hohe Kanalzahl noch nicht beherrscht wird, zum anderen die dann auftretenden Verluste in Abzweigungen und Spleißen nur kleine Versorgungsbereiche zulassen oder Zwischenverstärker mit Fernspeisung erfordern.
- Die Versorgung mit einer größeren Anzahl von Fernseh-Verteilprogrammen kann mit steuerbaren Verteilern vorgenommen werden, die z.B. in Vermittlungsstellen der Deutschen Bundespost eingerichtet und vom Teilnehmergerät aus eingestellt werden.
- Zur Versorgung mehrerer Anschlußdosen eines Haushaltes mit verschiedenen frei wählbaren Fernseh- und Hörfunk-Programmen ist eine Multiplexausnutzung der

Glasfaser im Teilnehmeranschlußbereich mit z.B. 2–4 Kanälen möglich, so daß für die Verteilrichtung in der Regel eine Faser je Haushalt genügt.

Daraus ergibt sich nahezu zwangsläufig eine sternförmige Netzstruktur in der Verteilrichtung ab der Zentrale (*Bild* 3.50).

Diese Struktur eignet sich insbesondere auch für die Schaltung individueller Programmkanäle und für die Auslegung eines Text- und Datendialognetzes. Aus diesem Grund wird heute für Glasfasernetze vorwiegend die Sternstruktur vorgesehen. Dabei ist es eine Frage der Aufwandsoptimierung zwischen Streckenlänge und Schalteinrichtung, wie groß der Versorgungsbereich einer Zentrale gemacht werden kann. Bei der Netzgestaltung sind viele Varianten je nach gewähltem Übertragungsverfahren, der Kanalzahl, dem Dienstangebot usw. denkbar.

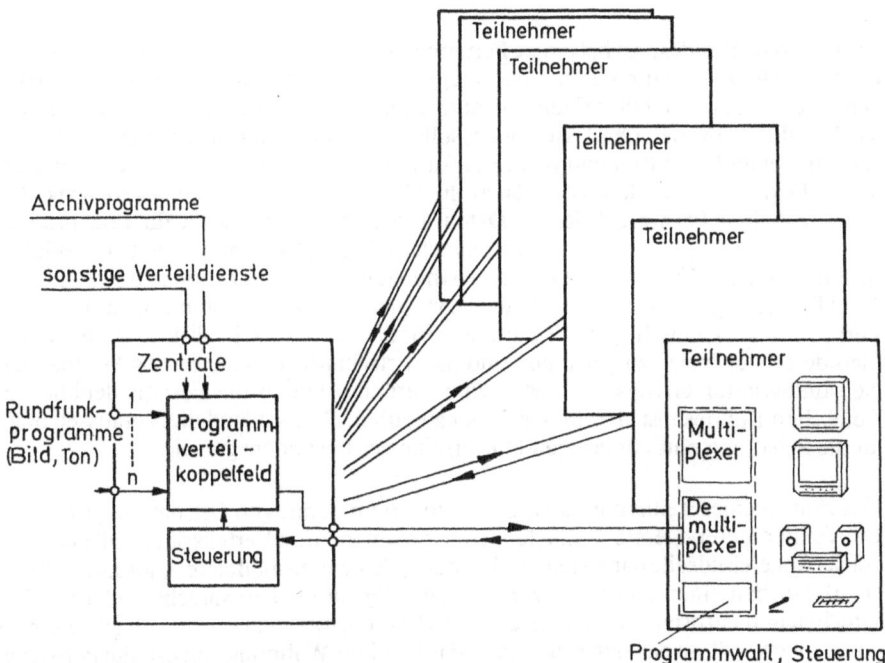

Bild 3.50 Struktur eines Glasfaser-Sternnetzes für Programmverteilung

Bei der Realisierung von schmalbandigen Rückwärtskanälen in Glasfaserortsnetzen ist es naheliegend, auch die heute auf symmetrischen Kupferadern geführten Kommunikationsdienste, d.h. Fernsprechen, Telex, Datex, Bildschirmtext, Telefax usw. mit auf die Glasfaserverbindungen zu übernehmen. Ein Glasfasernetz, das jeweils nur einen dieser Schmalbanddienste z.B. Fernsprechen führt, kann allerdings nach dem heutigen Stand der Technik die in großer Streckenlänge und Verbreitung vorhandenen Kupferkabel wirtschaftlich noch nicht ganz ersetzen, da neben den höheren Kabelkosten insbesondere die für die optische Übertragung erforderlichen Wandler und Endgeräte den Teilnehmeranschluß verteuern. Der Wirtschaftlichkeitsvergleich wird günstiger, wenn eine Integration der schmalbandigen Dienste betrachtet wird. In Verbindung mit der generellen Einführung der Digitaltechnik in Form eines ISDN-Netzes (siehe auch Abschnitt 3.3.3) kann und wird sich die Situation ändern. Die Umstellung des Netzes wird sich infolge der hohen Investitionskosten im Vermittlungs- und Anschlußleitungsbereich und wegen des hohen Personalbedarfs allerdings über mehrere Jahrzehnte erstrecken müssen.

3.4.4 Ausblick auf zukünftige Breitband-Universalnetze

Die Wirtschaftlichkeit von Glasfaserortsnetzen mit Sternstruktur kann wesentlich leichter erreicht werden, wenn es gelingt, die Glasfaserkabel in »Universalnetzen« einzusetzen, welche die gleichzeitige Realisierung von Schmalband- und Breitbanddiensten gestatten. Dabei lassen sich mit der vorgeschlagenen Sternstruktur beide Nutzungsbereiche optimal bedienen. Bei der großen Bandbreite der Glasfaser können ohne große technische Schwierigkeiten auch individuelle Breitband-Rückkanäle (eventuell nur für einen Teil der Anschlüsse) eingerichtet werden, die Bildfernsprechen, Konferenzfernsehen oder andere Breitbanddienste ermöglichen. Damit ist dann ein Breitband-Universalnetz geschaffen, das alle heute erkennbaren Dienste in integrierter Form allen Teilnehmern zugänglich machen kann.

Die Deutsche Bundespost hat einige Fernmeldefirmen mit der Planung und dem Aufbau von Versuchsanlagen für breitbandige integrierte Glasfaser-Fernmelde-Ortsnetze (BIGFON) beauftragt. Über diese Versuchsnetze, deren technische Gestaltung den am Aufbau beteiligten Firmen überlassen blieb, sollen den Teilnehmern verschiedene Formen der Schmalband- und Breitbandkommunikation angeboten werden. Die Rahmenvorgabe der Deutschen Bundespost verlangt die gleichzeitige Übertragungsmöglichkeit für mehrere digitale Fernsprechsignale, Daten, Telex und Teletex sowie für Telefax als den verschiedenen Formen der schmalbandigen Individualkommunikation, für Bildfernsprechen als einer Form der breitbandigen Individualkommunikation und schließlich für 2...4 Fernsehsignale und bis zu 24 Stereotonsignale der Verteilkommunikation. Ziel des Vorhabens ist es, einschlägige Erfahrungen für die technische Realisierung und den Betrieb derartiger Netze zu gewinnen und die wirtschaftliche Realisierung breitbandiger dienstintegrierter Glasfaserortsnetze vorzubereiten. Durch die Fernmeldehoheit der Deutschen Bundespost sind in der Bundesrepublik Deutschland die Voraussetzungen für die Schaffung eines derartigen Universalnetzes besonders günstig.

Das Prinzip eines Teilnehmeranschlusses in einem derartigen Ortsnetz zeigt *Bild* 3.51. Die Teilnehmerendgeräte, gegliedert nach Individual- und Verteilkommunikation, sind auf der linken Bildseite dargestellt. Es handelt sich um eine modulare Anordnung, bei der ein Teilausbau einer derartigen Verbindung lediglich für Fernsprechen oder für Fernsprechen und Fernsehen möglich ist. Für das Bildfernsprechen wird die übliche Fernsehnorm angewandt, so daß der Teilnehmer das in seiner Wohnung aufgestellte Fernsehgerät mit der gewohnten Bildqualität verwenden kann. Die zur Bildaufnahme eingesetzte Kamera muß für den Fall, daß der Gesprächsteilnehmer in Farbe auf dem Bildschirm erscheinen soll, allerdings Farbbilder aufnehmen können, was besondere Ansprüche an die Raumbeleuchtung stellt.

Ein wesentlicher Teil der Kosten eines integrierten Glasfaserortsnetzes muß – neben den Kosten für die Glasfaserkabel – für das Teilnehmeranschlußgerät (TAG) aufgewandt werden, das in seiner Grundausstattung in jedem Teilnehmerhaushalt vorhanden sein muß. Es enthält neben den opto-elektrischen und elektro-optischen Wandlern die Multiplexer und Demultiplexer sowie die Umsetzer, wobei der Umfang dieser Einrichtungen von der Zahl der genutzten Dienste abhängig ist.

In *Bild* 3.51 ist angenommen, daß jeder Teilnehmer über eine einzige Glasfaser mit der Ortsvermittlungsstelle verbunden ist. Dies ist, wie in *Bild* 3.49 gezeigt, durch Anwendung verschiedener Wellenlängen möglich, wobei für den Vorwärtskanal beispielsweise die Wellenlänge λ_2 und für den Rückkanal die Wellenlänge λ_1 verwendet wird.

109

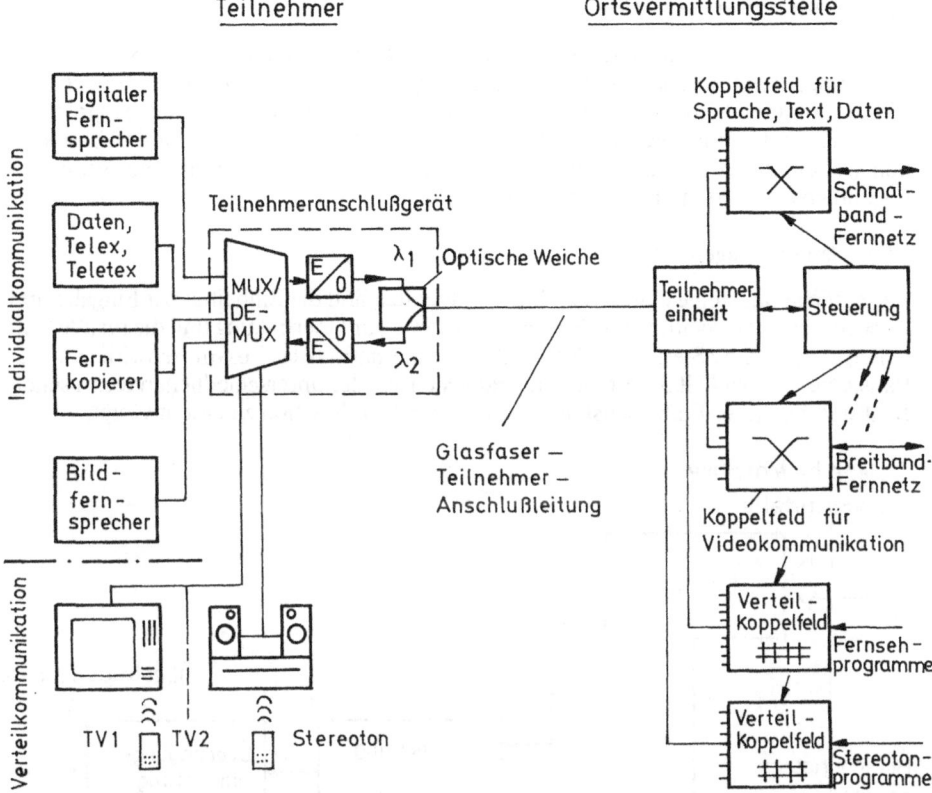

Bild 3.51 Prinzip eines Breitbandigen Integrierten Glasfaser-Fernmelde-Ortsnetzes
(BIGFON)

Die in der Ortsvermittlungsstelle als Gegenstück zum Teilnehmeranschlußgerät eingesetzte Teilnehmereinheit enthält die entsprechenden Multiplexer/Demultiplexer sowie
die opto-elektrischen und elektro-optischen Wandler und ebenfalls eine optische Weiche. Gesteuert durch die Signale im Rückkanal werden die schmalbandigen Dialogdienste über ein Koppelfeld in das Schmalbandfernnetz oder zu anderen Teilnehmern bzw. zu
der Zentrale für interaktive Dienste weitervermittelt. Im Hinblick auf den großen Band-
breite- bzw. Bitratenbedarf der Bewegtbildübertragung verglichen mit demjenigen der
schmalbandigen Kommunikationsformen (grob 1000 : 1) ist es wohl sinnvoll, für die Vi-
deokommunikation ein separates Koppelfeld vorzusehen.

Die Fernseh- und Stereotonprogramme sollen verteilvermittelt an die Teilnehmer weitergegeben werden. Damit ist gemeint, daß der Teilnehmer über seinen Rückkanal
Steuerbefehle an die Ortsvermittlungsstelle gibt, worauf dann die Verteilkoppelfelder so
eingestellt werden, daß die gewünschten Programme in den relativ wenigen Vorwärtskanälen zum Teilnehmer übertragen werden.

Zur Verbindung der in sieben Städten der Bundesrepublik entstehenden kleinen BIG-
FON-Inseln wird etwa ab 1985 ein Glasfasernetz (BIGFERN) zur Verfügung stehen, das
über größere Entfernungen hinweg die Nutzung breitbandiger Formen der Individualkommunikation ermöglicht.

3.5 Teilnehmerendgeräte

Die große Vielfalt der in Breitbandsystemen mit Rückkanälen möglichen Nutzungsformen bringt es mit sich, daß ganz verschiedenartige Ein- und Ausgabeeinrichtungen zum Einsatz kommen können oder müssen. Es würde den Rahmen dieses Buches sprengen, wenn versucht würde, alle diese Verfahren und Methoden aufzuzeigen und zu beschreiben. Daher müssen sich die folgenden Abschnitte auf eine systematische Gliederung der wesentlichsten Verfahren beschränken.

3.5.1 Anforderungen

Wesentliche Bausteine eines Teilnehmerendgerätes sind die Einheiten zur Eingabe und Ausgabe, zur Verarbeitung und Speicherung sowie zur Übertragung und die für alle Einheiten gemeinsame Steuerung. *Bild* 3.52 zeigt schematisch das Zusammenwirken dieser Bausteine. Die Vielfalt der Endgeräte ergibt sich aus der unterschiedlichen technischen Realisierung dieser Einzelbausteine sowie deren Kombination zu einem Gerät.

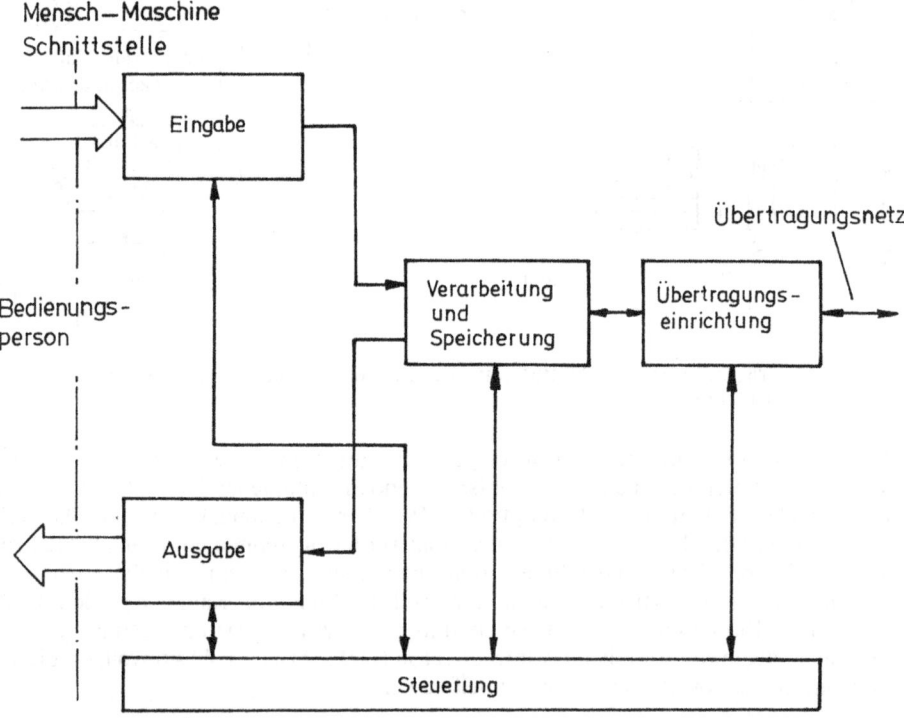

Bild 3.52 Bausteine eines Teilnehmerendgerätes

Die Eingabe kann z.B. durch eine einfache Tastatur, wie bei der Fernbedienung eines Fernsehgerätes, oder eine alphanumerische Volltastatur ähnlich derjenigen einer Schreibmaschine erfolgen. Ein Mikrophon dient als Eingabeeinheit für Sprache, eine Fernsehkamera als Eingabebaustein für bewegte Bilder.

Neben diesen Eingabebausteinen, die alle ein Teil der Mensch-Maschine-Schnittstelle sind, gibt es für den weiten Bereich der Fernmeß- und Fernsteuerungsaufgaben gänzlich andere Eingabeeinheiten. Hier sind z.B. die verschiedenartigen Sensoren für Temperatur, Feuchte, Rauch usw. zu nennen. Diese Sensoren erfassen bestimmte physikalische Größen und setzen sie für eine Weiterverarbeitung in elektrische Größen um.

Eine ähnliche Vielfalt von Bausteinen gibt es für die Ausgabe. Es sind einfache Drucker wie bei den kleinen Tischrechenmaschinen verfügbar, daneben gibt es verschiedene leistungsfähige Drucker für Text oder Graphik. Ein Lautsprecher ist eine Ausgabeeinheit für akustische Signale und Sprache; das Schirmbild einer Fernsehbildröhre erfüllt diese Funktion für stehende und bewegte Bilder. Auch hier gibt es für Fernmeß- und Fernsteuerungsaufgaben besondere Ausgabebausteine. Ein Meßwert kann z.B. auf dem Bildschirm dargestellt oder ausgedruckt werden. Er läßt sich aber auch für Zwecke der Fernsteuerung dazu verwenden, verschiedenartige Aktoren wie z.B. Stellmotore, Schalter oder Alarmglocken zu betätigen.

Die Verarbeitungs- und Speichereinheiten haben die Aufgabe, die eingegebenen bzw. auszugebenden Daten umzusetzen, zu prüfen und zu verarbeiten. Das Spektrum an verfügbaren Bausteinen ist hier sehr weit; es reicht von einer einfachen Codeumsetzung für alphanumerische Zeichen bis zur automatischen Erkennung von Sprache und Schrift. Vor allem bei der Speicherung gibt es vielfältige Varianten: Speicher für Textseiten, Speicher für Graphikseiten mit entsprechend höherer Kapazität, auswechselbare und archivierbare Massenspeicher wie Magnetbandspeicher, Speicherplatte (Floppy Disk), Bildplatte, flüchtige und nichtflüchtige Speicher usw.

Die Übertragungseinrichtung stellt die Anpassung zwischen dem Übertragungsnetz und den Datenerfassungs- und -verarbeitungseinheiten im Endgerät her. Auch hier sind, abhängig von Übertragungsverfahren, Geschwindigkeit, Protokollen usw., unterschiedliche technische Lösungen erforderlich.

Die Steuerung hat die Aufgabe, den korrekten Ablauf und das korrekte Zusammenwirken der einzelnen Bausteine im Endgerät sicherzustellen. Außerdem werden die Bedienbefehle des Benutzers sowie die Anforderungen von der Zentrale ausgewertet und in Funktionsabläufe umgesetzt.

Tabelle 3.53 gibt einen Überblick über die Eigenschaften der Endgeräte, die für die in Kapitel 2 behandelten Nutzungsklassen erforderlich sind. Dabei ist zu beachten, daß es nicht nur eine große Vielfalt von Endgeräten gibt, sondern daß die aufgezeigten Anforderungen in der Regel mit verschiedenartigen Endgeräten mehr oder weniger gut erfüllt werden können. So läßt sich eine Nutzungsart wie z.B. die Aufgabe einer Fernbestellung mit einer einfachen Tastatur als Eingabeeinheit durchführen, während eine Volltastatur natürlich mehr Möglichkeiten und mehr Benutzungskomfort bietet. Entsprechendes gilt für andere Nutzungsarten; die Tabelle kann hier jeweils nur ein gewisses Anforderungsniveau aufzeigen.

Viele der notwendigen Ein-/Ausgabefunktionen können bereits mit Fernsehgeräten erfüllt werden, die durch eine zusätzliche Tastatur und geeignete Einrichtungen zur Decodierung, Speicherung und Bilddarstellung erweitert sind. Der dazu erforderliche Aufwand richtet sich nach der Komplexität der Nutzungsklasse.

Tabelle 3.53 Notwendiger Ausbau der Endgeräte für die verschiedenen Nutzungsklassen

Nutzungsklassen nach Unterkapitel 2.3	Eingabe	Ausgabe	Speicherung im Endgerät
1. Fernmessen/Fernsteuern	Meßwerterfassungseinrichtungen (z.B. Zähler, Rauchmelder, einfache Tastaturen)	Steuereinrichtungen (z.B. Schalter, Stellmotoren)	Je nach Anwendung innerhalb oder außerhalb des Endgerätes
2. Bestellen/Reservieren	einfache Tastatur oder Volltastatur	Bildschirm, einfache Drucker	Speicherung von Festbildern und Texten
3. Nachrichten/Auskunft	einfache Tastatur oder Volltastatur	Bildschirm, Drucker, Faksimileaufzeichnungsgerät, Lautsprecher (Sprachausgabe)	wie 2 gegebenenfalls Speicher für graphische Darstellungen
4. Zugriff auf externe Datenbanken	Volltastatur	wie 3	Speicher für Texte, Festbilder und graphische Darstellungen
5. Spiele	Volltastatur und/oder Sondereingabegeräte	Bildschirm, Lautsprecher oder Sonderausgabegeräte	wie 4
6. Lernen	Volltastatur, graphische Zeichenvorrichtung	Bildschirm, Lautsprecher, Drucker	wie 4
7. Anleitung/Beratung	Volltastatur, Mikrophon	Bildschirm, Lautsprecher, Drucker	wie 4
8. Schreib- und Bürotätigkeiten	Volltastatur, Telefaxgerät, Mikrophon	Bildschirm (bei berufl. Nutzung mit erhöhter Auflösung und flimmerfrei), Drucker, Telefaxgerät, Lautsprecher	wie 4, aber in der Regel erhöhter Speicherbedarf
9. Individual- und Gruppenkommunikation	Volltastatur, Mikrophon, Fernsehkamera	Bildschirm, Lautsprecher, Drucker	wie 4

Tabelle 3.54 Entwicklung der Technik bei Eingabeeinrichtungen

Funktion	Heutiger Stand	Nahe Zukunft	Tendenz	Bemerkung
Manuelle Eingabe (Tastatur)	Schreibtastaturen mit verschiedenen technischen Prinzipien. Ergonomisch sorgfältig gestaltet	Herkömmliche Schreibtastatur. Niedrigerer technischer Aufwand bei gleicher Funktion. Zusätzlich: Eingabe durch Berührung am Bildschirm	Technische Entwicklung herkömmlicher Tastaturen weitgehend abgeschlossen. Vereinfachung, Verbilligung	
Bildabtaster (Faksimile)	Übliche Auflösung 3,85 Linien/mm. Geschwindigkeit: 1 Seite DIN A4 in 3 Minuten. Für Sonderzwecke feinere Auflösung und höhere Geschwindigkeit	Auflösung 7,7 Linien/mm Geschwindigkeit: 1 Seite DIN A4 in ca. 1 Minute	Auflösung 10...20 Linien/mm Abtastung in wenigen Sekunden	Zum Vergleich: Eine gute Fotokopie hat eine Auflösung von mehr als 10 Linien/mm. Für den praktischen Betrieb sind 7,7 Linien/mm in der Regel ausreichend.
Fernsehkamera	Handliche Farbkameras für heutige Fernsehnorm	Verbilligung, Verbesserung der Bildqualität, erste Kameras mit Halbleiterbildwandlern	Farbkameras mit Halbleiterbildwandlern, höhere Auflösung, starke Verbilligung	

Tabelle 3.55 Entwicklung der Technik bei der Spracheingabe und der optischen Zeicheneingabe

Funktion	Heutiger Stand	Nahe Zukunft	Tendenz	Bemerkung
Spracheingabe (automatische Spracherkennung)	Erkennung eines begrenzten Wortschatzes. Sprecherabhängige Erkennung	Verbesserung der Erkennungssicherheit bei vergrößertem Wortschatz	Sprecherunabhängige Erkennung, Erhöhung des Wortschatzes und der Erkennungssicherheit	Sprecherunabhängige Erkennung eines praktisch unbegrenzten Wortschatzes erst in 10 bis 20 Jahren erwartet
Optische Zeichen-erkennung	Automatische Erkennung von Maschinen- oder Handschrift	Niedrigerer technischer Aufwand. Erhöhung der Erkennungssicherheit	Bessere Erkennungssicherheit bei Handschriften	Spezielle optische Eingabeeinrichtungen für Sonderzwecke, z.B. Kassenterminals, möglich

3.5.2 Beschreibung von Eingabeeinheiten

Wesentliche Eingabeeinrichtungen sind:
- Tastaturen für manuelle Eingaben
- Bildabtaster
- Fernsehkamera

Die speziellen Eingabebausteine für Fernmeß- und Fernsteuerungssysteme sollen hier außer acht bleiben, da sie stark von der jeweiligen Aufgabenstellung abhängen.

In *Tabelle* 3.54 wird die technische Entwicklung bei den drei wesentlichen Eingabeeinrichtungen aufgezeigt. Man erkennt deutlich den Trend zu vereinfachter Bedienungsweise, Funktionsverbilligung und Qualitätsverbesserung.

In Zukunft werden auch die automatische Spracherkennung und die automatische Zeichenerkennung (OCR) zunehmend an Bedeutung gewinnen. *Tabelle* 3.55 gibt einen Überblick über den auf diesem Gebiet erreichten Stand der Technik und die erwartete weitere Entwicklung.

3.5.3 Beschreibung von Ausgabeeinheiten

Die in Endgeräten eingesetzten Ausgabeeinheiten umfassen im wesentlichen:
- Lautsprecher
- Bildschirm
- Drucker für alphanumerische Zeichen,
        Belegdrucker für schmale Papierformate,
        Drucker für Format A4 und größer
- Drucker für Graphik (Faksimile)

Auch die Sprachausgabe gewinnt zunehmend an Bedeutung, wobei die Sprache auch elektronisch im Endgerät erzeugt werden kann.

Tabelle 3.56 gibt einen Überblick über den auf diesem Gebiet erreichten Stand der Technik und die weitere Entwicklung derartiger Einrichtungen.

3.5.4 Beschreibung von Verarbeitungs- und Speichereinheiten

Diese Baugruppen sind besonders stark geprägt durch die Fortschritte in der Mikroelektronik und ermöglichen eine von Jahr zu Jahr zunehmende Verarbeitungskapazität im Endgerät. Erweiterte Leistungsmerkmale – wie z. B. die Erkennung und Korrektur von Übertragungsfehlern, eine Plausibilitätsprüfung bei Bedienfunktionen, Möglichkeiten zur Benutzerführung, Spracherkennung und Zeichenerkennung – sind nur einige Beispiele für solche Verarbeitungsfunktionen. Ähnliches gilt für die Speichertechnik. Mit den heutigen Halbleitertechnologien ist es möglich, Seitenspeicher für Text und einfache Graphik wirtschaftlich herzustellen. Voraussichtlich werden in wenigen Jahren Halbleiter-Vollbildspeicher für Fernsehbilder preiswert realisierbar sein und eine Vielzahl neuer Darstellungsmöglichkeiten und eine Verbesserung der Bildqualität ermöglichen. Daneben stehen verschiedenartige archivierbare Massenspeichermedien zur Verfügung: Magnetband, Magnetspeicherplatte (Floppy Disk) für Daten, Videorecorder für Bilder und in naher Zukunft die digitale optische Speicherplatte (Bildplatte) zur Speicherung von Bildern und sehr großen Datenmengen. *Tabelle* 3.57 gibt einen Überblick.

Tabelle 3.56 Entwicklung der Technik bei Ausgabegeräten

Funktion	Heutiger Stand	Nahe Zukunft	Tendenz	Bemerkung
Bildschirmwiedergabe	*Monitor:* Ein- und mehrfarbige Wiedergabe mit Elektronenstrahlröhren, die etwa 2000 Zeichen (1 Seite DIN A4) darzustellen gestatten. Flimmerfreiheit für Textdarstellung durch hohe Zeilen- und Bildfrequenz. *Fernsehgerät:* Farbige Wiedergabe von Text, Graphik, Fest- und Bewegtbildern mit der durch die Fernsehnorm limitierten Auflösung.	Farbwiedergabe mit hochauflösenden Elektronenstrahlröhren. Flimmerfreiheit durch neue Ablenk- und Speichertechnik, auch bei Bewegtbildern.	Flache einfarbige Bildschirme nach verschiedenen Prinzipien (Plasma, Elektrolumineszenz, Flüssigkristalle)	Technologie für flache hochauflösende, farbige Bildschirme zur Zeit wirtschaftlich noch nicht verfügbar.
Drucker	– Mechanische Typendrucker bis 50 Zeichen/s und max. etwa 100 verschiedene Druckzeichen – Mech. Matrixdrucker bis 200 Zeichen/s und prakt. unbegrenztem Zeichenvorrat – Nichtmech. Druckverfahren verschiedenster Art, z.T. auf Spezialpapier. Bei Tintenstrahldrucker auch farbige Wiedergabe möglich.	Kombinierte Ausgabe von Text und Graphik mit einer Auflösung bis zu 7,7 Linien/mm auf Normal- oder Spezialpapier	Kombinierte Ausgabe von Text und Graphik auf Normalpapier mit 10…20 Linien/mm und hoher Geschwindigkeit	Ein Druckverfahren für die kostengünstige Wiedergabe von Text und Graphik auf Normalpapier mit hoher Auflösung und Geschwindigkeit ist zur Zeit nicht vorhanden.
Sprachausgabe	Ausgabe eines abgespeicherten begrenzten Wortschatzes mit guter Verständlichkeit. Erzeugung der Sprache elektronisch im Endgerät möglich.	Erweiterung des Wortschatzes, Verbesserung der Natürlichkeit	Weitere Verbreitung auch in einfacheren Teilnehmergeräten. Ausgabe beliebiger, codiert übertragener Texte in gesprochener Form	

Tabelle 3.57 Entwicklung der Technik bei Verarbeitungs- und Speichereinheiten

Funktion	Heutiger Stand	Nahe Zukunft	Tendenz	Bemerkung
Verarbeitung	Integrierte Halbleiter-schaltungen, Mikropro-zessoren mit 8-Bit- und 16-Bit-Wortlänge	32-Bit-Mikroprozessoren mit erhöhter Verarbei-tungsgeschwindigkeit und erweitertem Adreß-raum Mikroprozessorsysteme	Zunehmende Verarbei-tungsleistung im Endgerät	
Nichtarchivierbare Speicher für Text/ Daten/Graphik	Halbleiterspeicher bis 64 kbit/Chip für einige Textseiten	Halbleiterspeicher mit 256 kbit/Chip	Ständige Verringerung der Speicherkosten und des Raumbedarfs	
Archivierbare externe Speicher für Text/Daten/Graphik	Magnetschichtgeräte (Bandkassette, Floppy Disk). Kapazitäten bis einige hundert Textseiten	Erhöhung der Speicher-kapazität bei gleichzeitiger Reduzie-rung des Aufwandes	Verbreitete Verwendung von optischen Speicher-platten mit je etwa 1 Million Textseiten	
Bewegtbildspeicher	Videorecorder mit 4 Std. Aufzeichnungsdauer, Bildplattenspieler nach verschiedenen Verfahren (keine Programmauf-zeichnung durch den Benutzer, Programm wird beim Herstell-prozeß eingeprägt).	Verkleinerung der Video-recorder, Verringerung des Bandverbrauchs. Bildplattenspeicher für Daten und Bilder (Benutzer kann Programme und Daten aufzeichnen).	Eindringen elektroni-scher und elektromagne-tischer Speicher in die Film- und Phototechnik	

3.5.5 Beispiele von Endgeräten

Die folgenden Beispiele sollen mögliche Ausgestaltungen zukünftiger Teilnehmer-endgeräte veranschaulichen. Aus der großen Vielfalt der möglichen Gerätekonfigurationen können dabei nur zwei vorgestellt werden, eine einfache und eine relativ gut ausgestattete.

Die in *Bild* 3.58 gezeigte Endeinrichtung ist beispielsweise für die Nutzungsklassen Bestellen und Reservieren sowie für den Nachrichten- und Informationsabruf geeignet. Die Endeinrichtung besteht aus einem Fernsehgerät, das durch entsprechende einfache Speicher-, Decodier- und Übertragungseinrichtungen ergänzt wurde. Die Eingabe wird mittels einer modifizierten Fernbedienungseinheit vorgenommen, die zur Realisierung der erwähnten Nutzungsarten um die erforderlichen Funktionselemente erweitert werden muß. Naturgemäß sind die Möglichkeiten einer solchen einfachen Endeinrichtung begrenzt und gestatten lediglich relativ einfache Leistungsmerkmale der Dienste sowie einen eingeschränkten Benutzungskomfort.

Fernsehgerät mit Zusatzeinrichtungen

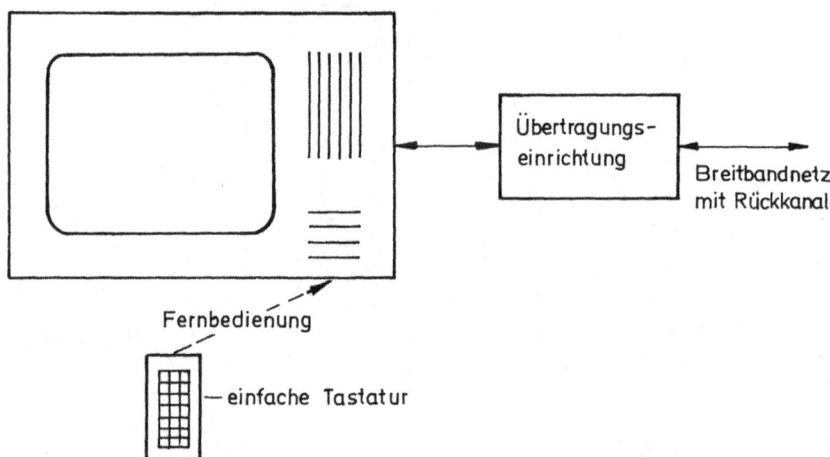

Bild 3.58   Einfache Teilnehmer-Endeinrichtung

Bild 3.59 zeigt demgegenüber eine vollständig ausgestattete Endeinrichtung, die für die gesamte Dienstpalette verwendbar ist. Die Volltastatur bietet wesentlich komfortablere Möglichkeiten für das Bestellen, Reservieren und den Informationsabruf als die einfache Tastatur im obigen Beispiel. Bildschirm und Fernsehkamera erlauben über breitbandige Übertragungskanäle sowohl in Vorwärts- als auch in Rückrichtung die Übertragung bewegter Bilder. Außerdem sind Anschlußmöglichkeiten für Sensoren und Aktoren zum Fernmessen und Fernsteuern vorgesehen. Über den Drucker können Belege sowie Kopien von Text- und Graphikseiten angefertigt werden. Der Bildabtaster ermöglicht die Eingabe von Festbildern.

Besonders zweckmäßig sind Gerätekonfigurationen, die modular erweitert werden können. So kann man bei den Endgeräten auch zu einer Gliederung nach Ausbaustufen kommen, die mit zunehmender Einsatzbreite beispielsweise in folgender Form erfolgen könnte, wobei jede folgende Stufe die vorhergehende umfaßt:

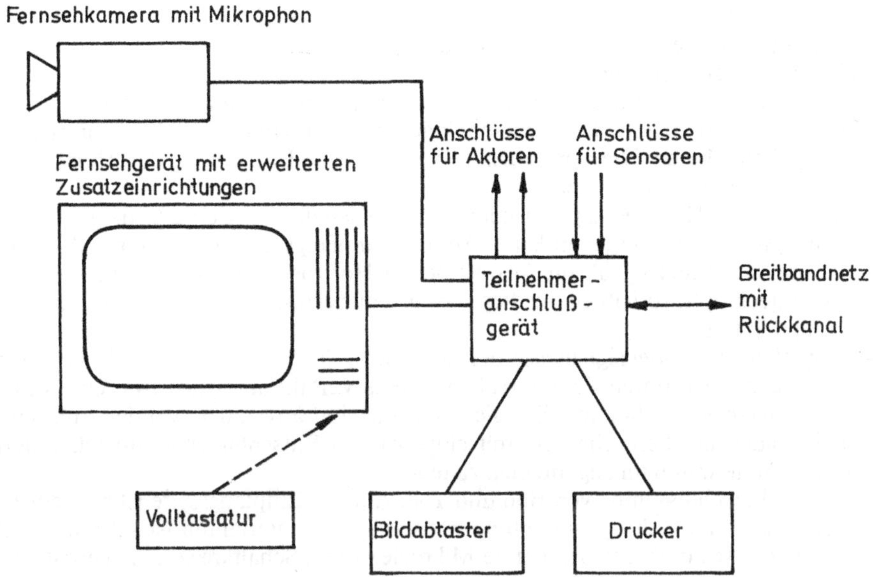

Fernsehkamera mit Mikrophon

Fernsehgerät mit erweiterten
Zusatzeinrichtungen

Anschlüsse
für Aktoren

Anschlüsse
für Sensoren

Teilnehmer-
anschluß-
gerät

Breitbandnetz
mit
Rückkanal

Volltastatur

Bildabtaster

Drucker

Bild 3.59   Vollständig ausgestattete Endeinrichtung

- Fernsehgerät mit Empfangsmöglichkeit für Standard- und Sonderkanäle (BK-Tuner)
- Erweiterung um eine Fernbedienungstastatur und eine Decodiereinrichtung für Videotext und Kabeltext
- Erweiterung auf Bildschirmtext und Kabeltext-Abruf
- Erweiterung der Tastatur auf vollen Zeichenvorrat (Alphabet, Zahlen, Symbole)
- Erweiterung um einen Druckerzusatz
- Erweiterung durch Festbildspeicher und andere Speicher
- Erweiterung durch eine Farbbildkamera
- Erweiterung um einen Bildabtaster.

3.5.6 Pay-TV (Fernsehen gegen zusätzliches Entgelt)

Wenn bestimmte Fernsehprogramme nur gegen eine Zusatzgebühr zugänglich sein sollen, sind besondere Einrichtungen zum Prüfen der Zugangsberechtigung und zum Erfassen der Gebühren erforderlich /199/. Man unterscheidet zwei Kategorien:

- Abonnement-Fernsehen (Pay per Channel)
- Einzelentgelt-Fernsehen (Pay per Program).

Um in Systemen ohne Rückkanal den unberechtigten Zugriff zu Pay-TV-Sendungen zu verhindern, sind folgende Verfahren bekannt:
- Aussperren des gebührenpflichtigen Kanals für Nichtabonnenten durch Sperrfilter (negative trap) in plombierten Abzweigeinrichtungen, deren Sperre vom Betriebspersonal entfernt wird, wenn der Teilnehmer abonniert. Dies ist eine sehr einfache Maßnahme, die aber wegen der Unvollkommenheiten des Sperrfilters (Bandbreite) die Bildqualität der Nachbarkanäle beeinträchtigen kann.
- Zusatz eines Störsignals (positive trap) im gebührenpflichtigen Kanal bei gleichzeitigem Aussenden des Störsignals als Pilotsignal in einem freien Frequenzbereich des Kanals. Das Zusatzgerät beim Teilnehmer empfängt das Pilotsignal und kompensiert

damit das Störsignal im gebührenpflichtigen Kanal. Auch hier kann die Bildqualität beeinträchtigt werden; außerdem ist der Selbstbau einer entsprechenden Zusatzeinrichtung leicht möglich.

- Aussenden der gebührenpflichtigen Programme in Frequenzbereichen oder mit Modulationsarten, die Standardempfänger nur mit Hilfe spezieller Vorsatzgeräte verarbeiten können. Die Vorsatzgeräte werden gegen Entrichtung der Abonnementgebühr zur Verfügung gestellt.
- Absenken des Horizontalsynchronimpulses, so daß das Fernsehgerät die Bilder nicht mehr synchron wiedergeben kann. Auf der Empfangsseite wird in einer Zusatzeinrichtung das Zeilensignal mit Ausnahme der Horizontalaustastlücke um denselben Faktor gedämpft, so daß ein im Pegel zwar reduziertes, aber unverzerrtes Signal zur Verfügung steht.
- Verwürfeln des Videosignals auf der Sendeseite durch Umpolen der Modulationsrichtung in bestimmten Zeitintervallen. Dieses Verfahren erlaubt zwar eine klassifizierte Zugangsberechtigung, läßt sich aber nur dort anwenden, wo der Anlagenbetreiber auch die Fernsehgeräte mit eingebautem Entschlüßler vermietet. Externe Zusatzgeräte wären im allgemeinen zu teuer.
- Digitale Verschlüsselung von Bild und Ton. Auf der Empfangsseite ist eine entsprechende Entschlüsselungseinrichtung notwendig. Das Verfahren ist sehr aufwendig und wird erst durch entsprechende Mikroelektronik-Schaltkreise eine gewisse Verbreitung finden.
- Fernsteuerbare Vorfeldeinrichtungen (addressable taps), an die die Teilnehmer sternförmig angeschlossen sind (Mini-Stern). Von der Zentrale des Verteilnetzes aus können die Teilnehmerleitungen durch geeignete Codes ferngesteuert an- bzw. abgeschaltet werden. Dabei kann durch Frequenzumsetzung und weitere Maßnahmen programmgesteuert erreicht werden, daß die einzelnen Teilnehmer nur diejenigen Programmkombinationen (tiers) empfangen, die sie bestellt haben. Eine derartige Vorfeldeinrichtung ist auf Grund ihrer elektronischen Steuerung leicht an die sich ändernden Wünsche der Teilnehmer anzupassen.

Generell ist zu sagen, daß die speziellen Teilnehmerzusätze möglichst kostengünstig sein müssen, damit sie nur unwesentlich in die Gebührenstruktur eingehen. Um einen unberechtigten Nachbau zu verhindern, behandeln viele Gerätehersteller und Anlagenbetreiber ihr Verfahren vertraulich und versehen teilweise die Zusätze mit Selbstzerstörungsmechanismen für den Fall des unbefugten Öffnens.

Bei Systemen mit Rückkanal ist die Realisierung und Erfassung der Teilnehmerwünsche und Gebühreninformationen wesentlich einfacher. Hierbei wird der ausgewählte Kanal für den Teilnehmer ferngesteuert durchgeschaltet, entweder durch die Zentrale – aufgrund der Anforderungen – oder interaktiv direkt durch die Fernbedienung bei gleichzeitiger Meldung der Einstellung an die Zentrale. Die Zentrale stellt den vom Teilnehmer eingeschalteten Kanal fest und leitet daraus die Gebührenrechnung ab. Im ersten Fall ist vor der Durchschaltung noch eine Berechtigungsprüfung möglich.

3.6 Die Zentrale in Breitbandkommunikationssystemen mit Rückkanälen

3.6.1 Gesamtausstattung einer Zentrale für interaktive Breitbandkommunikation (IBK)

Eine Zentrale in einer Breitbandkommunikationsanlage, die auch interaktiv genutzt werden kann, versorgt die angeschlossenen Teilnehmer mit Ton- und Fernsehrundfunkprogrammen, mit Textverteildiensten – wie z. B. Kabeltext – und einer Vielzahl von

interaktiven Diensten. *Bild* 3.60 zeigt schematisch die typische Ausstattung einer der-
artigen Zentrale /6/, deren Systemeinheiten sich sehr vereinfacht vier Bereichen zu-
ordnen lassen:
- Informationszentrale für Verteildienste
- Informationszentrale für interaktive Dienste
- Netzzentrale
- Überwachungs- und Steuerungseinrichtungen.

Die *Informationszentrale für Verteildienste* übernimmt die Versorgung der Teilnehmer
mit Ton- und Fernsehrundfunkprogrammen, zeitlich versetzt ausgesendeten Programmen, Pay-TV und lokalen Programmen. Dazu ist eine Rundfunkempfangsstelle erforderlich, die durch Empfangseinrichtungen für solche Programme erweitert sein kann, die
über Satelliten ausgestrahlt oder über Richtfunk bzw. Kabel zugeführt werden. Teile
der Empfangsstelle können sich auch an Orten außerhalb der Zentrale befinden, die
günstigere Empfangsverhältnisse gewährleisten. Das lokale Studio verfügt über Einrichtungen zur Produktion einfacher Programme bis hin zur Gestaltung interaktiver
Live-Programme.

An Textverteildiensten ist neben Videotext auch Kabeltext vorgesehen. Das Kabeltext-
Laufsystem bietet beispielsweise 2000 ... 10 000 periodisch ausgesendete Informations-

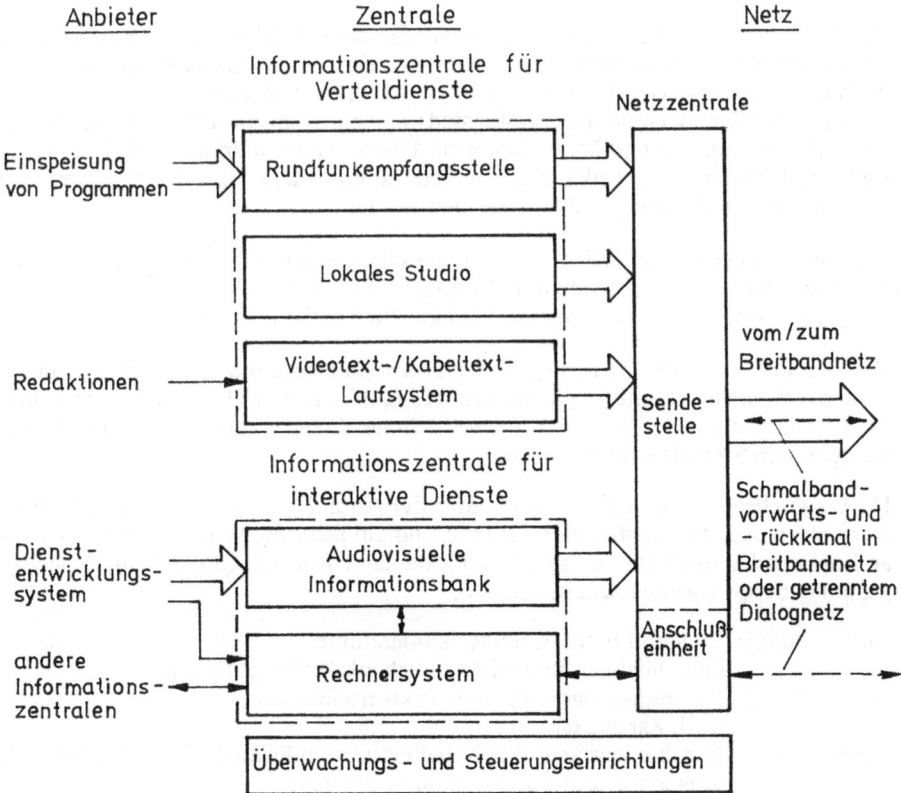

Bild 3.60 Blockschaltbild einer Zentrale für interaktive Breitbandkommunikation

seiten an, wobei das Angebot ständig per Datenfernübertragung durch die Informations-anbieter aktualisiert werden kann.

Die *Informationszentrale für interaktive Dienste* besteht aus dem Rechnersystem zum gleichzeitigen Abwickeln von Dialogdiensten mit vielen Teilnehmern sowie aus der audiovisuellen Informationsbank. Das Rechnersystem unterstützt den Teilnehmer bei der Auswahl und Abwicklung des Dienstes und stellt die vom Teilnehmer gewünschten Informationen zusammen. Die audiovisuelle Informationsbank speichert die gesamte vorformatierte Ton-, Festbild- und Film-Information, die in den Diensten angeboten wird. Die Aktivierung der Information und ihre Durchschaltung zum Teilnehmer veranlaßt jeweils das Rechnersystem.

Die interaktiven Dienste werden von Dienstanbietern bzw. Autoren mit Hilfe eines Dienstentwicklungssystems erstellt und zusammen mit dem zugehörigen audiovisuellen Material in die Informationszentrale eingebracht.

Die *Netzzentrale* besteht im wesentlichen aus der Sendestelle für breitbandige Signale und aus der Anschlußeinheit für schmalbandige Signale. Die Sendestelle bereitet die Ton- und Fernsehprogramme sowie andere breitbandige Informationen auf und speist sie in das Teilnehmernetz ein. Sendeeinrichtungen sind darüber hinaus notwendig, um eigene Programme oder Informationen über Richtfunk oder Kabel an andere Zentralen weiterzugeben.

Die Anschlußeinheit bildet die Schnittstelle für die schmalbandigen Dialoginformationen zwischen dem Rechnersystem und den Teilnehmer-Dialogkanälen. Sie ordnet die Nachrichten jeweils den richtigen Teilnehmern bzw. in Rückrichtung den einzelnen Einheiten des Rechnersystems zu. Dafür sind unter anderem eine Zwischenspeicherung der Dialogtelegramme und Maßnahmen zur Überlastabwehr erforderlich. Die Dialog-kanäle selbst können entweder in einem getrennten Netz, z. B. dem Fernsprechnetz, oder integriert in das Breitbandnetz realisiert werden.

Falls für einen begrenzten Teilnehmerkreis, beispielsweise für Kommunikationszentren, Breitband-Rückkanäle vorgesehen sind, enthält die Netzzentrale zusätzliche Empfangs-und gegebenenfalls Vermittlungseinrichtungen für breitbandige Signale.

Die *Überwachungs- und Steuerungseinrichtungen* sind notwendig, um den Systemzustand zu erkennen und eine Möglichkeit zum Eingriff zu haben. Durch die Überwachung der einzelnen Einheiten soll eine möglichst hohe Zuverlässigkeit und Verfügbarkeit des gesamten Systems erreicht werden.

Die vorgeschlagene Struktur gestattet einen der Anzahl der angeschlossenen Teilnehmer entsprechenden Ausbau der Zentrale und ein schrittweise gesteigertes Angebot an Rückkanaldiensten (bei entsprechend modularer Konzeption der Teilnehmerendgeräte) in beispielsweise folgenden Stufen:

Ausbaustufe 1: Ton- und Fernsehrundfunkprogramme
                (einschließlich zusätzlicher, auch lokaler Programme);
Ausbaustufe 2: Rundfunkprogramme plus Textverteildienste
                (z. B. Kabeltext);
Ausbaustufe 3: Rundfunkprogramme, Kabeltext plus individuelle Ton- und Fernseh-programme mit Vorbestellung/Wartezeit;
Ausbaustufe 4: Rundfunkprogramme, Kabeltext plus einfache und anspruchsvolle interaktive Dienste (in mehreren Systemvarianten).

Im folgenden werden zunächst der Ablauf eines interaktiven Dialogs und die daraus an die Zentrale gestellten Anforderungen beschrieben. Anschließend werden die Einrichtungen einer Zentrale, die diese Dienste unter Verwendung von Rückkanälen ermöglicht, näher erläutert.

3.6.2 Ablauf von interaktiven Diensten

Zunächst soll der Ablauf eines Teilnehmerdialogs bei interaktiver Breitbandkommunikation (IBK) in Analogie zum Fernsprechdialog veranschaulicht werden:

Interaktive Breitbandkommunikation	Fernsprechen
Teilnehmer wünscht Verbindung (Einschalten, IBK-Taste drücken)	Teilnehmer wünscht Verbindung (Hörer abnehmen)
Ausgeben des Grunddienstes (Verzeichnis der Dienste)	Senden des Wähltons
Teilnehmer wählt gewünschten Dienst	Teilnehmer wählt Rufnummer des gewünschten Partners
Zentrale prüft Verfügbarkeit des gewünschten Dienstes	Zentrale prüft Erreichbarkeit des gewünschten Partners
Bereitstellen des Dienstes	Herstellen der Verbindung
Dialog mit der oder über die Zentrale	Ferngespräch mit Partner
Beenden des Dialogs durch Teilnehmer oder Zentrale	Beenden des Ferngesprächs durch Teilnehmer oder Partner (Hörer auflegen)
Gebühren erfassen und dem Teilnehmer anzeigen	Gebühren erfassen
Abbauen der Verbindung	Abbauen der Verbindung

Trotz eines ähnlichen Ablaufschemas unterscheidet sich die interaktive Breitbandkommunikation doch in folgenden wesentlichen Punkten vom Fernsprechen:
- im Mensch-Maschine-Dialog, der von der Zentrale oder dem Teilnehmer geführt wird,
- im Bereitstellen von Informationen und Diensten durch die Zentrale und
- im Verwenden von alphagraphischer Information, von Ton, Festbildern und Filmsequenzen sowie von Kombinationen hieraus.

Die Arbeitsweise der Informationszentrale aus der Sicht des Teilnehmers soll beispielhaft am Ablauf von zwei typischen Diensten skizziert werden, nämlich einem alphagraphischen Dienst und einem audiovisuellen Dienst:
- Beim alphagraphischen Dienst werden – wie bei Bildschirmtext – dem Teilnehmer nur Zeichen und Graphiken dargeboten. Dazu genügt ein Teilnehmer-Dialognetz und ein Rechnersystem mit dazugehörigen Informationsspeichern. Wie *Bild* 3.61 zeigt, kann der Teilnehmer seine Wünsche mit einer tastaturgesteuerten Lichtmarke

Eingaben des Teilnehmers	Bildschirm, Drucker	Bemerkungen

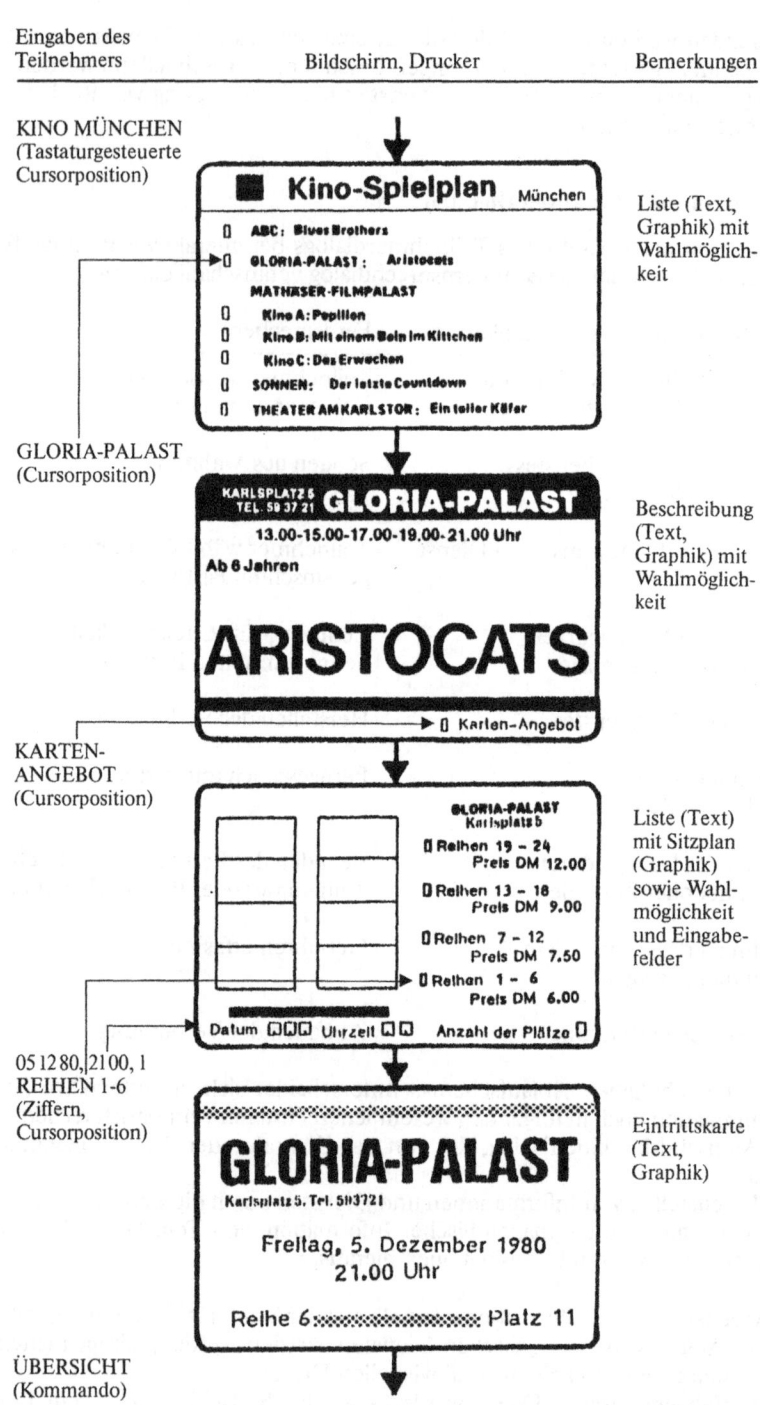

KINO MÜNCHEN
(Tastaturgesteuerte Cursorposition)

Liste (Text, Graphik) mit Wahlmöglichkeit

GLORIA-PALAST
(Cursorposition)

Beschreibung (Text, Graphik) mit Wahlmöglichkeit

KARTEN-ANGEBOT
(Cursorposition)

Liste (Text) mit Sitzplan (Graphik) sowie Wahlmöglichkeit und Eingabefelder

05 12 80, 21 00, 1
REIHEN 1-6
(Ziffern, Cursorposition)

Eintrittskarte (Text, Graphik)

ÜBERSICHT
(Kommando)

Bild 3.61 Beispiel für den Ablauf eines alphagraphischen Dienstes

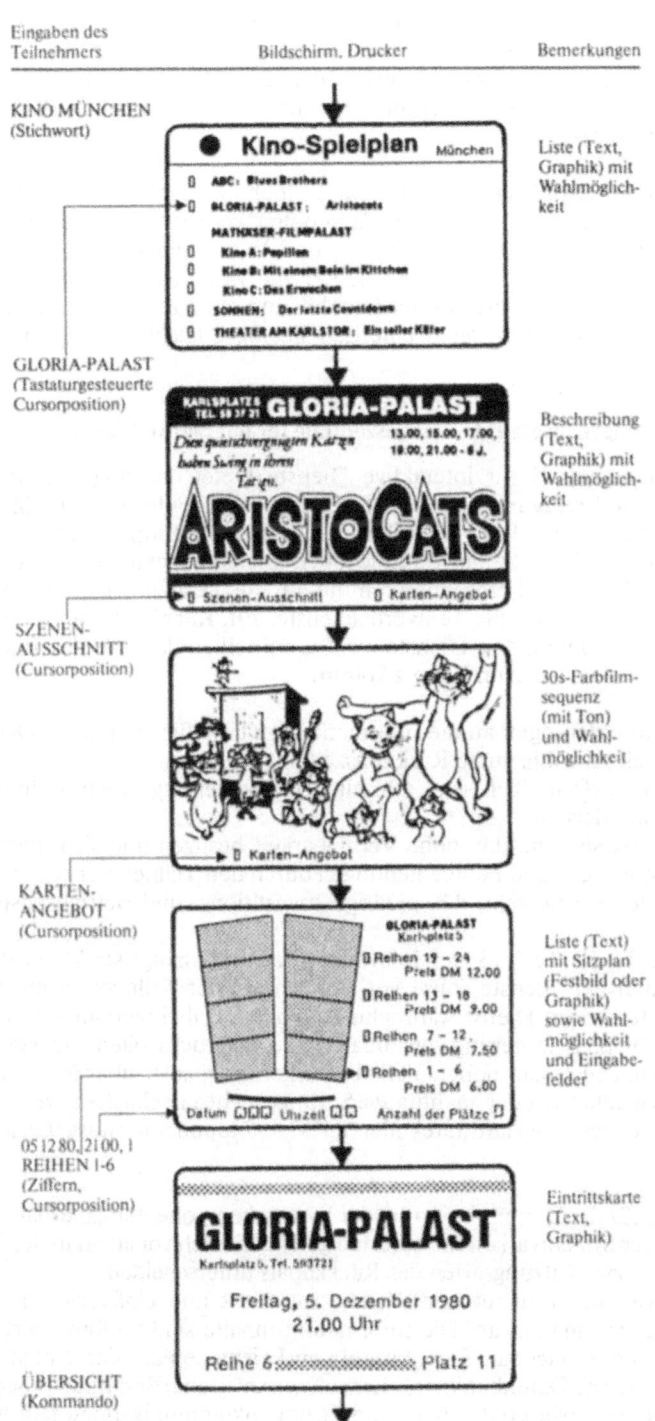

| Eingaben des Teilnehmers | Bildschirm, Drucker | Bemerkungen |

KINO MÜNCHEN
(Stichwort)

Liste (Text, Graphik) mit Wahlmöglichkeit

GLORIA-PALAST
(Tastaturgesteuerte Cursorposition)

Beschreibung (Text, Graphik) mit Wahlmöglichkeit

SZENEN-
AUSSCHNITT
(Cursorposition)

30s-Farbfilm-sequenz (mit Ton) und Wahl-möglichkeit

KARTEN-
ANGEBOT
(Cursorposition)

Liste (Text) mit Sitzplan (Festbild oder Graphik) sowie Wahl-möglichkeit und Eingabe-felder

05 12 80, 21 00, 1
REIHEN 1-6
(Ziffern, Cursorposition)

Eintrittskarte (Text, Graphik)

ÜBERSICHT
(Kommando)

Bild 3.62 Beispiel für den Ablauf eines audiovisuellen Dienstes

(Cursor), mit Kommandotasten oder durch Eingabe von Ziffern äußern (linke Spalte in *Bild* 3.61). Die jeweils damit korrespondierenden Ausgaben des IBK-Systems auf dem Bildschirm bzw. dem Drucker der Teilnehmerendeinrichtung sind mit erläuternden Bemerkungen in der mittleren und rechten Spalte von *Bild* 3.61 vereinfacht wiedergegeben.

- Beim audiovisuellen Dienst können dem Teilnehmer darüber hinaus Toninformationen, Festbilder und Filmsequenzen dargeboten werden, wofür zusätzlich ein Breitbandnetz, sowie in der Zentrale Speicher und Wiedergabegeräte für audiovisuelle Informationen nötig sind. *Bild* 3.62 deutet die erweiterten Gestaltungsmöglichkeiten eines Dialogs mit verbesserter Graphik und mit audiovisueller Unterstützung an. Der Teilnehmer kann dabei eine den Dialog erleichternde Stichworteingabe nutzen.

3.6.3 Anforderungen an die Informationszentrale für interaktive Dienste

Die Informationszentrale für interaktive Dienste bietet den angeschlossenen Teilnehmern die zur Verfügung stehende Palette der Dialogdienste einschließlich des Abrufs individueller Ton-, Bild- und Filmsequenzen an und sorgt dafür, daß möglichst viele Teilnehmer gleichzeitig die verschiedenen Dienste effektiv nutzen können. Die Verteilung der Ton- und Fernsehprogramme an alle Teilnehmer nach einem festen Zeitplan (Rundfunk) sowie die Textverteildienste, z.B. Kabeltext, berühren die Informationszentrale für interaktive Dienste nicht unmittelbar, da dafür die Informationszentrale für Verteildienste zum Einsatz kommt.

Wesentliche Anforderungen an die Informationszentrale für interaktive Dienste sind:
- sie muß schnell sein, d.h. kurze Reaktionszeiten aufweisen;
- sie muß benutzerfreundlich sein, d.h. einfache Bedienung durch Teilnehmer und Betreiber gewährleisten;
- sie muß zuverlässig sein, d.h. hohe Verfügbarkeit besitzen und sich unempfindlich gegenüber Störungen und Fehlbedienungen durch den Teilnehmer zeigen;
- sie muß kostengünstig sein, d.h. niedrige Investitions- und Betriebskosten haben.

Der Aufwand für die Technik der Informationszentrale hängt stark von der Anzahl und Komplexität der Dienste sowie von der Anzahl der Teilnehmer ab, die gleichzeitig einen interaktiven Dienst wahrnehmen wollen. Dabei wird angestrebt, daß das System durch bloße Erweiterung von einfachen zu anspruchsvollen Diensten oder von einem geringeren zu einem hohen Verkehrsaufkommen ausbaubar ist. Es lassen sich hierbei jedoch qualitative oder quantitative Sprünge nicht ausschließen, weil gegebenenfalls bis dahin verwendete Hardware- oder Softwarekomponenten ausgetauscht werden müssen.

Um eine Basis für die Dimensionierung der Systemkomponenten zu erhalten, werden nachstehend vier Systemvarianten zugrunde gelegt, die sich vor allem in der Komplexität der Dienste bzw. Nutzungsarten des Rückkanals unterscheiden:
- Die Systemvariante 1 bietet nur Dienste mit Text und einfacher Graphik ohne audiovisuelle Information an. Die Informationsinhalte sind vorformatiert und über einen Suchbaum erreichbar. Eine Anzahl von Leistungen aus den Nutzungsklassen »Zugriff auf externe Datenbanken«, »Lernen«, »Anleitung/Beratung«, »Schreib- und Bürotätigkeiten« sowie »Individual- und Gruppenkommunikation« fällt wegen der fehlenden Flexibilität des Suchbaums und wegen eingeschränkter Ein-/Ausgabemodalitäten weg. Das Nutzungsangebot entspricht in etwa »Bildschirmtext«, garan-

tiert aber bei Verwendung des BK-Baumnetzes einen geringeren Grad an Vertraulichkeit der Übertragung.

- Die Systemvariante 2 verbessert die Dienste mit Suchbaum dadurch, daß in begrenztem Rahmen durch Stichworteingaben Sprünge, d.h. Querverzweigungen, möglich sind. Damit lassen sich gegenüber der Variante 1 zusätzliche Nutzungsarten realisieren, bei denen der reine Suchbaum zu schwerfällig ist. Der Teilnehmer benötigt gegenüber der Systemvariante 1 eine Volltastatur.

- Die Systemvariante 3 stellt gegenüber Variante 2 zusätzliche Nutzungsarten mit Sprache, Musik, Festbild und Bewegtbild zur Verfügung (vergleiche *Bild* 3.62).

- Die Systemvariante 4 bietet schließlich das volle Dienstspektrum entsprechend Kapitel 2 an. Zu den Nutzungsarten der Systemvariante 3 kommen vor allem solche hinzu, die eine Stichwortverknüpfung durchführen und zum Teil freie Texteingabe

Tabelle 3.63 Anforderungen der vier Systemvarianten an die Ausstattung von Zentrale, Endgeräten und Übertragungsnetz

	Anforderung	Systemvariante			
		1	2	3	4
Zentrale	Verarbeitungsintelligenz	gering	mittel	mittel	hoch
Teilnehmerendgerät	Ausgabemodalität: a) Text, Graphik, Schaltsignale	X	X	X	X
	b) Dialogton, Festbild, Bewegtbild			X	X
	Eingabemodalität: a) Ziffern, Cursorpositionen, Meßwerte	X	X	X	X
	b) Kommandos, Stichworte, einfache Graphik		X	X	X
	c) Stichwortverknüpfung, freie Texte				X
	d) Ton, Festbild, Bewegtbild				X
Netz	Übertragung: a) Vertraulichkeit der Nachricht	gering	mittel	mittel	hoch
	b) Schmalbandiger Hin- und Rückkanal	X	X	X	X
	c) Breitbandiger Hinkanal			X	X
	d) Breitbandiger Rückkanal				X

X = wird benötigt

erlauben. Die Systemantworten in diesen Nutzungsarten müssen nicht vorformatiert sein, sondern können generiert werden und reagieren adaptiv auf das Teilnehmerverhalten. Außerdem erlauben einige Nutzungsarten den Teilnehmern, nicht nur allein mit dem System, sondern auch miteinander zu kommunizieren.

In *Tabelle* 3.63 sind die Anforderungen der vier Systemvarianten an die Ausstattung der Zentrale, der Endgeräte und des Übertragungsnetzes, gegliedert nach den in Kapitel 2 eingeführten Nutzungsklassen, beispielhaft aufgezeigt. Der für eine Informationszentrale für interaktive Dienste notwendige Aufwand ist wegen der vielen Einflußgrößen schwierig festzulegen. Das Heinrich-Hertz-Institut in Berlin hat auf Grund eines Forschungsprojekts hierzu Schätzwerte erarbeitet /222/, die sich in einem System mit 10 000 Teilnehmeranschlüssen für die in Unterkapitel 2.3 genannten Nutzungsklassen 1 bis 9 ergeben haben. Diese Schätzwerte betreffen für die angenommene Anzahl von Diensten den Speicherbedarf, die Rechenleistung, die Interaktionsrate, die Zahl der Steuerbefehle, die Datenströme am Ein- und Ausgang sowie die Reaktionszeiten des Systems. Einfachere Systeme stellen selbstverständlich geringere Anforderungen an eine derartige Zentrale.

3.6.4 Das Rechnersystem für die interaktive Informationszentrale

Das Rechnersystem muß die teilnehmerbezogenen und die dienstbezogenen Funktionen erfüllen und außerdem den Betrieb und die Steuerung der Informationszentrale sicherstellen.

Zu den *teilnehmerbezogenen* Funktionen gehören:
- die Verwaltung von Teilnehmern und Dienstanbietern, z.B. das Führen von Teilnehmerdaten, die Vergabe von Berechtigungen und Paßwörtern, sowie das Sammeln und Abrechnen der Teilnehmergebühren;
- die Kommunikationssteuerung, der die Kontrolle für die Zugangs- und Abgangsprozedur sowie für den Dialog mit dem Benutzer und die Kontrolle für den Nachrichtenaustausch mit dem dienstbezogenen Funktionskomplex und mit externen Rechnern obliegt. Funktionen der Kommunikationssteuerung sind unter anderem:

- Erkennen von Nutzungswünschen der Teilnehmer
- Ausgeben eines »Besetzt«-Bildes (eine Maßnahme der Überlastabwehr)
- Identifizierung und Berechtigungsprüfung des Teilnehmers
- Hinweise zu Mitteilungen, vorbestellten Diensten usw.
- Ausgeben des Verzeichnisses der angebotenen Dienste
- Analyse und (Vor-)Verarbeitung von Teilnehmereingaben
- Fehlermeldungen/Bedienungshinweise, Übersichtsinformationen, Beratung
- Vermitteln/Durchschalten zu externen Rechnern, z.B. anderen Informationszentralen für interaktive Dienste, Dienstanbietern, Datenbanken
- Beenden/Abbrechen des Dialogs durch den Teilnehmer oder die Zentrale, z.B. bei Zeitüberschreitungen
- Ausgeben von Nutzungsdauer und von Gebühren.

Zu den *dienstbezogenen* Funktionen gehören:
- das Abwickeln der Dienste
- das Einbringen oder Ändern von Diensten und Informationen
- das Verwalten von Diensten.

Bei den interaktiven Diensten handelt es sich - technisch gesehen - um eine vom Teilnehmer steuerbare Folge von alphanumerischen, graphischen, audiovisuellen oder

129

kombinierten Informationseinheiten bzw., noch abstrakter, um komplexe EDV-Programme mit zugehörigen Daten und audiovisuellem Material.

Das Abwickeln der Dienste folgt der logischen Dienststruktur. Diese Ablaufstruktur ist mit dem Dienstprogramm festgelegt. Der tatsächliche Ablauf läßt sich durch den Teilnehmer beeinflussen. So kann einerseits der Teilnehmer innerhalb des Dienstes vorwärtsblättern oder bei Bedarf springen. Zum anderen kann sich der Dienstablauf an das qualitative Verhalten des Teilnehmers anpassen, wenn dies vom Autor vorgesehen wurde, beispielsweise bei Lehrprogrammen.

Die Realisierung eines typischen Rechnersystems für den Vollausbau entsprechend den Systemvarianten 3 und 4 erfordert, wie *Bild* 3.64 zeigt, Prozessoren für die Funktionsgruppen »Teilnehmer«, »Dienste« sowie »Betrieb und Steuerung«. Dabei kann jede Funktionsgruppe einen oder mehrere Rechner umfassen, die Zugriff zu Informationsspeichern für »Teilnehmerdaten« bzw. »Dienstprogramme und Informationen« haben. Darüberhinaus sind Einrichtungen erforderlich, die die Schnittstellen zu den Netzen bilden.

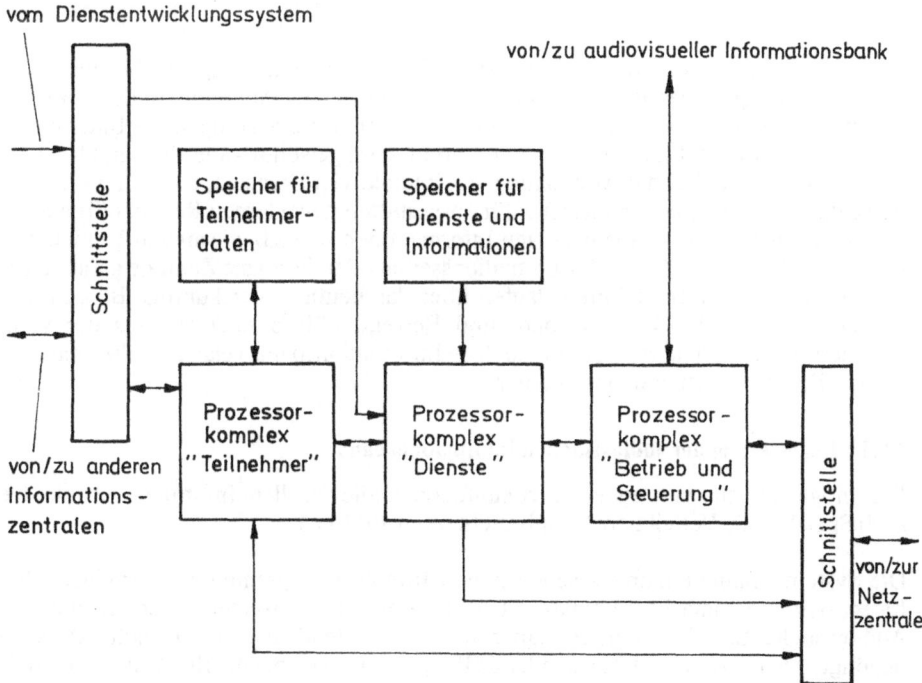

Bild 3.64   Konfiguration des Rechnersystems einer Informationszentrale für interaktive Dienste

Der Prozessorkomplex »Teilnehmer«, der hohe Interaktionsraten zu bewältigen hat, steuert den Teilnehmerverkehr, verteilt die empfangenen Teilnehmer-Dialogschritte nach Vorverarbeitung auf die Prozessoren des Dienstkomplexes und sorgt durch Auswertung der im Dienstkomplex gemessenen Daten für eine gleichmäßige Auslastung der einzelnen Rechner. Bei Bedarf übernimmt der Teilnehmerkomplex das Vermitteln und Durchschalten zu externen Rechnern und Datenbanken.

Im Prozessorkomplex »Dienste« laufen die Dialogdienste ab. Dieser Dienstkomplex kann aus mehreren Rechnern bestehen, die untereinander und mit dem Teilnehmerkomplex durch schnelle Rechnerkopplungen verbunden sind. Ebenso ist jeder Rechner des Dienstkomplexes mit dem Betriebs- und Steuerungskomplex gekoppelt. Der Dienstkomplex ist gekennzeichnet durch viele parallel laufende Prozesse, durch großen Speicherausbau und häufigen Zugriff auf Hintergrundspeicher.

Der Prozessorkomplex »Betrieb und Steuerung« ist sowohl für den Betrieb der Informationszentrale (einschließlich der wirtschaftlichen Verwaltung der Geräte) als auch für das logische Steuern der audiovisuellen Informationsbank und der vermittelbaren Breitbandkanäle zuständig. Daneben kann der Komplex unter anderem Fernwirkaufgaben beim Teilnehmer durchführen.

Durch die Aufteilung in die verschiedenen Prozessorkomplexe und eine modulare Struktur von Hardware und Software kann das Rechnersystem flexibel an die Breite des Dienstspektrums und die Belastung durch die Anzahl der aktiven Teilnehmer angepaßt werden. Eine derartige Anordnung begünstigt die Realisierung von interaktiven Breitbandkommunikationssystemen in mehreren Ausbaustufen und Systemvarianten.

Eine technisch, organisatorisch und wirtschaftlich besonders geeignete Lösung kann die Ankopplung dieses Rechnersystems als »Externer Rechner« an Bildschirmtextzentralen sein, da sie weitgehend auf den entstehenden Vorleistungen des Bildschirmtextsystems aufbaut. Bildschirmtext übernimmt – wie gewohnt – alle alphagraphischen Dienste, delegiert aber die Abwicklung von interaktiven Diensten, die Ton, Fest- und Bewegtbilder benötigen, an diesen dafür ausgestatteten »Externen Rechner für audiovisuelle Dienste«. Die schmalbandigen Informationen, wie z.B. die an den Teilnehmer gerichteten Text- oder Graphik-Informationsseiten oder die an die Zentrale gerichteten Anforderungen des Teilnehmers, laufen über das heutige oder künftige Bildschirmtext-Dialognetz. Die Ton-, Festbild- und Bewegtbild-Informationen aus der vom Rechnersystem gesteuerten audiovisuellen Informationsbank gelangen über das getrennte Breitbandnetz zum Teilnehmer.

3.6.5 Realisierung der audiovisuellen Informationsbank

Die mögliche Ausstattung einer zukünftigen audiovisuellen Informationsbank, die auch Speicher für Verteildienste einbezieht, zeigt *Bild 3.65*.

Die Systemvarianten 1 und 2 sehen neben Rundfunkprogrammen unterschiedlicher Kategorien nur einfache interaktive Dienste ohne audiovisuelle Unterstützung vor. Audiovisuelle Speicher werden daher nur für Verteildienste im Rundfunkbereich benötigt, d.h. für zeitversetzt zu sendende Programme, die über die Rundfunkempfangsstelle aufgenommen wurden, für Pay-TV und für lokal eingebrachte Tonprogramme, Tonbildschauen und Filme. Der Tonspeicher verwendet beispielsweise Tonbandgeräte, die durch das Rechnersystem steuerbar sind. Ein Operator wechselt bei Bedarf die Tonbänder. Der Festbildspeicher besteht aus einem oder mehreren Diaabtastern, die ein Dia oder eine Diafolge, rechnergesteuert, in ein Videosignal umwandeln. Auch hier legt der Operator gegebenenfalls eine neue Diafolge ein. Der Bewegtbildspeicher schließlich wird mit Video-Magnetbandgeräten (z.B. mit 3/4- oder 1-Zoll-Geräten) aufgebaut. Die Funktionen »Aufnahme«, »Wiedergabe«, »Start« etc. steuert der Rechner. Den Kassetten- bzw. Bandwechsel führt der Operator durch. Die Anzahl der benötigten Geräte richtet sich selbstverständlich nach der Anzahl der gleichzeitig auszusen-

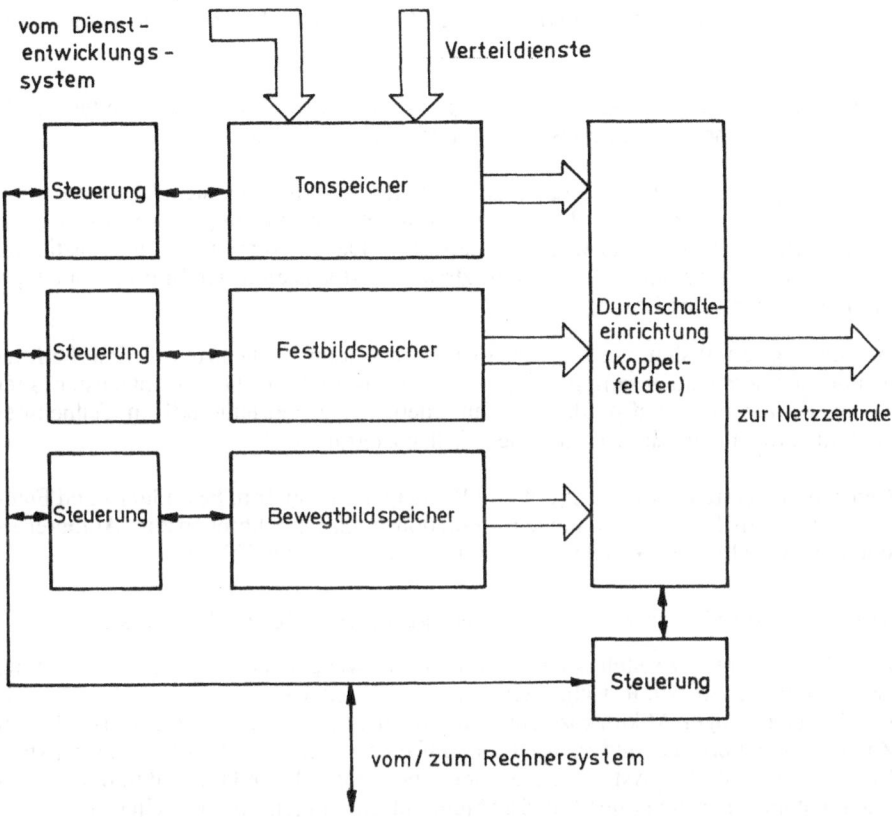

Bild 3.65   Prinzipbild einer audiovisuellen Informationsbank

denden Programme. Im Zuge der weiteren Entwicklung der Speichertechnologie werden mehr und mehr digitale Ton- und Bildspeicher zum Einsatz gelangen.

Die Systemvarianten 3 und 4 bieten gegenüber den Varianten 1 und 2 zusätzliche interaktive Dienste an, d.h. die Informationsbank muß um Komponenten ergänzt werden, die auch den schnellen und gezielten Zugriff auf audiovisuelle Informationen erlauben. Zu deren Speicherung stehen Magnetbandsysteme, Magnetplattensysteme, Filmab-taster, Halbleiterspeicher und in naher Zukunft Videoplattensysteme zur Verfügung, wobei jedes dieser Verfahren seine spezifischen Vor- und Nachteile besitzt.

Magnetbandsysteme gestatten große Speicherkapazitäten, weisen aber in der Regel sehr lange Zugriffszeiten auf. Aufgrund des verwendeten Abtastverfahrens sind evtl. unbefriedigende Verfügbarkeitszeiten zu erwarten. Bei analoger Aufzeichnung von Festbildern mit Geräten der unteren und mittleren Preisklasse können unzulässig große Qualitätsmängel bei der Wiedergabe auftreten.

Magnetplattensysteme, wie sie bei Computern verwendet werden, verfügen über eine für viele Anwendungen zu geringe Speicherkapazität, so daß sie zumindest für Bewegt-bildspeicherung nicht in Frage kommen.

Film als Speichermedium hat für Bewegtbilder bezüglich der Zugriffszeit die gleichen Nachteile wie die Magnetbandaufzeichnung. Bei Dias und Mikrofiches zur Festbildspeicherung zählen ebenfalls die relativ lange Zugriffszeit und die aufwendige Mechanik als Nachteile.

Halbleiterspeicher sind heute aus Kapazitäts-, Kosten- und Volumengründen für die Speicherung großer Informationsmengen noch nicht voll geeignet.

Besonders geeignet scheinen Videoplattensysteme zu sein, da sie sich durch sehr hohe Speicherdichten auszeichnen. Das Abtastverfahren ist berührungslos, so daß eine gute Verfügbarkeit der Geräte erwartet werden kann. Die Zugriffszeit auf eine bestimmte Information ist akzeptabel. Für das kurzfristige Aktualisieren der Informationen gibt es zur Zeit noch keine Lösung.

Alle diese Grundsysteme ermöglichen zunächst keinen Vielfachzugriff. Erst die Integration zu einem gemeinsamen Speichersystem, das im dispositionell einfachsten, aber in den Kosten meist aufwendigsten Fall jedem der gleichzeitig aktiven Teilnehmer ein Grundsystem zuordnet, erlaubt den Vielfachzugriff.

Neben den Geräten zum Speichern und Wiedergeben von Ton, Festbildern und Filmsequenzen enthält die audiovisuelle Informationsbank Einrichtungen zum Aufbereiten und Durchschalten der Signale, z.B. rechnergesteuerte Koppelfelder.

3.6.6 Zukünftige Tendenzen bei Informationszentralen für interaktive Dienste

Zunächst wird man zweifellos einem System mit weitgehend zentraler Verarbeitung den Vorrang geben. Mit fortschreitender technologischer Entwicklung und Verfügbarkeit kostengünstiger Mikroprozessorsteuerungen und Speicherbausteine ist aber in Zukunft eine Verschiebung in Richtung auf eine dezentrale Verarbeitung denkbar. Da in einem zentralen System, insbesondere bei großen Interaktionsraten und kurzen Nachrichtenlängen, ein hoher Anteil an Steuerinformationen ausgetauscht werden muß und die Übertragungskanäle vor allem in der Hauptverkehrsstunde stark belastet sein werden, kann eine dezentrale Bearbeitung im Teilnehmerendgerät sinnvoll werden. Zu Beginn eines Dialogs wird bei dezentralisierten Dialogdiensten das gesamte Ablaufprogramm in den lokalen Speicher des Teilnehmerendgeräts übernommen. Der weitere Ablauf der Sitzung erfolgt dann dezentral im Teilnehmerendgerät, in dem eine ausreichende Speicherkapazität zur Verfügung stehen muß.

Insbesondere eine Lösung, die Videokassetten als Speicher beim Teilnehmer vorsieht, erlaubt in preisgünstiger Form das dezentrale Laden von Programmen, das den Zugang zu Diensten ermöglicht, die – aus welchen Gründen auch immer – zentral nicht angeboten werden. Eine verteilte Intelligenz und Speicherung gestattet zudem das elektronische Übertragen von umfangreichem Informationsmaterial an den Teilnehmer in verkehrsschwachen Zeiten zum Laden und Aktualisieren dezentraler Programm- und Datenbanken.

Daneben werden weiterhin »zentrale Dialogdienste« existieren, die dadurch gekennzeichnet sind, daß auf Resourcen oder Funktionen zurückgegriffen werden muß, die dem Endgerät dezentral nicht zur Verfügung stehen. Dazu gehören beispielsweise:
- Abruf aktueller Informationen
- Änderungen in teilnehmerspezifischen zentralen Datenbanken
- Zugriffe auf große Datenbanken
- Verbindungen zu anderen Dienstanbietern (Rechnerverbund)
- Extrem umfangreiche EDV-Programme
- Interpersonale Kommunikation.

4 Gesichtspunkte des Datenschutzes

4.1 Rechtliche Aspekte

Der Datenschutz richtet sich gegen die mißbräuchliche Eingabe und Entnahme von Informationen. Jedes Informationssystem weist generell drei Kategorien definierter Schnittstellen auf, von denen aus der legale Zugriff auf die Daten möglich ist. Es sind dies die Schnittstellen zwischen:
- Teilnehmer und System
- Inhaltslieferant und System
- Betreiber und System.

Naturgemäß bieten diese Schnittstellen aber auch den bequemsten Ansatzpunkt für einen mißbräuchlichen Zugriff. Bei den Teilnehmern und Inhaltslieferanten sind technische Vorkehrungen möglich, die eine mißbräuchliche Informationseingabe und -entnahme verhindern. Vor dem Betreiber können die Daten jedoch fast ausschließlich nur durch administrative Maßnahmen geschützt werden.

Die verschiedenen Klassen des Datenschutzes lassen sich für die Teilnehmer bezüglich der Datenentnahme in folgender Weise definieren, wobei für die Inhaltslieferanten Entsprechendes gilt:

1. Kein Datenschutz
Eine Information ist dann nicht geschützt, wenn ein Teilnehmer nur aufgrund der Tatsache, daß er Teilnehmer ist, auf die Information legal zugreifen kann.

2. Geringer Datenschutz
Gering ist der Schutz einer Information, wenn ein Teilnehmer, für den diese Information nicht bestimmt ist, lediglich über ein bestimmtes Auswahlverfahren mit dem ihm vom Betreiber zur Verfügung gestellten technischen Gerät Zugriff auf diese Information erhält. Es ist unerheblich, ob die Handlung legal oder illegal ist.

3. Mittlerer Datenschutz
Einen mittleren Schutz genießt eine Information, wenn ein Teilnehmer, für den diese Information nicht bestimmt ist, innerhalb nicht öffentlicher Räume und unter illegaler Benutzung schwierig zu beschaffender Geräte Zugriff auf die Information erhält.

4. Hoher Datenschutz
Der Schutz einer Information ist hoch, wenn ein Teilnehmer, für den diese Information nicht bestimmt ist, nur an öffentlichen Orten und nur unter der illegalen Benutzung schwierig zu beschaffender Geräte Zugriff auf die Information erhält.

In jedem Fall läßt sich der Datenschutz durch spezielle Chiffrierverfahren erhöhen, die in Unterkapitel 4.3 näher besprochen werden.

Die Anwendung der vom Rückkanal gebotenen Möglichkeiten der Telekommunikation kann weitreichende soziale Folgen haben. Deshalb muß von Anfang an der Teilnehmer vor möglichen Nachteilen, die sich für ihn aus der Teilnahme an einem Breitbandsystem mit Rückkanälen ergeben könnten, zuverlässig geschützt werden. Um dieses Ziel zu erreichen, ist sorgfältig abzuwägen, welche rechtlichen, organisatorischen und technischen Maßnahmen anzuwenden sind.

Die Rückkanalanwendungen bringen gegenüber den gewohnten Formen der Telekommunikation neue spezifische Gefährdungen des »informationellen Selbstbestimmungsrechtes« des Bürgers mit sich:

- Leistungsfähige Rückkanalsysteme weisen eine höhere »sensitive Potenz« auf. Sie sind dazu bestimmt, die unterschiedlichen Arten von Informationen in den verschiedensten Darstellungsformen zu erfassen und zu übermitteln. So reicht das Spektrum von Text- oder Graphik-Eingaben über die Aufnahme von Ton und/oder Bewegtbild bis zu Fernwarn-, Fernmeß- und Fernsteuerdiensten mit den entsprechenden Sensoren (vgl. auch Unterkap. 2.2).

- Eine weitere datenschutzrelevante Gefährdung bringen die weitreichenden Möglichkeiten eines Verbundsystems mit sich, sei es im Verbund mit anderen elektronischen Übermittlungssystemen (wie z. B. dem Fernsprechnetz oder dem Datennetz) oder mit leistungsstarken internen und/oder externen Speichersystemen.

- Bei jeder Nutzung des Rückkanals fallen Daten an, wobei abhängig von der Nutzungsform sehr vielfältige Daten verarbeitet werden müssen. In der Regel lassen sich die anfallenden Daten zwei verschiedenen Gruppen zuordnen: den Inhaltsdaten und den Begleitdaten. Inhaltsdaten sind solche Daten, die über das Medium transportiert werden und derentwegen das System in Anspruch genommen wird, während Begleitdaten als Folge (Spuren) dieser Kommunikationen entstehen.
  Eine vordringliche Aufgabe des Datenschutzes muß darin liegen, einen Mißbrauch der Begleitdaten, z. B. zur Anfertigung von Nutzungs- oder gar Persönlichkeitsprofilen der Teilnehmer, auszuschließen. Hier wie bei den Inhaltsdaten muß auf jeden Fall die Datensicherung im Sinne von § 6 des Bundesdatenschutzgesetzes samt der entsprechenden Anlage gewährleistet werden, d. h. es müssen die erforderlichen technischen und organisatorischen Maßnahmen getroffen werden, um eine ausreichende Kontrolle des Zugangs, des Zugriffs, der Speicherung und des Transports bei der Verarbeitung personenbezogener Daten sicherzustellen.

Neben den stets zu beachtenden technischen Methoden der Datensicherung, auf die im Unterkap. 4.2 näher eingegangen wird, ist die rechtliche Ausgestaltung des Datenschutzes insbesondere auf den Verwendungszweck der Rückkanalnutzung abzustellen, denn die Zulässigkeit der Datenverarbeitung richtet sich im Sinne des Bundesdatenschutzgesetzes und der diesbezüglichen Landesgesetze entscheidend nach den verfolgten Zwecken. In diesem Zusammenhang soll kurz auf drei typische Verwendungszwecke, nämlich publizistische, kommerzielle und wissenschaftliche, hingewiesen werden.

a) Diejenigen Vorgänge der Datenverarbeitung, die zu ausschließlich publizistischen Zwecken erfolgen, fallen nicht unter die Datenschutzgesetze, z. B. § 1 Abs. 3 des Bundesdatenschutzgesetzes. Jedoch finden die Vorschriften über die Datensicherung Anwendung. Mit diesem sog. Medienprivileg soll der besonderen verfassungsrechtlichen Stellung von Presse- und Rundfunkunternehmen Rechnung getragen werden. Damit wird gleichzeitig eine gewisse Einschränkung des Datenschutzes in Kauf genommen. Allerdings war auch bisher schon erkannt, daß z. B. die persönlichen Daten von Anzeigenkunden und Abonnenten vom Datenschutz nicht ausgenommen sind. Die vielfältigen Anwendungsmöglichkeiten des Rückkanals werden neue Probleme bei der Grenzziehung zwischen dem Bereich »Presse« und dem übrigen privatwirtschaftlichen Handeln (z. B. Werbung) aufwerfen.

b) Im Zusammenhang mit den privatwirtschaftlichen kommerziellen Diensten ist von besonderer Aktualität das Problem der datenschutzgerechten Abrechnung von Leistungen gegenüber dem Rückkanalnutzer. Für den Abrechnungszweck ist in der Regel der Rückgriff auf Identifizierungsmerkmale und bestimmte Begleitdaten unumgänglich.
Hier kommt es darauf an,
 – die personenbezogenen Daten beispielsweise durch Codierung zu schützen, d. h. durch Maßnahmen, die eine Rückführung von gewissen Begleitdaten auf einen bestimmten individuellen Teilnehmer verhindern oder zumindest erschweren,
 – den Umfang der zu speichernden abrechnungsrelevanten Daten möglichst gering zu halten und ausschließlich an den Abrechnungszweck zu binden,
 – die Zugriffsmöglichkeiten möglichst auf eine Stelle im System zu konzentrieren.

c) Neben publizistischen und kommerziellen Zwecken werden gerade in der Erprobungsphase wissenschaftliche und statistische Zwecke im Vordergrund stehen. Für diese Zwecke wird in den meisten Fällen eine Verarbeitung der Daten in aggregierter Form, d. h. ohne individuelle Bestimmbarkeit, ausreichen. In anderen Fällen wird auch hier eine Verschlüsselung vorgenommen werden müssen.

Abschließend sei noch darauf hingewiesen, daß bei allen datenschutzrelevanten Rückkanalanwendungen die individuellen Rechte der Betroffenen auf Auskunft, Berichtigung, Sperrung und Löschung der Daten zu wahren sind (vgl. z. B. § 4 des Bundesdatenschutzgesetzes).

4.2 Technische und organisatorische Maßnahmen

4.2.1 Eingriffsmöglichkeiten in das technische System

Bild 4.1 zeigt die mit den Nummern ① ... ⑤ versehenen Stellen im Kommunikationssystem, an denen ein mißbräuchlicher Zugriff auf die Daten möglich ist, oder von denen aus die Daten manipuliert werden können. Diese Stellen können in folgender Weise charakterisiert werden.

① Eingriffsmöglichkeit des Inhaltslieferanten in die Informationszentrale.
 Die Inhaltslieferanten haben Zugang zur Informationszentrale, wenn sie Informationen eingeben, Abläufe testen oder Softwarefehler beheben. Gefordert wird, daß die Inhaltslieferanten nur auf die von ihnen eingebrachten Inhalte zugreifen können und daß die z. B. bei der Fehlersuche zurückgelieferten Daten keine schutzwürdigen Anteile enthalten.

② Eingriffsmöglichkeit des Betreibers in die Informationszentrale.
 Der Betreiber der Informationszentrale hat naturgemäß am ehesten Zugang zu schutzwürdigen Daten und die Möglichkeit zu deren Manipulation. Gefordert wird, daß durch technische und organisatorische Maßnahmen dieser Zugang für die einzelnen Personen unmöglich gemacht, zumindest aber erheblich erschwert wird.

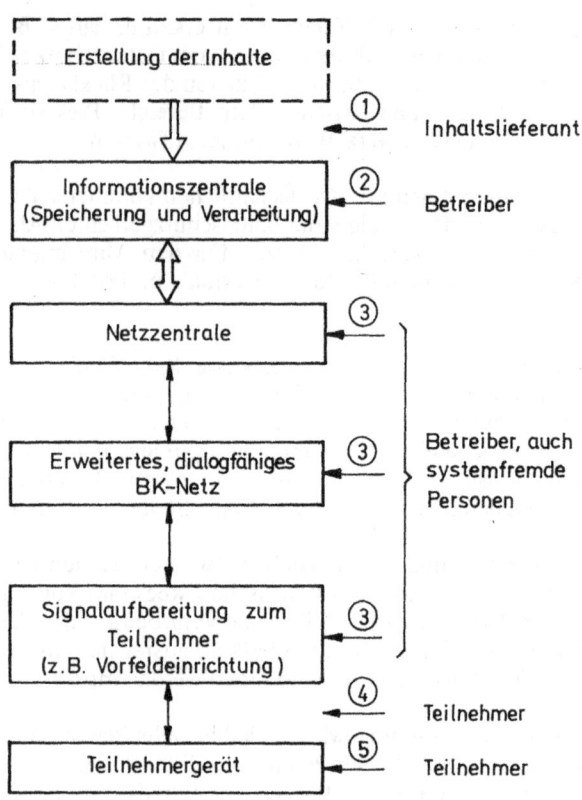

Bild 4.1 Eingriffsmöglichkeiten in das technische System

③ Eingriffsmöglichkeit des Betreibers in das Übertragungssystem (Netzzentrale, Dialognetz, Signalaufbereitung beim Teilnehmer).
Der Betreiber des Netzes und der Netzzentrale hat Zugang zu den gerade übertragenen Daten. Gefordert wird, daß durch technische und organisatorische Maßnahmen dieser Zugang erschwert wird und daß Eingriffe zur Erlangung von Daten oder zu ihrer Manipulation verhindert werden. Diese Maßnahmen müssen sich nicht nur gegen den Betreiber, sondern auch gegen betriebsfremde Personen richten.

④ Eingriffsmöglichkeit des Teilnehmers in das Übertragungssystem.
Über diese Schnittstelle hat der Teilnehmer Zugang zum System. Gefordert wird, daß durch technische und organisatorische Maßnahmen sichergestellt wird, daß der Teilnehmer nur zu den Daten zugreifen kann, die für ihn freigegeben sind. Ebenso muß der Zugriff Dritter auf die den Teilnehmer betreffenden Daten verhindert werden.

⑤ Eingriffsmöglichkeit des Teilnehmers über das Teilnehmergerät.
Gefordert wird, daß durch technische Maßnahmen in der Informationszentrale sichergestellt wird, daß kein Teilnehmer fremde Teilnehmerdaten abrufen und manipulieren kann. Dies gilt auch, wenn mehrere Teilnehmer dasselbe Teilnehmergerät benutzen.

4.2.2 Maßnahmen in der Informationszentrale

In der Regel ist die Software des Rechnersystems strukturiert und in Funktionsblöcke aufgeteilt. *Bild* 4.2 zeigt eine schematische Aufteilung, die zur Beschreibung möglicher Softwarevorkehrungen dienen soll. Kritische Datenbestände befinden sich besonders in den Funktionsblöcken Teilnehmerverwaltung und Gebührenerfassung.

Die Teilnehmerverwaltung führt für jede Teilnehmernummer einen Datenbereich mit teilnehmerspezifischen Daten. Darin sind die Zugriffsrechte auf bestimmte Dienste und weitere Daten, z. B. über vorbestellte Dienste, abgelegt. Wird ein Teilnehmer aktiv, so legt die Teilnehmerverwaltung eine weitere Liste mit Daten an, in der beispielsweise die Nummer des Dienstes, der durchlaufene Weg im Dienst, der Beginnzeitpunkt und die Betriebsmittelbeanspruchung registriert werden. Die hier gesammelten Daten dienen zur Bearbeitung des momentanen Dienstes und zur Berechnung der Gebühren nach Beendigung des Dienstes. Sie können also nach Beendigung des Dienstes und der Gebührenberechnung vollständig gelöscht werden. Die berechneten Gebühren werden im Block Gebührenerfassung zum momentanen Kontostand addiert. Im Rahmen der Datenschutzregelung können auch weitere Daten, die diese Gebühr spezifizieren, im Modul Gebührenerfassung abgelegt werden. Die Inhaltslieferanten und Teilnehmer können nur über die Teilnehmerverwaltung in das System eingreifen. Dort aber wird eine Berechtigungsprüfung durchgeführt, so daß ein bestimmter Teilnehmer oder Inhaltslieferant nur ganz bestimmte, vorher festgelegte Wege durch das System gehen kann.

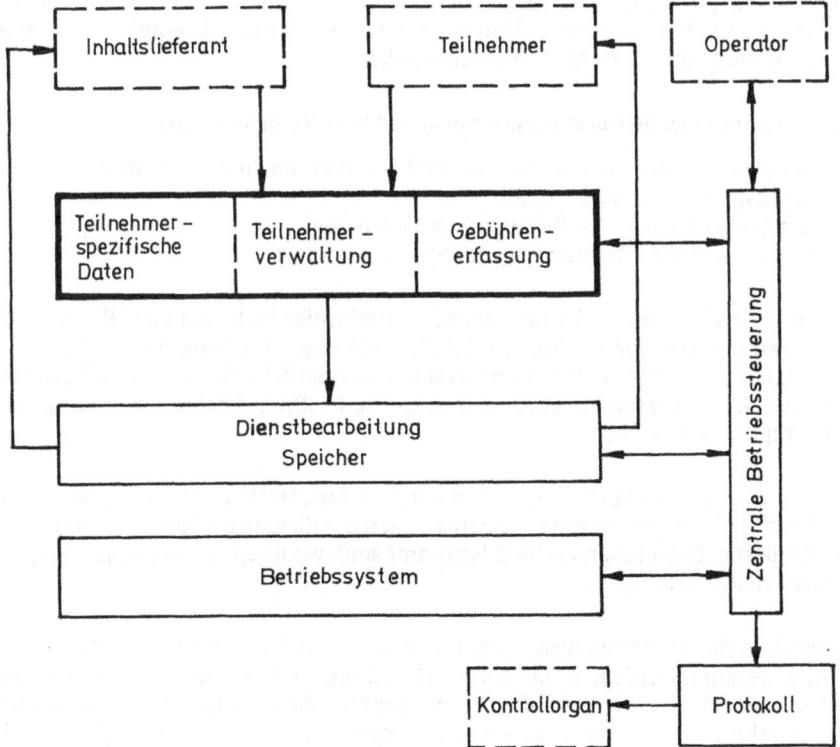

Bild 4.2 Schematische Darstellung der Softwareblöcke in der Informationszentrale

Ein kritischer Punkt im System ist das Operatorterminal, da über dieses Terminal auf jeden Teil des Systems zugegriffen werden kann. Als technische Maßnahme zur Erschwerung eines Eingriffes bzw. einer Manipulation bietet sich hier die Protokollierung aller Ein- und Ausgaben der zentralen Betriebssteuerung an.

Diese Protokolleinrichtung kann darüber hinaus auch jegliche Zugriffe auf bestimmte Funktionsblöcke registrieren, was aber u. U. zu einer erheblichen Rechnerbelastung führt. Die Protokollierung muß technisch so ausgelegt sein, daß unerlaubte Eingriffe oder nachträgliche Veränderungen durch das Betriebspersonal nicht möglich sind, was gegebenenfalls durch organisatorische Maßnahmen unterstützt werden muß.

Es ist selbstverständlich, daß die Zentrale ein Sicherheitsbereich ist, zu dem nur autorisierte Personen Zutritt haben dürfen, die sorgfältig ausgewählt und entsprechend dem Datenschutzgesetz verpflichtet wurden. Neben dem ausführenden Organ (Operator, Inhaltslieferant) sollte ein Kontrollorgan (Datenschutzbeauftragter) auf die Einhaltung der Sicherheitsmaßnahmen achten. Dieses Kontrollorgan muß das System so genau kennen, daß es die Protokolle auswerten und eventuelle Lücken im Sicherheitskonzept erkennen kann. Selbstverständlich darf die Protokolleinrichtung nur dem Kontrollorgan zugänglich sein.

Bei der Planung des Sicherheitskonzeptes sollte darauf geachtet werden, daß nur solche Daten erfaßt und gespeichert werden, die zum Betrieb und zur Abrechnung notwendig sind und daß diese sofort gelöscht werden, sobald sie ihren Zweck erfüllt haben. Wo immer es möglich ist, sollte die Teilnehmernummer vom Klartext des Namens des Teilnehmers getrennt werden. Datenträger wie Plattenstapel, Bänder usw. müssen unter Kontrolle und Verschluß gehalten werden.

4.2.3 Maßnahmen im Übertragungssystem und beim Teilnehmergerät

Der Schutz der Daten an den Stellen ③ und ④ kann erreicht werden über
- eine entsprechende Netzstruktur
- eine Verschlüsselung (Chiffrierung) der Daten, und
- eine automatische Überwachung der Systemkomponenten.

Das in Unterabschnitt 3.3.1.1 behandelte baumförmige Netz (heutiges BK-Netz) führt den gesamten, von der Zentrale in das Netz eingespeisten Informationsfluß bis zum Teilnehmergerät. Ein Schutz vor unberechtigtem Zugriff ist hier nur durch Verschlüsselung der Daten wirksam möglich. Auf mögliche Chiffrierverfahren wird im folgenden Unterkapitel eingegangen.

Bei der in Unterabschnitt 3.3.1.3 behandelten Netzstruktur mit Vorfeldeinrichtung und bei sternförmigen Netzen gelangen dagegen nur diejenigen Daten zum Teilnehmer, die für diesen Teilnehmeranschluß bestimmt sind, wodurch ein sehr hoher Schutz der Daten sichergestellt ist.

Eingriffe in das Übertragungssystem durch das Betriebspersonal oder durch Fremde können erkannt werden, wenn ein Überwachungssystem die Systemkomponenten ständig von der Zentrale aus auf einen bestimmten Zustand hin abfragt. So kann z. B. das Abnehmen des Deckels eines Verstärkergehäuses erkannt werden. Das Betriebspersonal sollte ebenso wie das Personal der Informationszentrale entsprechend dem Datenschutzgesetz verpflichtet werden.

Zum Schutz der Daten an der Stelle ⑤ kann der Teilnehmer mit der Zentrale ein Codewort vereinbaren, das nur er kennt, so daß unter der Teilnehmernummer, die dem Endgerät zugeordnet ist, bei Hinzunahme des Codewortes mehrere Teilnehmer mit entsprechender Zugriffsberechtigung geführt werden können. Das Codewort kann z. B. auf einem Magnetkärtchen gespeichert sein, das vom Endgerät gelesen wird.

4.3 Mögliche Chiffrierverfahren

Mit Hilfe der bekannten Verfahren zur Datenverschlüsselung können die Daten auf der Übertragungsstrecke und an den externen Schnittstellen technisch zuverlässig gegen unberechtigten Zugriff geschützt werden.

Häufig kann man davon ausgehen, daß vor allem die eigentlichen Datendienste, die sich im Bereich bis etwa 9,6 kbit/s bewegen, zusätzlichen Schutz erfordern, da hier die besonders sicherheitsempfindlichen Informationen wie Berechtigungen, Schlüsselwörter, Anforderungen usw. übertragen werden. Unter dieser Voraussetzung ist die Chiffrierung mit sehr geringem Aufwand, insbesondere in den Teilnehmerendgeräten, zu realisieren.

4.3.1 Prinzip der Chiffrierung

Zur Chiffrierung wird auf den zu übertragenden Klartext K eine Transformation F angewandt, die von einem Chiffrierschlüssel S abhängig ist. Hierbei entsteht das Chiffrat C. Zur Entschlüsselung wird auf dieses Chiffrat die Dechiffrierfunktion F', die vom Dechiffrierschlüssel S' abhängig ist, angewandt, wodurch der ursprüngliche Klartext K wiedergewonnen wird.

Bei allen bisher auf den Markt gebrachten Chiffriergeräten muß der Chiffrierschlüssel S identisch sein mit dem Dechiffrierschlüssel S'. Damit muß zwangsläufig auch die Dechiffrierfunktion F' invers sein zur Chiffrierfunktion F.

Die bekannten Chiffriergeräte arbeiten entweder nach dem Blockverschlüsselungs- oder nach dem Bitstromverfahren.

4.3.2 Blockverschlüsselung

Bei der Blockverschlüsselung ist es aus Gründen der kryptologischen Sicherheit vorteilhaft, möglichst viele Bits (n) einer Nachricht zur Verschlüsselung zusammenzufassen, weil sich, abhängig vom verwendeten Schlüssel eine Zahl von $(2^n)!$ verschiedener Tauschalphabete ergibt. Auf dieser riesigen Anzahl (wenn die Zahl n groß ist) möglicher Tauschalphabete beruht die Sicherheit des Verfahrens.

Die Wirkungsweise der Blockverschlüsselung und die zugehörige Rahmenstruktur für die Signalübertragung sind in *Bild* 4.3 gezeigt. Die Länge der zu verschlüsselnden Nachricht muß immer ein ganzzahliges Vielfaches der Blocklänge (z. B. 64 Bit) sein. Sie muß ggf. durch Leerbits ergänzt werden. Der sog. Initialisierungsvektor besteht aus 64 zufällig erwürfelten Bits und wird dem Datenstrom vorangestellt.

Wird auf der Übertragungsstrecke auch nur ein einziges Bit verändert, so wird nach der Entschlüsselung der ganze Datenblock von 64 Bit verfälscht. Die Blockverschlüsselung kann deshalb nur zusammen mit einem Fehlersicherungsverfahren mit Blockwieder-

a) Übertragungsverfahren

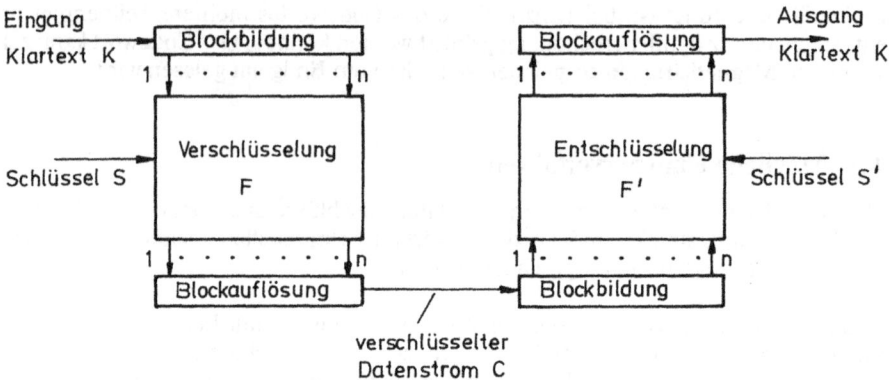

verschlüsselter
Datenstrom C

b) Rahmenstruktur des Klartextes K

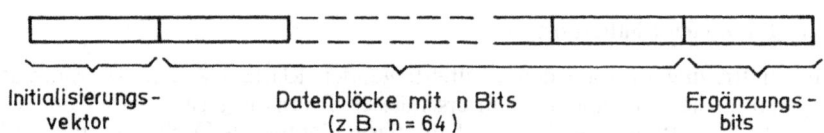

| Initialisierungs-
vektor | Datenblöcke mit n Bits
(z.B. n = 64) | Ergänzungs-
bits |

Bild 4.3   Blockverschlüsselung (block cipher)

holung verwendet werden. Bei niedrigen Bitraten ergibt sich damit u. U. eine erhebliche Verlängerung der Reaktionszeit.

4.3.3 Bitstrom-Verschlüsselung

Im Gegensatz zur Blockverschlüsselung arbeitet das Bitstrom-Verschlüsselungsverfahren (*Bild* 4.4) mit einer »Blocklänge« von 1 Bit. Demgemäß sind nur $(2^1)!$ = 2 verschiedene Tauschalphabete T_1 und T_2 möglich und auch der Schlüssel S besteht nur aus einem einzigen Bit. Wie die folgende Wahrheitstabelle zeigt, wird das Chiffrat durch eine modulo-2-Addition von Klartext und Schlüssel gewonnen, für die gilt: $0+0=0$, $0+1=1$, $1+0=1$ und $1+1=0$.

| Klartext | 0 | 0 | 1 | 1 |
Schlüssel	0	1	0	1
Chiffrat	0	1	1	0
Schlüssel	0	1	0	1
Klartext	0	0	1	1

Entsprechend wird auf der Empfangsseite der Klartext durch eine modulo-2-Addition von Chiffrat und Schlüssel wieder hergestellt.

Die kryptologische Sicherheit des Verfahrens beruht darauf, daß jedes Bit der Nachricht mit einem anderen Schlüsselbit verschlüsselt wird.

a) Übertragungsverfahren

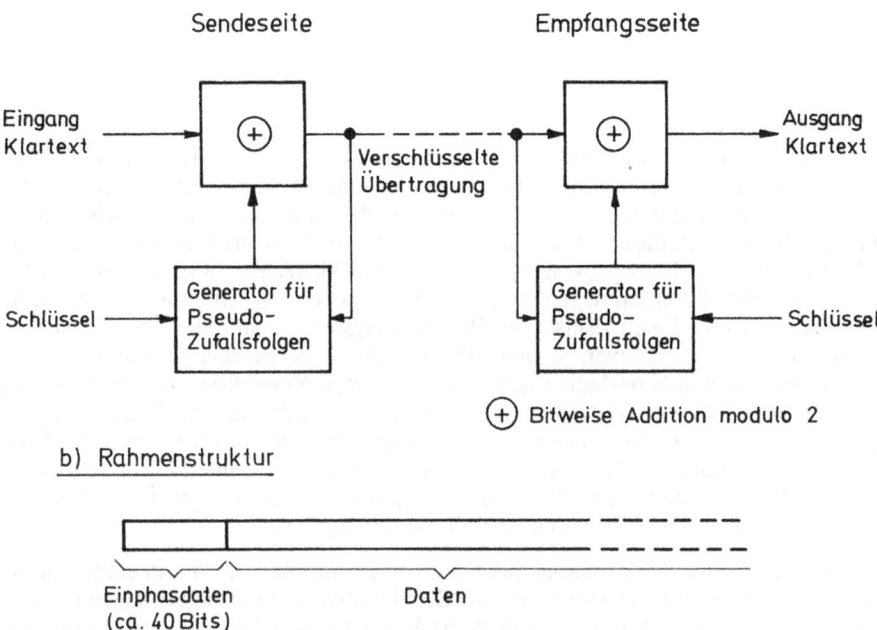

Sendeseite   Empfangsseite

b) Rahmenstruktur

Bild 4.4 Bitstrom-Verschlüsselung (stream cipher)

Diese Schlüsselbits werden im Sender und Empfänger in einem speziellen Pseudo-Zufallsfolgengenerator aufgrund eines zuvor eingegebenen Grundschlüssels errechnet. Der Grundschlüssel besteht beispielsweise aus 100 Bit, womit sich mehr als 10^{30} verschiedene Schlüssel darstellen lassen.

Kryptologisch sind beide Verfahren gleich zuverlässig. Aus betrieblicher Sicht hat das Bitstrom-Verschlüsselungsverfahren Vorteile, weil es Übertragungsfehler nicht vervielfacht und durch den Verzicht auf bestimmte Blocklängen codetransparent ist.

4.3.4 Schlüsselzuteilung und -verwaltung

In einem öffentlichen Netz muß es möglich sein, verschlüsselte Nachrichten zwischen Teilnehmern auszutauschen, auch wenn ihnen die wechselseitigen Schlüssel nicht bekannt sind. Dies ist auf folgende Weise möglich: In der Zentrale sind die Schlüssel der einzelnen Teilnehmer gespeichert. Bei der Verbindungsaufnahme wird aus einem Zufallszahlengenerator und mit Hilfe der Schlüssel der beiden Teilnehmer ein nur für diese eine Verbindung geltender Verbindungsschlüssel erzeugt. Auf diese Weise wird verhindert, daß ein Teilnehmer Kenntnis über den Schlüssel eines anderen erhält.

5 Breitbandkommunikationsanlagen mit Rückkanälen im Ausland

In zahlreichen Ländern der Erde wird bereits heute ein beträchtlicher Teil der Haushalte über Kabelfernsehanlagen mit Fernseh- und Hörfunkprogrammen versorgt. Darüber hinaus können in diesen Anlagen häufig Programme eingespeist werden, die am Ort nicht drahtlos empfangbar sind und die teilweise gesondert bezahlt werden müssen (Pay-TV). Breitbandsysteme, in denen Rückkanäle in nennenswertem Maße genutzt werden, kommen dagegen bis jetzt nur in geringem Umfang vor. Die in den USA, Kanada und Japan realisierten Rückkanalsysteme sind meist sehr einfach aufgebaut und bieten nur wenige neue Dienste an, oder sie dienen zur technischen Erprobung und haben deshalb einen sehr begrenzten Nutzerkreis. In *Tabelle* 5.1 sind einige solcher Versuchssysteme aufgeführt, wobei auch das zur Realisierung des Rückkanals genutzte Übertragungsmedium angegeben ist. Darüberhinaus gibt oder gab es, insbesondere in den USA, eine Reihe weiterer Experimente mit begrenztem Umfang. Größere Bedeutung haben bis jetzt nur das Qube-System in den USA und die Projekte Tama New Town und Hi-OVIS in Japan erlangt.

In jüngster Zeit werden verstärkt Aktivitäten aufgenommen, die die Planung und den experimentellen Aufbau von interaktiven Breitbandkommunikationsanlagen mit Glasfasern betreffen und u.a. das Ziel haben, die Möglichkeiten der optischen Nachrichtenübertragung zu erproben und Erfahrungen mit dieser neuen Technologie zu sammeln. Dazu zählen neben dem schon seit einigen Jahren erprobten Hi-OVIS-System Pläne für Anlagen in Frankreich (Biarritz) /137, 138/, in Großbritannien (Milton Keynes) /219/, in Dänemark (Aarhus) /158/ und in Kanada (Elie/Manitoba) /102, 147, 148/. Ähnlich dem Konzept der in der Bundesrepublik zur Erprobung vorbereiteten BIGFON-Versuchsanlagen wird in diesen Systemen das Glasfasernetz nicht nur zur Verteilung von Fernseh- und Hörfunkprogrammen, sondern auch zur Realisierung von Fernsprech-, Text- und Datendialogverbindungen im Teilnehmeranschlußbereich eingesetzt.

5.1 Breitbandkommunikationsanlagen mit Rückkanälen in den USA

In den USA sind heute mehr als 21 Millionen Haushalte, also etwa ein Viertel aller Haushalte, an Kabelfernsehanlagen angeschlossen. Neuere Anlagen dieser Art können durch Nutzung mehrerer Koaxialpaare bis zu 120 Programme verteilen. Auf Rückkanäle wird in diesen Systemen aber meist verzichtet, da die Betreiber das Publikumsinteresse an Rückkanaldiensten allgemein nicht hoch einschätzen. An einigen Stellen wird mit öffentlicher Förderung die Anwendung von Zweiweg-Breitbandkommunikationssystemen in der Kommunalverwaltung, dem Gesundheitswesen, der Industrie, im Sozialwesen und im Bildungsbereich in kleinerem Umfang erprobt. Zwei Anlagen sollen im folgenden etwas genauer erläutert werden.

5.1.1 Das Projekt Reading (Pennsylvania)

In diesem Versuch, der seit 1975 läuft, sollen die Möglichkeiten des Rückkanals in der Sozialarbeit mit älteren Menschen untersucht werden. Mit Mitteln der National

Tabelle 5.1 Breitbandkommunikationsanlagen mit Rückkanälen im Ausland

Land	Name des Systems	Ort	Gesellschaft	Rückkanal	Literatur
USA	Qube	Columbus, Ohio (weitere geplant)	Warner Communications	Koaxialkabel	/168, 210/
		Rockford, Illinois	Michigan State University + NSF	Koaxialkabel	/16, 36, 37/
		Reading, Pennsylvania	Consortium + NSF	Koaxialkabel	/36, 37, 170/
		Spartanburg, South Carolina	Rand Corp. + NSF	Koaxialkabel	/21, 36, 37/
	TICCIT	Reston, Virginia	MITRE	Symmetrische Doppelader	/195/
	SRS	El Segundo, California	Theta Com	Koaxialkabel	/195/
Kanada		Elie, Manitoba		Glasfaser	/102, 147, 148/
Japan	CCIS	Tama New Town	NTT	Koaxialkabel	/173, 226/
	VRS	Tokio	NTT	Symmetrische Doppelader	/123/
	Hi-OVIS	Higashi-Ikoma	MITI/Hi-OVIS	Glasfaser	/118, 169/
Frankreich		Biarritz	Direction Générale des Télécommunications	Glasfaser	/137, 138/
Großbritannien		Milton Keynes	British Telecom	Glasfaser	/219/
Dänemark		Aarhus	Jutland Telephone Company	Glasfaser	/158/

Science Foundation der New York University wurde in Zusammenarbeit mit städtischen Stellen in Reading (Pennsylvania) ein örtliches Kabelfernsehnetz aufgebaut. Drei Altenzentren wurden über Breitbandkanäle verbunden und mit Videokameras ausgerüstet. Der technische Aufwand und damit die Investitionskosten waren gering und auch die Betriebskosten waren von Anfang an niedrig. Das Projekt war ein Erfolg, da eine hohe Beteiligung der älteren Mitbürger erreicht und die Kommunikation zwischen verschiedenen Bevölkerungsgruppen verbessert wurde. Der Versuch wird von einer Gesellschaft ohne kommerzielle Interessen fortgeführt /36, 37, 170/.

5.1.2 Das Qube-System (Columbus, Ohio)

Im Dezember 1977 nahm das kommerzielle Zweiweg-Kabelfernsehsystem »Qube« in Columbus den Betrieb auf. Der Medienkonzern Warner Communications Company will damit den Markt für derartige Anlagen testen /168, 210/. Zur Zeit sind etwa 26000 Teilnehmer angeschlossen. Das Dienstangebot umfaßt 30 Programme und Kommunikationsdienste, die in 10 Fernsehkanäle für die Weiterleitung drahtlos empfangbarer Programme, 10 Kanäle für Lokalprogramme und 10 Pay-TV-Kanäle aufgeteilt sind. Nach Bezahlung einer Grundgebühr erhält der Teilnehmer Zugang zu allen Programmdiensten in den beiden ersten Gruppen. Lediglich die auf den Pay-TV-Kanälen angebotenen Sendungen müssen extra bezahlt werden. Zehn der angebotenen Programme werden über Satellit zugeführt.

Der Rückkanal ist im »Qube«-System sehr einfach ausgeführt, so daß seiner Nutzung enge Grenzen gesetzt sind: Durch das Drücken einer von insgesamt fünf Tasten auf dem Bediengerät kann sich der Teilnehmer rückäußern. Damit kann der Rückkanal auf drei verschiedene Arten genutzt werden:

– Bei Unterhaltungssendungen richtet der Veranstalter einfache Fragen an die Zuschauer, die diese dann mit Hilfe der Tastatur beantworten können. In gleicher Weise werden Umfragen durchgeführt. Die Anwendung des Rückkanals in Unterrichtsprogrammen wird bis jetzt nur vereinzelt erprobt, da das Interesse der Teilnehmer zu gering für den kommerziellen Anbieter ist. Offenbar wollen viele Zuschauer nur in begrenztem Umfang die allerdings geringen Möglichkeiten einer aktiven Teilnahme nutzen.

– Der Rückkanal gibt der Zentrale einen genauen Überblick über die von den Teilnehmern eingeschalteten Programme. Dies dient vor allem der Gebührenerfassung bei Pay-TV, aber auch zur Messung der Sehbeteiligung spezieller Programme, deren Ergebnisse von der Marktforschung ausgewertet werden.

– Zusätzlich können spezielle Meldedienste gemietet werden. Dabei können Alarmgeber über Rückkanäle die Zentrale benachrichtigen und von dort können Meldungen an Terminals der Polizei, der Feuerwehr oder auch an das Krankenhaus weitergegeben werden.

»Qube« stellt ein relativ einfaches Abfrage-(Polling-) System dar, bei dem jedes Teilnehmergerät im Abstand von 5 Sekunden abgefragt und so automatisch der aktuelle Stand zur Zentrale gemeldet wird. In der Zentrale sind zusätzlich zur normalen Kabelfernseh-Kopfstelle und den Studios für Lokalprogramme zwei Rechenanlagen mit einem Speicherumfang von 2200 Mbit bzw. 400 Mbit installiert. Diese dienen zur Steuerung des Betriebsablaufs, insbesondere der Rückkanalabfrage.

Die Firma Warner Communications beabsichtigt, weitere »Qube«-Systeme in anderen amerikanischen Städten in Betrieb zu nehmen, so in Cincinnati, Houston, Pittsburgh, Dallas und St. Louis.

5.2 Breitbandkommunikationsanlagen mit Rückkanälen in Japan

Die Experimentalprojekte für audiovisuelle Breitbandkommunikation werden in Japan von verschiedenen Fachministerien gefördert. Die größten Projekte sind die Systeme Tama New Town und VRS (Video Response System), die von der japanischen Postverwaltung (NTT) unterstüzt werden, sowie die Anlage in Higashi-Ikoma, die vom Wirtschaftsministerium (MITI) gefördert wird. In allen diesen Versuchssystemen werden vor allem die technologischen Möglichkeiten erprobt; die sozialen und medienpolitischen Aspekte werden zwar auch betrachtet, können aber wegen der geringen Teilnehmerzahl nicht erschöpfend untersucht werden.

5.2.1 Das System CCIS (Tama New Town)

Die in Tama New Town, einem Vorort von Tokio, realisierte Versuchsanlage verwendet noch die herkömmliche Koaxialkabeltechnik (CCIS = Coaxial Cable Information System) für die Vorwärtsrichtung, während der Rückkanal auf getrennten Kupferdoppeladern realisiert ist.

Tabelle 5.2   Beurteilung der in Tama New Town angebotenen Dienste durch die Teilnehmer

Dienst	Zahl der Haushalte	Der Dienst ist			
		sehr nützlich %	nütz- lich %	ziemlich nutzlos %	ohne Nutzen %
Lokalprogramm	216	7.9	64.8	23.6	3.7
Automatischer Fern- sehansagedienst	216	4.2	61.1	27.8	6.9
Pay-TV: Schlüssel	87	2.3	36.8	44.8	16.1
Codekarte	42	7.1	26.2	50.0	16.7
Testservice	25	24.0	72.0	4.0	–
Faksimilezeitung	3	–	66.7	33.3	–
Memokarten	13	38.4	46.2	15.4	–
TV-Warndienst	25	24.0	64.0	8.0	4.0
Rückmeldekanal	64	28.1	60.9	9.4	1.6
Festbild	21	–	47.6	42.9	9.5

Die Planung dieses Projekts wurde schon im Jahr 1971 begonnen. In einer ersten, bis Dezember 1977 durchgeführten Versuchsstufe wurden neben den üblichen Fernsehverteildiensten neun zusätzliche Dienste angeboten:

- Lokalprogramm für Tama New Town
- Automatischer Fernsehansagedienst durch 30 zyklisch wiederholte Schautafeln mit Begleitton
- Pay-TV: Die Programme können mit Hilfe einer Codekarte oder eines Schlüssels empfangen werden
- Textnachrichten: Aktuelles aus Politik, Sport, Wetter, Lokales und Verbraucherhinweise
- Faksimilezeitung
- Memokarten-Service: Kurzmitteilungen, die zwischen den Teilnehmern ausgetauscht werden können
- TV-Warndienste für Katastrophenfälle
- Kanal mit Rückmeldemöglichkeit, speziell für Ausbildungsprogramme
- Festbild-Abrufdienst: Aus 6000 Mikrofiche-Bildern können Informationen abgerufen werden.

Allerdings erhielt nicht jeder der insgesamt 500 angeschlossenen Haushalte die Möglichkeit, alle diese Dienste zu nutzen. In *Tabelle* 5.2 sind die Beurteilungen der Teilnehmer für die jeweiligen Dienste zusammengefaßt. Es zeigte sich, daß folgende Dienste als nützlich angesehen wurden: Memokarten-Service, Rückmeldekanal, Textservice und Warndienste. Relativ geringen Anklang fanden Pay-TV, die Faksimilezeitung und der Festbilddienst. Aus diesem Grund wurde bei der Fortsetzung des Versuchs auf diese Dienste verzichtet /173, 226/.

5.2.2 Video Response System (VRS)

Mit diesem Breitbandsystem will die japanische Fernmeldeverwaltung NTT in einem Feldversuch verschiedene neue Dienste erproben. Zur Zeit sind im Zentrum von Tokio insgesamt 120 interaktive Terminals an eine Zentrale angeschlossen. Die Teilnehmer an diesem Feldversuch können Texte, Fest- und Bewegtbildsequenzen sowie Begleitkommentare und Hintergrundmusik individuell aussuchen und abrufen. In *Bild* 5.3 ist ein vereinfachtes Übersichtsbild der Einrichtungen des VRS-Systems dargestellt.

Neben den Steuerrechnern und der Teilnehmerverwaltung sind in der Zentrale vor allem eine umfangreiche Video- und Audiothek, sowie eine Textbank angeordnet. Die gewünschte Information wird dem Teilnehmer über ein Koppelfeld zugeschaltet. Alle Teilnehmer sind sternförmig über zwei symmetrische Doppeladern direkt mit dem Koppelfeld und der Zentrale verbunden. Um in Vorwärtsrichtung die erforderliche Bandbreite von ca. 4 MHz für die analoge Übertragung eines Fernsehbildes zu erzielen, sind jeweils im Abstand von etwa 500 m Verstärker notwendig, die das Signal entzerren und im Pegel anheben. Bei dem zu einem späteren Zeitpunkt geplanten Übergang auf Glasfaserkabel und damit auf optische Übertragung können die Zwischenverstärker entfallen. Der Rückkanal zum Abrufen der Information ist auf einer Doppelader realisiert. Wegen der dafür benötigten geringeren Bandbreite sind hierbei keine Verstärker notwendig.

Die Teilnehmereinrichtung besteht aus einem üblichen Farbfernsehempfänger, der durch Zusatzeinrichtungen (Konverter, Bildwiederholspeicher usw.) ergänzt ist, und einer einfachen Tastatur zur Eingabe der Teilnehmerwünsche an die Zentrale /123/.

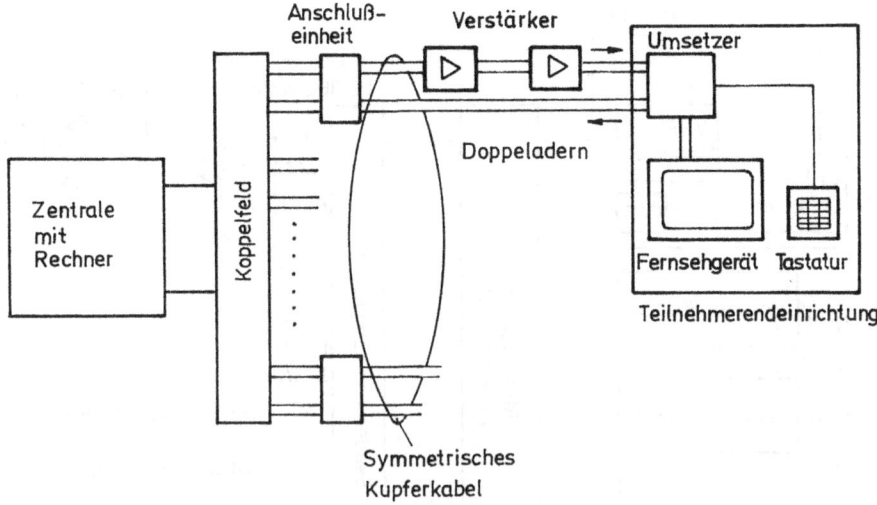

Bild 5.3   Blockschaltbild des VRS-Feldversuchs

5.2.3   Das Hi-OVIS-System (Higashi-Ikoma)

Das in Higashi-Ikoma errichtete Projekt Hi-OVIS (= Higashi-Ikoma Optical Visual Information System) dient der Erprobung des Einsatzes der Optoelektronik und der Glasfasertechnik für die Breitbandkommunikation und der Anwendung dieses Systems für eine Zweiweg-Breitbandkommunikation /118, 169/.

Seit Juni 1978 läuft die 8 Jahre dauernde Feldversuchsphase, an der 158 Haushalte teilnehmen. Das Dienstangebot umfaßt:

- 9 Fernsehprogramme, die zum Teil über Satellit und Richtfunk zugeführt werden.
- Ein tägliches Lokalprogramm, das von den Teilnehmern mitgestaltet wird.
- Abrufen von Festbildern und auf Videokassetten gespeicherten Programmen.

Der technische Aufbau des Versuchsnetzes ist in *Bild* 5.4 dargestellt. Die Teilnehmer sind durch zwei Glasfasern (Vorwärts- und Rückkanal getrennt) über einen Verteiler sternförmig mit der Zentrale verbunden. Bei einem möglichen späteren Ausbau sollen in das Netz noch Unterzentralen eingefügt werden, die ebenfalls über Glasfasern verbunden werden. Die Programmselektion geschieht auf Anforderung durch den Teilnehmer in der Zentrale, worauf in einem Koppelfeld jeweils einer von 30 Breitbandkanälen zum Teilnehmer durchgeschaltet wird.

Wegen der geringen Dämpfung der Glasfaserverbindungen brauchen zwischen der Zentrale und dem Teilnehmerendgerät keine Verstärker vorgesehen zu werden. In jeder Faser wird jeweils nur ein einziges Breitbandsignal übertragen. Zwei Minicomputer dienen zur Steuerung des Betriebsablaufs, zum Schalten des Videowegs über das Koppelfeld, zur Abwicklung der Dialogdienste und zur Programmreservierung. Außerdem nehmen diese Rechner einfache statistische Auslastungsmessungen vor. Das Lokalstudio dient zur Produktion der Lokalprogramme, wobei ein breitbandiger Rückkanal von jeweils nur einem Teilnehmer direkt in dieses Studio geschaltet werden kann.

Für die maximal 168 Teilnehmeranschlüsse stehen für Abrufdienste nur 4 Videoabspielgeräte zur Verfügung, wobei ein Gerät für den Festbildabruf reserviert ist. Daher kommt

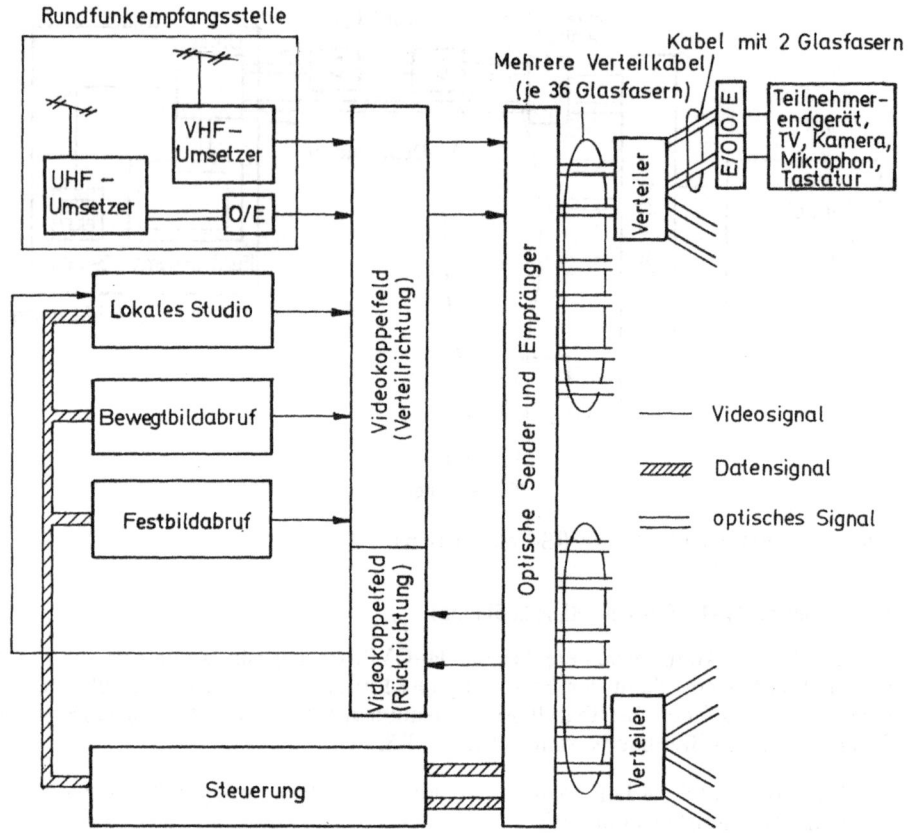

Bild 5.4   Aufbau von Hi-OVIS

es beim Bewegtbild- und Festbildabruf des öfteren zu Engpässen, wenn zu viele Teilnehmer gleichzeitig diesen Dienst anfordern. Das Koppelfeld hat volle Erreichbarkeit und kann 30 Eingängen 168 Ausgänge zuordnen. Das für die Rückrichtung verwendete Koppelfeld kann dagegen den 168 Anschlüssen nur 2 Ausgänge zuordnen, d. h. nur 2 Teilnehmer können Breitbandrückkanäle gleichzeitig nutzen. Eine abgesetzt angeordnete Station für den Empfang von UHF-Fernsehprogrammen ist über ein Glasfaserkabel an die Zentrale angeschlossen. Übertragungswagen ermöglichen aktuelle Reportagen.

Die Teilnehmereinrichtung, die jedem Teilnehmer kostenlos zur Verfügung gestellt wird, besteht aus:

- einem gewöhnlichen Farbfernsehempfänger
- einer Schwarz/Weiß-Kamera mit Mikrophon
- einer Tastatur mit zugehöriger Übertragungseinrichtung.

Es ist vorgesehen, später nicht jeden Teilnehmer mit einer Kamera auszurüsten. Die Steuerung des Teilnehmerendgerätes ist durch einen Mikrocomputer realisiert. *Bild 5.5* zeigt den für das Versuchsnetz verwendeten Frequenzplan. Als Sendeelement wird eine Lumineszenzdiode (LED) mit einer Wellenlänge von 0,83 µm verwendet, als Empfänger dient eine pin-Photodiode. Von der Zentrale bis zu den Verteilern sind Kabel mit je 36 Fasern verlegt, von dort führt ein Kabel mit 2 Fasern weiter zu jedem Teilnehmer. *Bild* 5.6 zeigt den Querschnitt der installierten Kabel. Die verwendete Glasfaser ist eine Stufenindexfaser mit einem Kerndurchmesser von 180 µm und einer Dämpfung von weniger als 10 dB/km.

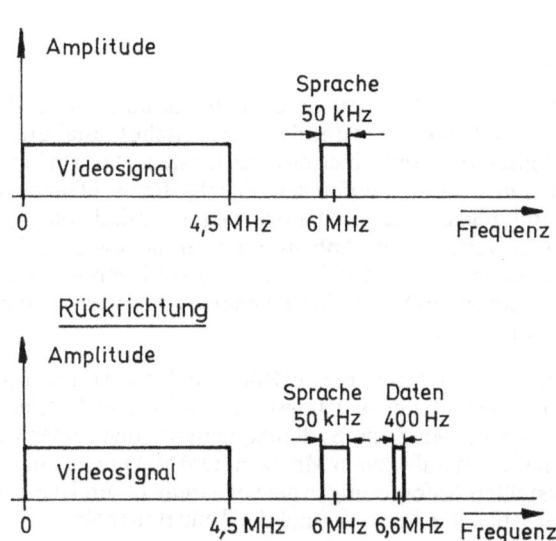

Bild 5.5 Frequenzplan des Hi-OVIS-Systems

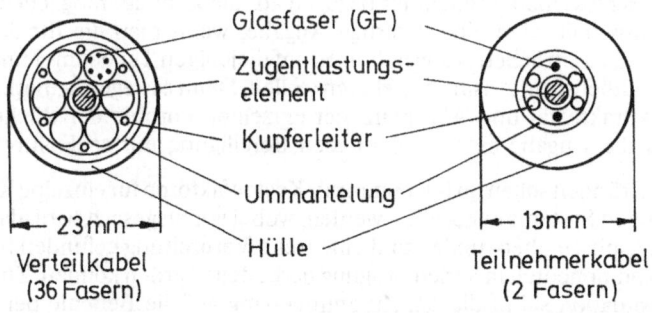

Bild 5.6 Aufbau des Verteil- und des Teilnehmerkabels im Hi-OVIS-System

Das Projekt Hi-OVIS ist in erster Linie ein technischer Versuch, der die Einsatzmöglichkeiten der optischen Nachrichtenübertragungstechnik aufzeigen soll. Im Verlauf des Projekts wurde bis jetzt deutlich, daß die angewandte Technik die gestellten Erwartungen voll erfüllt. Das Projekt soll in einer zweiten Phase technisch verbessert und aktualisiert werden. Dabei ist geplant, den zur Zeit noch sehr beschränkten Teilnehmerkreis erheblich zu erweitern.

6 Einige Angaben zu den Systemkosten

6.1 Vorbemerkung

In den vorhergehenden Kapiteln wurden die Nutzungsformen von Breitbandkommunikationssystemen mit Rückkanälen und deren technische Gestaltung betrachtet. Dieser Bericht wäre unvollständig, wenn hier nicht wenigstens der Versuch gemacht würde, die bei der Installation und dem Betrieb derartiger Systeme anfallenden Aufwendungen zu beschreiben und angenähert zu charakterisieren. Dabei sollten die im folgenden angegebenen Zahlenwerte nur als Anhaltspunkt für die jeweilige Größenordnung genommen werden, da noch keine Erfahrungswerte vorliegen und auch die in Kanada, USA und Japan an einzelnen Stellen betriebenen Systeme nur wenig Aussagekraft für die hiesigen Verhältnisse haben.

Da Breitbandkommunikationssysteme mit Rückkanälen sowohl in ihrem Systemaufbau als auch in den darin angebotenen Nutzungsformen sehr stark differieren können, mußte darauf verzichtet werden, einzelne Systemkonfigurationen näher zu betrachten und daraus dann einen Gesamtaufwand in Millionen DM zu berechnen. Jede derartige Zahl ist nur von den gestellten Anforderungen her verständlich – und diese wiederum hängen ganz von den Wünschen der Betreiber und der Teilnehmer ab.

Noch weniger sinnvoll wäre es, den in einem derartigen System auf den einzelnen Teilnehmer entfallenden Aufwand angeben zu wollen, denn er ist abhängig von der sog. Anschlußdichte, d. h. dem Prozentsatz der tatsächlich an das Breitbandkommunikationssystem angeschlossenen Teilnehmer bezogen auf die Zahl der möglichen Teilnehmer. Besonders unsicher wäre eine derartige Angabe, wenn man die für den Rückkanal erforderlichen, zusätzlichen Aufwendungen auf diejenigen Teilnehmer umlegen wollte, die Rückkanaldienste in Anspruch nehmen wollen. Denn es liegen keinerlei Erfahrungswerte zur Attraktivität und Akzeptanz der einzelnen Formen der Rückkanalnutzung vor, so daß die Angabe einer prozentualen Beteiligung nur spekulativ sein könnte.

Aus diesen Gründen sollen im folgenden nur Kostenfaktoren für einzelne Komponenten eines derartigen Systems angegeben werden, wobei vorausgesetzt wird, daß das System seine Anfangsphase überwunden und eine weite Verbreitung gefunden hat, so daß die einzelnen Komponenten in Serienfertigung hergestellt werden können. Zur Beurteilung der Kostensituation sei in diesem Zusammenhang auf die Berichte der Kommission für den Ausbau des technischen Kommunikationssystems (KtK) /126/ und der Expertenkommision Neue Medien (EKM) /60/ verwiesen.

Bei der Betrachtung der Kostenstruktur ist es zweckmäßig, folgende Gliederung anzuwenden:

Die *Investitionskosten* umfassen die einmaligen Aufwendungen für

- das Verteilnetz (*Bild* 3.2), bestehend aus
  • Kabelstrecken (Kabel und deren Verlegung)

- Verstärkern
- Hausverteilanlagen

– die zusätzlichen Aufwendungen im Netz für den Rückkanal, die sich beispielsweise bei einer Lösung nach *Bild* 3.13 und 3.17 aus folgenden Teilen zusammensetzen:
- Frequenzweichen
- Verstärker für Rückwärtsrichtung
- Teilnehmeranschlußgerät beim Teilnehmer.

Alternativ zum Koaxialkabelverteilnetz mit Rückkanälen sind bei Glasfasernetzen mit Integration der Schmalband- und Breitbanddienste Aufwendungen für
- Glasfaserkabel in Sternstruktur und deren Verlegung
- Opto-elektrische und elektro-optische Wandler
- Multiplex- und Demultiplex-Einrichtungen
- Verteilkoppelfeld in der Zentrale

notwendig.

Zu den Investitionskosten gehören außerdem
– die Zentrale für interaktive Breitbandkommunikation (*Bild* 3.60), im allgemeinen bestehend aus
- Netzzentrale mit
     Sendestelle für das Netz und
     Anschlußeinheit für schmalbandige Signale
- Informationszentrale für Verteildienste mit
     Rundfunkempfangsstelle,
     lokalem Studio und
     Laufsystem für Video- und Kabeltext
- Informationszentrale für interaktive Dienste mit
     Rechnersystem und
     audiovisueller Informationsbank sowie einem
     System zur Entwicklung der Dienstinhalte
- Einheiten zur Überwachung und Steuerung

– die Teilnehmerendgeräte für
- Verteildienste
- interaktive Dienste.

Die *Betriebskosten* kennzeichnen den jährlichen Aufwand, der notwendig ist, um das System entsprechend den von ihm verlangten Funktionen in der vorliegenden Ausbaustufe betreiben zu können. Dazu zählen Aufwendungen wie
– Technische Betriebsführung (Räume und Personal)
– Rechnermiete (Hardware)
– Lizenz und Miete für Software
– Wartungsdienst
– Kapitaldienst (Abschreibungen, Zinsen)
– Verwaltung und Organisation.

Dagegen gehören alle Aufwendungen, die für die laufende Bereitstellung der in den Programmen und Diensten angebotenen Inhalte aufgebracht werden müssen, zur folgenden Gruppe.

Die *Kosten für Programm- und Dienstinhalte* umfassen die
– Programmkosten für Fernsehprogramme
– Programmkosten für Tonprogramme
– Erstellung und Aktualisierung von Video- und Kabeltextseiten
– Erstellung und Aktualisierung interaktiver Dienste (vgl. Kapitel 2.2 und 2.3).

6.2 Investitions- und Betriebskosten

Die Aufwendungen für die Installation des *Verteilnetzes* sind vorwiegend bestimmt durch die Kosten für die Koaxialkabelstrecken, wobei insbesondere die Kabelverlegungskosten ins Gewicht fallen. Angenähert muß man für die Kabelstrecken im Mittel mit einem Betrag von etwa 40,– DM/m* rechnen, wovon 70–80% allein für die Verlegung und Montage ausgegeben werden müssen. Daher besteht kostenmäßig ein relativ geringer Unterschied zwischen einer Ein-Kabel- und einer Zwei-Kabel-Lösung. Wesentlich geringere Verlegungskosten entstehen, wenn vorhandene Kabelrohre genutzt werden können.

Für die in der A- und B-Ebene eingesetzten Verstärker muß einschließlich der Montage für jeden Verstärkerpunkt im Mittel mit einem Betrag von rund 10 TDM gerechnet werden, wobei nach den Angaben der KtK /126/ und der EKM /60/ im Mittel je 100 Wohneinheiten etwa ein Verstärkerpunkt veranschlagt wird.

Für die private Hausverteilanlage wurde in /60/ ein mittlerer Investitionsaufwand von 300,– DM je Teilnehmer geschätzt.

Die zusätzlichen Aufwendungen für den eigentlichen *Rückkanal* im Netz sind dann gering, wenn eine Lösung nach *Bild* 3.17 vorgenommen wird, d. h. die Rückkanäle in Frequenzmultiplextechnik unter Verwendung von Frequenzen < 30MHz auf Koaxialkabeln realisiert werden. Die Kosten für die Frequenzweichen in den Verstärkern und die relativ wenigen Rückwärtsverstärker, die in der B-Ebene notwendig sind, erhöhen den Aufwand für die Verstärkerpunkte nur um etwa 15% und können daher im Rahmen des Gesamtsystems weitgehend vernachlässigt werden. Dagegen sind für das beim Teilnehmer installierte Teilnehmeranschlußgerät (TAG) und die Erweiterung der Hausverkabelung zusätzliche Aufwendungen notwendig, die bei einfachen Abrufsystemen auf etwa 300,– DM, bei Systemen mit größerer Einsatzbreite auf 1500,– DM geschätzt werden.

Die Bereitstellung mehrerer breitbandiger Rückkanäle erfordert die Verlegung eines zweiten Koaxialkabels (im gleichen Kabelgraben). Der dafür notwendige Zusatzaufwand an Kabeln und Verstärkern wird in /60/ auf etwa 600,– DM je Wohngebäude (d. h. bis zum Übergabepunkt) bei durchschnittlich 2,3 Wohneinheiten je Gebäude geschätzt. Durch die erweiterten Nutzungsmöglichkeiten erhöhen sich selbstverständlich auch die Aufwendungen für das Teilnehmeranschlußgerät und für die Hausverkabelung.

Eine besonders zweckmäßige Lösung eines Zwei-Kabel-Netzes ist in *Bild* 3.22 dargestellt. Auf den beiden Koaxialkabeln können neben zahlreichen Kanälen in Vorwärtsrichtung drei Breitbandkanäle und ein allgemeiner Datenkanal in Rückwärtsrichtung genutzt werden. An die am Übergabepunkt angeordnete Vorfeldeinrichtung VFE (*Bild* 3.27) sind mehrere Teilnehmer (etwa 10–30) über Koaxialkabel sternförmig angeschlossen. Eine derartige Anordnung bietet dem Teilnehmer vielseitige Nutzungsmöglich-

---

* (alle Schätzwerte auf der Preisbasis 1981)

keiten und sichert gleichzeitig die Vertraulichkeit der schmal- und breitbandigen Dialog-verbindungen. Die in der Vorfeldeinrichtung notwendigen Umsetzer und Durchschalte-einrichtungen führen aber zu einer merklichen Erhöhung des Investitionsaufwandes, der erst im Zuge weiterer Fortschritte auf dem Gebiet der Mikroelektronik reduziert werden kann.

Die geringe Dämpfung von *Glasfaserstrecken* (siehe *Bild* 3.35) gestattet es, breitbandige Teilnehmeranschlußleitungen sternförmig bis zu einer mehrere Kilometer entfernt liegenden Zentrale zu führen. Von den Leistungsmerkmalen her gesehen entspricht dies einer Konzentration der eben besprochenen Vorfeldeinrichtungen mit allen ihren Vor-teilen in der Netzzentrale, wodurch einige der Funktionsgruppen zentral und damit preiswerter realisiert werden können. Andere Funktionseinheiten sind teilnehmerbe-zogen, so z. B. das Verteilkoppelfeld (*Bild* 3.50), das jeder Teilnehmer über einen Rück-kanal so einstellt, daß er die gewünschten Programme empfängt. *Bild* 3.51 zeigt das relativ aufwendige Teilnehmeranschlußgerät (TAG), das jeder Teilnehmer benötigt, damit alle Signale gemeinsam auf zwei Glasfasern, bzw. bei Verwendung der Wellen-längenmultiplex-Technik auf nur einer Glasfaser, übertragen werden können. Auch hier müssen erst noch preiswerte, integrierte Mikroelektronik-Schaltkreise geschaffen werden.

Bei einem Vergleich des Investitionsaufwandes zwischen der Koaxialkabel- und der Glasfaserkabeltechnik muß berücksichtigt werden, daß in Glasfasernetzen wegen der aus heutiger technischer Sicht sowohl zweckmäßigen als auch notwendigen Sternstruk-tur jeder Teilnehmer eine oder zwei Glasfasern eines Kabels für sich allein benötigt, während bei der Koaxialkabeltechnik die Koaxialkabel bis zu den Übergabepunkten von den Teilnehmern gemeinsam genutzt werden. Bei Koaxialkabelnetzen entfällt auf den einzelnen Teilnehmer eine Kabellänge von meist weniger als 20 m. Vergleicht man die heutigen Kosten für ein Koaxialkabel von etwa 5,- DM/m mit denjenigen einer Glasfaser in einem Vielfaserkabel von heute noch etwa 2 ... 5 DM/m und berücksichtigt man ferner, daß die Kosten für die Kabelverlegung in beiden Fällen etwa gleich sind, so erkennt man, daß derzeit Glasfasersternnetze noch wesentlich teurer sind als Koaxial-kabelverteilnetze. Auch die sowohl auf der Sende- als auch der Empfangsseite notwen-digen elektro-optischen und opto-elektrischen Wandler zusammen mit den zugehörigen Elektronikschaltungen, z. B. den Analog/Digital- und Digital/Analogwandlern, ver-teuern diesen Lösungsweg beträchtlich. Es sollte jedoch nicht verkannt werden, daß sowohl die Glasfasern als auch die erwähnten Wandler durch weitere technologische Fortschritte und das Einsetzen einer Serienfertigung sicherlich sehr viel preiswerter hergestellt werden können. So wird erwartet, daß sich der Preis für eine Glasfaser dann auf etwa -,30 DM/m und derjenige für eine Laserdiode von heute ca. 3 TDM auf etwa 150 ... 300,- DM verringern wird. Bei einem Vergleich der beiden Netzformen darf auch nicht übersehen werden, daß das Glasfaser-Sternnetz jedem Teilnehmer in beiden Übertragungsrichtungen breitbandige Kanäle und damit mehr Möglichkeiten zur Nut-zung, u. a. für Bildfernsprechen und viele der in Kap. 2 genannten Nutzungsarten, bietet. Daher ist aus heutiger Sicht anzunehmen, daß in fernerer Zukunft Breitbandkommu-nikationssysteme mit Rückkanälen vorwiegend in Glasfasertechnik erstellt werden.

Der Investitionsaufwand für eine *Zentrale* in einem interaktiven Breitbandkommuni-kationssystem ist sehr stark von den Wünschen der Teilnehmer an die Anzahl und die Art der angebotenen Dienste, von der Anzahl der angeschlossenen Teilnehmer und von der Anzahl der gleichzeitigen Interaktionen abhängig (vgl. Unterkap. 2.4). Wie *Bild* 3.60 zeigt, sind auf jeden Fall eine Sendestelle für die Verteildienste, eine Rundfunk-empfangsstelle und Einrichtungen zur Aufbereitung und Einspeisung weiterer Fernseh-

und Tonprogramme notwendig, wofür ein Betrag von 0,3 … 0,5 Mio. DM ausreichen sollte. Für die Ausrüstung eines neu einzurichtenden lokalen Studios zur Erzeugung von Fernseh- und Tonprogrammen schätzt die EKM /60/ einen Aufwand von 7,1 Mio. DM, der sich bei einfacherer Ausstattung auf etwa ein Drittel dieses Wertes reduziert, jeweils ohne die Aufwendungen für den Bau oder Umbau eines Gebäudes.

DerAufwand für ein System zur Erstellung und Verteilung elektronischer Texte wird auf etwa 0,3 … 1 Mio. DM geschätzt.

Eine von der baden-württembergischen Landesregierung eingesetzte Arbeitsgruppe aus Vertretern der Rundfunkanstalten SDR, SWF und ZDF sowie einiger deutscher Zeitungsverlage hat in einer Modellrechnung genauere Angaben über die Investitionsaufwendungen für ein ausschließlich lokalbezogenes Hörfunk- und Fernsehprogramm gemacht. Nach dem Bericht dieser Arbeitsgruppe /198/ basieren die Rechnungen auf einem angenommenen Programmumfang von täglich 30 Minuten Fernsehen und einer Stunde Hörfunk. Außerdem wurden für die journalistische und technische Qualität des Programms professionelle Standards und moderne Verfahren der elektronischen Berichterstattung zugrundegelegt. Unter diesen Rahmenbedingungen hat die Arbeitsgruppe einmalige Investitionskosten für den Fernsehbereich von 3,35 … 5,4 Mio. DM und für den Hörfunkbereich von 0,65 … 1,7 Mio. DM errechnet.

Die für interaktive Dienste zusätzlich erforderliche Informationszentrale, d. h. das »Dienstlaufsystem«, umfaßt ein Rechnersystem (*Bild* 3.64) und die audiovisuelle Informationsbank (*Bild* 3.65). Außerdem muß die Netzzentrale entsprechend erweitert werden. Abhängig von den Forderungen an die Rechnerleistung und die Speicherkapazität für die verschiedenen Dienste dürfte der Aufwand für eine Zentrale zur interaktiven Breitbandkommunikation mittlerer Größe typisch etwa 5 … 15 Mio. DM betragen, wobei dieser Betrag die Entwicklungskosten des Systems nicht einschließt.

Zum Füllen des Dienstlaufsystems mit Inhalten wird zusätzlich ein Dienstentwicklungssystem benötigt, das den Autoren die notwendige Rechnerunterstützung liefert, um »Dienste« erstellen und Informationen einbringen zu können. Dazu werden neben einem Rechner mit einem umfangreichen Software-Paket mehrere Autorenterminals und die erforderlichen audiovisuellen Peripheriegeräte benötigt. Der Aufwand für dieses Dienstentwicklungssystem, wiederum ohne Entwicklungskosten, wird auf 3 … 4 Mio. DM geschätzt. Sowohl die interaktive Informationszentrale als auch das Dienstentwicklungssystem sollten in modularer Form so konzipiert sein, daß ein stufenweiser Ausbau möglich ist.

Bei den *Teilnehmerendgeräten* unterscheidet man zwischen solchen für reine Verteildienste und den Geräten für interaktive Dienste. Die Mehrzahl der heutigen Fernsehempfänger ist für den Empfang der Sonderkanäle (siehe *Bild* 3.1) noch nicht ausgerüstet. Diese Geräte können entweder umgebaut werden (Aufwand etwa 150,- DM) oder durch Vorschalten eines Frequenzumsetzers (Konverter) mit einem Aufwand von etwa 250,- DM in die Lage versetzt werden, die auf den Sonderkanälen übertragenen Fernsehprogramme zu empfangen. Neu anzuschaffende Fernsehgeräte sollten auf den erweiterten Empfangsbereich ausgelegt sein, was einem Mehraufwand von etwa 50,- DM entspricht.

Für den Empfang von Fernsehprogrammen, die gegen zusätzliches Entgelt (Pay-TV) angeboten werden, gibt es verschiedene Verfahren, die in Abschnitt 3.5.6 beschrieben sind. Die in Systemen ohne Rückkanal dafür erforderlichen Zusatzeinrichtungen stellen einen Mehraufwand von 200...400,- DM dar. In Systemen mit Rückkanal kann die Sperrung bzw. Entsperrung teilnehmerbezogen, beispielsweise in der Vorfeldeinrichtung, erfolgen.

Zum Empfang von Videotext- und Kabeltextsendungen muß das Fernsehgerät durch einen Textdecoder mit zugehörigem Textempfangsteil, Textspeicher und einer Bedienungstastatur erweitert werden, wodurch ein zusätzlicher Aufwand von etwa 500,- DM entsteht, der aber im Laufe der Jahre durch weitere Fortschritte auf dem Gebiet der Mikroelektronik deutlich abnehmen dürfte.

Für viele interaktive Dienste, z. B. zum Abrufen von Texten und Bildern, genügt ein schmalbandiger Rückkanal, wofür als Teilnehmerendgerät eine numerische Tastatur mit Codec und Zwischenspeicher sowie eine einfache Übertragungseinrichtung im Teilnehmeranschlußgerät ausreichen. Der dafür notwendige Geräteaufwand wird auf insgesamt 400 ... 600,- DM geschätzt; er erhöht sich, wenn auch in Vorwärtsrichtung individuelle Datenverbindungen genützt werden sollen. Für den Anschluß an den Bildschirmtext-Dienst ist neben dem im Fernsehgerät notwendigen Bildschirmtext-Decoder ein Modem erforderlich.

Für den interaktiven Dialog des Teilnehmers mit der Zentrale ist ein Endgerät mit einer alphanumerischen Tastatur, einem Coder/Decoder und einem Speicher mittlerer Kapazität sowie eine Übertragungseinrichtung für die Vorwärts- und Rückwärtsrichtung, evtl. sogar für eine höhere Bitrate (z.B. 2400 bit/s), notwendig. Es wird geschätzt, daß dafür etwa 1–2 TDM aufgewendet werden müssen, die sich um weitere 0,5...1 TDM erhöhen, wenn auch noch ein einfacher Drucker als Gerät für die Ausgabe der Informationen auf Papier angeschlossen ist.

Zur Nutzung eines Breitbandrückkanals wird eine Farbbildkamera und eine Modulationseinrichtung zur Übertragung von Fernsehbildern benötigt, wofür ein Aufwand von etwa 3 TDM anzusetzen ist.

Zu den Kosten für die Aufrechterhaltung des *Betriebs* eines interaktiven Systems gibt es in /60/ einige Abschätzungen. Danach sind für Abschreibungen jährlich etwa 10% und für Wartung etwa 2% der Investitionssumme einzusetzen. Dazu kommen die Aufwendungen für die Verzinsung des eingesetzten Kapitals und für die zur Betriebsführung notwendigen Personal- und Sachkosten.

6.3 Kosten für die laufende Bereitstellung von Programmen und Informationen

Allgemeine Angaben zu den Kosten für die Gestaltung neuer *Fernseh- und Tonprogramme* zu machen, ist schwierig, da diese in hohem Maße von den Programmsparten abhängen. Diese Problematik wird im EKM-Bericht /60/ im einzelnen näher beleuchtet. Danach belaufen sich die durchschnittlichen Selbstkosten je Sendeminute im Musik- und Wortprogramm des Hörfunks auf 47,- bis 318,- DM, wobei der niedrigste Wert für die Darbietung leichter Musik und der höchste für die Inszenierung von Hörspielen gilt. Entsprechend werden für das ARD-Fernsehen durchschnittliche Selbstkosten je Sendeminute von 937,- bis 6258,- DM angegeben. Ein deutlich niedrigerer Durchschnittswert, nähmlich 774,- DM, wurde bei den dritten Fernsehprogrammen festgestellt. Die Kostendifferenz erklärt sich zu einem beträchtlichen Teil aus dem höheren Prozentsatz an Wiederholungen und vor allem dem weitgehend kostenlosen

Zugriff auf einen gemeinsamen Pool aller dritten Programme. Für die Erstellung eines lokalen, täglich 45minütigen Kabelfernsehprogramms wurden in /60/ Durchschnitts- minutenkosten in Höhe von 500,– DM geschätzt, was bei Berücksichtigung der Betriebs- und Gemeinkosten einem Mitarbeiterstab von annähernd etwa 30 Personen entspricht. Kosten, die wesentlich unter diesem Betrag liegen, dürften nur für solche Programme in Frage kommen, die auf journalistische Gestaltung weitgehend verzichten und sich auf eine längere, unbearbeitete Wiedergabe von Ereignissen beschränken.

Die in Unterkapitel 6.2 erwähnte Arbeitsgruppe /198/ hat für ein lokales Fernseh- programm von täglich 30 Minuten Dauer jährliche Kosten von 4...4,5 Mio. DM und einen Personalbedarf von 26...33 Personen errechnet. Für ein lokales Hörfunkpro- gramm von einer Stunde Dauer wurden ganz entsprechend jährliche Kosten von 1,3...1,77 Mio. DM und ein Personalbedarf von 9...12 Personen ermittelt.

Für *Videotext* in seiner heutigen Form rechnen ARD und ZDF mit einem jährlichen Aufwand von ca. 700 TDM /60/, der allerdings nur die Personal- und Sachkosten, nicht dagegen die Kosten für die Beschaffung der Informationen einschließt.

Die Gestaltung und Eingabe einer Textseite bei *Kabeltext* erfordert, je nach Inhalt, im Mittel etwa eine halbe Stunde Arbeitszeit, sofern die Informationen im wesent- lichen schon vorliegen und nur aufbereitet werden müssen, und zwei Stunden oder mehr für den Fall, daß aktuelle Bildschirmseiten graphisch neu gestaltet werden müssen. Umfaßt das Kabeltext-Verteilsystem 2000 Textseiten, von denen täglich etwa 50 Seiten neu erstellt und die übrigen von Zeit zu Zeit an den neuesten Stand an- gepaßt werden müssen, so ist dafür nach einer Schätzung ein Redaktionsstab von etwa 10 Personen notwendig.

In einer Projektstudie des Heinrich-Hertz-Instituts /77/ wird auch zum Aufwand für *interaktive Dienste* Stellung genommen. Unter der dort getroffenen Annahme, daß jeder Teilnehmer im Mittel täglich 7 Minuten von dem Angebot an interaktiven Diensten mit einem über längere Zeit hinweg unveränderten Inhalt (z.B. Spiele, Auskünfte) Gebrauch macht, ergibt eine grobe Abschätzung, daß dafür im Jahr ca. 30 Stunden Programm erstellt werden müssen. Wenn man weiterhin davon ausgeht, daß es nur 8 verschiedene Interessengruppen unter den Teilnehmern gibt, so müssen interaktive Dienste mit einem zeitlichen Umfang von $8 \cdot 30 = 240$ Stunden pro Jahr produziert werden. Als ein unterer Wert für den Arbeitsaufwand zur Erstellung von einer Stunde Teilnehmerdialog kann, aus Erfahrungen beim computerunterstützten Unterricht, von etwa 300 Stunden ausgegangen werden. Dies entspricht somit einem jährlichen Arbeitsaufwand von etwa 80000 Stunden. Das erforderliche Redaktions- team müßte also 40 Personen umfassen, wobei diese Arbeitskapazität natürlich auf mehrere Institutionen verteilt sein könnte.

7 Glossar

Adaptives Lernen
Eine dem jeweiligen Kenntnisstand bzw. dem Lernfortschritt sich anpassende Vorgehensweise (Schwierigkeit der Aufgabenstellungen) bei der Vermittlung von Wissen bzw. bei der Einübung des Lernstoffs.

Algorithmus
Regel zum schematischen Lösen von Aufgaben (Verwendung: Datenverarbeitungsprogramme, interaktive Dienste).

Alphagraphischer Dienst
Steuerbare Folge von Informationsseiten, die ausschließlich aus Buchstaben, Ziffern, Zeichen und graphischen Elementen bestehen.

Analogtechnik
Technik zur analogen Übermittlung und Verarbeitung von Nachrichten. Bei der analogen Übertragung wird von dem zu übertragenden Signal, zum Beispiel der Schallschwingung, ein entsprechendes (= analoges) elektrisches Signal am Ort des Senders erzeugt, zum Empfangsort übertragen und dort wieder in seine Ursprungsform, hier die Schallschwingung, zurückverwandelt. Der zeitliche Verlauf des elektrischen Signals ist analog demjenigen des Schallsignals (Gegensatz : Digitaltechnik).

Antennenanlagen
Antennenanlagen dienen zum Empfang der über Funk ausgestrahlten Nachrichten. Beim Empfang von Fernseh- und Hörfunksignalen unterscheidet man:

- **Einzelantennenanlagen (EA)** dienen der Versorgung eines einzigen Haushalts.

- **Gemeinschaftsantennenanlagen (GA)** versorgen über Verteilverstärker mehrere Haushalte.

- **Großgemeinschaftsantennenanlagen (GGA)** versorgen über kaskadierte Streckenverstärker größere Anschlußbereiche oder Gebäudekomplexe.

Assembler-Befehl
Befehl in maschinenorientierter, symbolischer Programmiersprache.

Audiovisuelle Informationsbank
Speichereinrichtungen, aus denen die Informationseinheiten eines audiovisuellen Dienstes abgerufen werden können.

Audiovisuelle Medien
Informationsorgane, die eine Nachricht hörbar (auditiv), sichtbar (visuell) oder kombiniert darstellen. (Wichtiges Beispiel: Fernsehen).

Audiovisueller Dienst
Steuerbare Folge von Informationseinheiten, die neben alphagraphischen Elementen auch Ton-, Fest- und Bewegtbilder einsetzen.

Bandbreite (Frequenzbandbreite)
Verfügbarer Frequenzumfang einer nachrichtentechnischen Einrichtung bzw. benötigter Frequenzumfang zur Übertragung eines Signals. Sie ergibt sich als Differenz zwischen der höchsten und niedrigsten Frequenz eines Übertragungsbereichs. Ein Fernsehsignal hat eine Bandbreite von 5 MHz (Breitbandsignal); ein Sprachsignal im Fernsprechnetz hat dagegen eine Bandbreite von ca. 3 kHz (Schmalbandsignal).

Basisbandsignal
Ein in seiner »ursprünglichen« Frequenzlage vorliegendes Signal.

Betriebssystem
Gesamtheit der vom Hersteller einer Datenverarbeitungsanlage mitgelieferten Programme, die den Betrieb ermöglichen, ohne auf einen bestimmten Anwendungsfall zugeschnitten zu sein.

BIGFON
Abkürzung für »Breitbandiges Integriertes Glasfaser-Fernmeldeortsnetz«. Unter dieser Bezeichnung werden von mehreren Firmen Versuchssysteme zur optischen Nachrichtenübertragung für Schmal- und Breitbanddienste im Netz der Deutschen Bundespost aufgebaut. Auf einer Anschlußleitung können Fernsprechen, Bildfernsprechen, Texte und Daten sowie Hörfunk und Fernsehen übertragen werden.

Bildschirmtext
Dienst der Deutschen Bundespost zur Wiedergabe von Texten und Graphiken auf dem Bildschirm eines durch Zusatzeinrichtungen erweiterten Fernsehgerätes des Teilnehmers, wobei die Daten im Fernsprechnetz codiert übertragen werden.
Die Teilnehmer haben individuellen Zugriff auf die in der Datenbank der Zentrale für sie bereitgestellten Informationen. Seit 1.6.80 werden in Berlin und Düsseldorf Feldversuche durchgeführt. Die Dienstaufnahme ist für 1983 geplant. Der international verwendete Oberbegriff für Bildschirmtext ist Interactive Videotex.

Bildwiederholspeicher
Speicher im Teilnehmerendgerät, durch dessen periodisches Auslesen einmalig übertragene und gespeicherte alphagraphische Seiten oder Festbilder auf dem Fernsehbildschirm über längere Zeit dargestellt werden können.

Bit
Dieser Begriff wird einerseits gebraucht als Kurzform für Binärzeichen bzw. als Synonym für Dualziffer (das Bit, die Bits), andererseits als Einheit (bit) für die Anzahl der Binärentscheidungen. Wenn z.B. aus n verschiedenen Elementen ein bestimmtes Element ausgewählt werden soll, so ist es notwendig, $z = \log_2 n$ Binärentscheidungen (bit) zu treffen.

Bitfehlerwahrscheinlichkeit
Wahrscheinlichkeit, mit der ein übertragenes Binärzeichen gefälscht beim Empfänger ankommt.

BK-Anlage

BK = Breitbandkommunikation

Von der Deutschen Bundespost verwendete Bezeichnung für die von ihr gebauten Kabelfernsehanlagen mit der Möglichkeit, einen einfachen Rückkanal einzurichten. Die Technik dieser Anlagen ist weitgehend standardisiert.

Breitbandkommunikation

Elektronisch übermittelte Kommunikation unter Einbeziehung bewegter Bilder als übertragene Informationen. Die Bandbreite eines analogen Bewegtbildsignals (Video-Signal) liegt bei etwa 5 MHz. Die Übertragungsgeschwindigkeit bei digitaler Bewegtbildübertragung in Fernsehqualität beträgt abhängig vom Codieraufwand 34...140 Mbit/s.

Breitband-Stromwege

Von der Deutschen Bundespost benützte Bezeichnung für Koaxialkabel-Übertragungsanlagen, die sie auf öffentlichem Grund als Zubringer zu oder zwischen privaten Gemeinschaftsantennenanlagen errichtet und vermietet. Standardausführung: 12 Fernsehkanäle im VHF-Band.

Breitband-Übertragungssysteme

Einrichtungen, die durch entsprechende Multiplexbildung die gleichzeitige Übertragung vieler Fernsprech- oder Tonprogrammsignale und/oder eines oder mehrerer Fernsehsignale über ein Koaxialpaar oder eine Richtfunkträgerfrequenz ermöglichen.

Bürokommunikation

Sammelbegriff für die – vorwiegend für den Gebrauch im Büro – vorhandenen und in Zukunft realisierten Telekommunikationsdienste, z.B. Telefon, Fernschreiben, Telefax (Fernkopieren), Teletex (Textbe-/verarbeitung mit Fernübertragungsmöglichkeit), Büro-Bildschirmtext, Bildfernsprechen, Konferenzfernsehen etc.

Byte

Eine Gruppe von Binärzeichen (Bits), wobei häufig gilt 1 Byte = 8 Bits. Üblich: kByte, MByte. Dient auch zur Angabe der Speicherkapazität, z.B. eines Rechners.

CCIR

Comité Consultatif International des Radiocommunications.
Internationales beratendes Komitee für den Funkverkehr.

CCITT

Comité Consultatif International Télégraphique et Téléphonique.
Internationales beratendes Komitee für das Telegrafie- und Fernsprechwesen.
CCIR und CCITT sind Organisationen der Internationalen Fernmelde-Union (engl. ITU, franz. UIT) mit Sitz in Genf, die technische Empfehlungen erarbeiten.

Code

Eine (nicht notwendig eindeutig) umkehrbare Zuordnung zwischen zwei Mengen von Zeichen.

Codec

Kunstwort aus **Co**dierer und **Dec**odierer. Einrichtung zur codierten Übertragung von Informationen zwischen Teilnehmerstationen.

Codesignal
Physikalische Darstellung einer Nachricht mit Hilfe eines Code.

Codierung
Umsetzung eines Zeichens in das ihm entsprechende Codewort nach einem festgesetzten Code.

Computerunterstützter Unterricht (CUU)
Eine Unterrichtsform, bei der ein Computer Lehrfunktionen wie Stoffdarbietung,
Lernerfolgsanalyse, Rückmeldung übernimmt und unter Einbezug lernrelevanter
Eigenschaften der Lernenden sowie unter fortlaufender Berücksichtigung ihrer Lern-
aktivität den Lernprozeß für jeden einzelnen möglichst optimal steuert (→ adaptives
Lernen).

Cursor
Steuerbare Markierung auf dem Bildschirm.

Dämpfung
Abnahme der Leistung bzw. Amplitude eines Signals beim Durchlaufen einer Einrichtung oder Übertragungsstrecke. Als Maß dient meist das Dezibel (dB) als loga-
rithmisches Verhältnis von Eingangsleistung (P_E) zu Ausgangsleistung (P_A).

$$\text{Dämpfung} \quad a = 10 \log_{10} \frac{P_E}{P_A} \text{ (dB).}$$

Datenbanksystem
Rechner, der eine große Datenmenge gespeichert hat, die der Benutzer gezielt abfragen kann.

Deltamodulation (DM)
Sonderform der Differenz-Pulscodemodulation, bei der nur das Vorzeichen der Differenz aufeinanderfolgender Abtastwerte (1 Bit) übertragen wird.

Dialog
Wechselseitiger Informationsaustausch zwischen zwei Partnern, wobei der eine auch
eine Maschine sein kann (Mensch-Maschine-Dialog). Werden nur Daten ausgetauscht,
so spricht man von Datendialog.

Dienstentwicklungssystem
Rechner mit Autorenterminals, audiovisuellen Speichern und leistungsfähigem An-
wenderprogramm zur wirksamen Unterstützung der Autoren bzw. Redakteure beim
Erstellen und Ändern von interaktiven Diensten.

Dienstlaufsystem
Informationszentrale mit Rechnersystem und (audiovisueller) Informationsbank zur
effektiven Abwicklung von interaktiven Diensten mit den angeschlossenen Teilnehmern.

Differenz-Pulscodemodulation (DPCM)
Im Gegensatz zur Pulscodemodulation werden nur die Unterschiede der jeweiligen
aufeinanderfolgenden Abtastwerte digital erfaßt und übertragen.

Digitaltechnik
Technik zur digitalen Übermittlung und Verarbeitung von Nachrichten. Bei der digitalen Übertragung wird das zu übertragende Signal wie bei der Analogtechnik zunächst in ein elektrisches Signal verwandelt. Danach wird der Augenblickswert des elektrischen Signals zu äquidisitanten Zeitpunkten gemessen (abgetastet), quantisiert und als Zahl verschlüsselt gesendet (Ziffer engl. digit). Am Empfangsort wird aus den Zahlenwerten das eigentliche Signal zurückgewonnen.

Editorprogramm
Programm zur Aufbereitung insbesondere alphagraphischer Zeichenfolgen am Bildschirm.

Elektro-optische Wandler/Opto-elektrische Wandler
Sammelbegriff für Komponenten, die elektrische Signale in Lichtsignale umwandeln und umgekehrt.

Externe Rechner
Weitere Informationszentralen für interaktive Dienste, Datenbanken, Dienstentwicklungssysteme, Verwaltungszentralen.

Frequenz
Anzahl von Schwingungen elektromagnetischer, akustischer oder mechanischer Art pro Zeiteinheit. Einheit: Hertz (Hz), d.h. die Anzahl der Schwingungen pro Sekunde. In der Übertragungstechnik kommen oft sehr hohe Frequenzen vor, wobei man $kHz = 10^3$ Hz, $MHz = 10^6$ Hz und $GHz = 10^9$ Hz verwendet.

Frequenzweichen
Frequenzweichen dienen zur Trennung von Signalen, die sich aus mehreren Komponenten mit unterschiedlichen Frequenzlagen (→ Multiplextechnik) zusammensetzen. Sie sollen das jeweils gewünschte Signal nur unwesentlich abschwächen (geringe Durchlaßdämpfung), die anderen Signale aber möglichst gut unterdrücken (große Sperrdämpfung), um eine gute Selektion zu erzielen.

Genre-Programme
(Spartenprogramme). Zusammenstellung von Sendungen mit bestimmten Schwerpunkten (z.B. Sport, Bildung).

Hardware
Gesamtheit aller materiellen Einrichtungen (bei Datenverarbeitungsanlagen: Zentraleinheit, periphere Speicher, Ein/Ausgabegeräte u.a.).

IBK
Interaktive Breitbandkommunikation.
Im Gegensatz zur herkömmlichen BK-Technik mit sehr eingeschränkten Dialogmöglichkeiten bietet die IBK-Technik eine erweiterte Dialogfähigkeit (Mensch-Maschine-Dialog).

Informatik
Wissenschaft von der Theorie und Anwendung elektronischer Rechenanlagen. Die Informatik befaßt sich mit den mathematischen Grundlagen, den Rechnerstrukturen sowie der Anwendung der Rechner.

Interaktionsrate
Bei Dialogdiensten: mittlere Anzahl von Zugriffen der Teilnehmer zu einer Daten-,
Text- oder Bildbank je Zeiteinheit.

ISDN
Integrated Services Digital Network.
Nachrichtennetz, das am selben digitalen Teilnehmeranschluß Sprach-, Daten-, Text-
und Bildkommunikation ermöglicht.

Kabel
Zur ortsfesten Verlegung vorgesehene Bündel von isolierten elektrischen und optischen
Leitern; Nachrichtenkabel: gegen mechanische Beschädigungen, Feuchtigkeit und
Korrosion besonders geschützte, verseilte Leitungsgebilde für elektrische oder optische
Signale.

– Symmetrisches Kabel
In einem »symmetrischen« Kabel sind Hin- und Rückleiter eines Leiterpaares aus
zwei gleichen isolierten Kupferdrähten zu Paaren oder Vierern verdrallt. Es gibt
heute Kabel mit bis zu 2000 Adernpaaren. Durch die enge Nachbarschaft im Kabel
können die Nachrichtenkanäle aufeinander überkoppeln und so Nebensprechen ver-
ursachen. Symmetrische Kabel werden vorwiegend dort eingesetzt, wo Sprachsignale
in ihrer ursprünglichen Frequenzlage oder nicht zu starken Multiplexbündeln (120
Kanäle) zu übertragen sind, das heißt als Teilnehmeranschlußkabel, Ortsverbindungs-
kabel und Bezirkskabel.
Für eine Übertragung breitbandiger Signale sind symmetrische Kabel weniger gut
geeignet, weil Nebensprechen und Dämpfung mit wachsender Übertragungsfrequenz
stark ansteigen.

– Koaxialkabel
Nachrichtenkabel hoher Übertragungskapazität. Es besteht aus einem oder mehreren
Koaxialpaaren, die aus einem Innenleiter mit kreisrundem Querschnitt und einem
Außenleiter, der den Innenleiter als Hohlrohr umschließt, gebildet werden. Der
Abstand zwischen den Leitern wird entweder durch einen isolierenden Kunststoff
oder Abstandsstücke konstant gehalten. Je nach Typ kann ein Koaxialpaar ein oder
mehrere Fernsehprogramme oder bis zu 10800 Telefongespräche in einer Richtung
gleichzeitig übertragen. Übliche Koax-Fernkabel mit 12 Koax-Paaren können also
mit ca. 60000 Gesprächen oder 30 Fernsehsignalen je Richtung, oder entsprechend
gemischt, belegt werden. In GGA- bzw. BK-Anlagen werden meist Kabel mit nur
einem Koaxialpaar verlegt.

– Glasfaser-Kabel
Kabel, die dünne Fasern aus sehr reinem Quarzglas (Kerndurchmesser 10 bis 50 μm)
als lichtleitende Elemente enthalten. Sie ermöglichen die Übertragung sehr großer
Informationsmengen und werden in Zukunft eine große Bedeutung erlangen.

Kabelfernsehen
Erweiterte Form der Übertragung von Fernsehprogrammen über Breitband-Kabel-
netze. In einer Zentrale werden in das Verteilnetz – anders als bei einer Gemein-
schafts- oder Großgemeinschaftsantennenanlage – nicht nur die am Ort drahtlos empfangbaren Fernsehprogramme, sondern zusätzlich auch weitere, am Ort nicht emp-
fangbare oder in einem eigenen Studio lokal erzeugte Programme eingespeist und zu
den angeschlossenen Teilnehmern übertragen.

Kabeltext
Übertragung von Texten und graphischen Darstellungen in einem Breitbandkanal
(Fernsehkanal) aus einer Zentrale zum Fernsehgerät des Teilnehmers, das durch eine
Zusatzeinrichtung für den Empfang und die Darstellung der codierten Informationen
ausgerüstet ist. Ein Kanal mit 5 MHz Bandbreite ermöglicht die Übertragung von ca.
1000 Texttafeln pro Sekunde. Kabeltext kann über Breitbandnetze mit Rückkanal
abgerufen (Kabeltextabruf) und über solche ohne Rückkanal verteilt werden. Inhalte
werden in Textbanken bereitgehalten.

Kommandotasten
Tasten für Eingaben wie »WEITER«, »ZURÜCK« u.a. am Teilnehmerendgerät.

Kommunikation
Ursprünglich bedeutet Kommunikation die gemeinschaftliche Teilhabe an Informationen. Heute bezieht man den Informationsaustausch allgemein und alle technisch
vermittelten Informationsübertragungen ein. Deshalb kann man neben der Mensch-
Mensch- auch von Mensch-Maschine- und Maschine-Maschine-Kommunikation
sprechen.
Kommunikation läßt sich unterteilen in Massen- und Individual-Kommunikation. Je
nach Form der Information wird zwischen Text-, Daten-, Sprach-, Festbild- und Bewegtbildkommunikation unterschieden.

– Massenkommunikation
Form der Kommunikation oder Telekommunikation, bei der der Informationsfluß
von einer Quelle ausgehend an viele Empfänger verteilt wird (z.B. Rundfunk, Zeitung).

– Individualkommunikation
Form der Kommunikation oder Telekommunikation, bei der ein Teilnehmer mit
nur einem oder wenigen anderen Teilnehmern im Dialog kommuniziert.

Konzentrator
Der Konzentrator dient zur Zusammenfassung vieler sporadisch genutzter Kanäle zu
einem einzigen, besser ausgenutzten Kanal (Verkehrskonzentration).

KtK
Kommission für den Ausbau des technischen Kommunikationssystems.
Im Februar 1974 wurde durch Kabinettsbeschluß im Bereich des Bundespostmini-
steriums die »Kommission für den Ausbau des technischen Kommunikationssystems
(KtK)« gegründet. In vier Arbeitskreisen (Bedürfnisse – Technik und Kosten –
Organisation – Finanzierung) wurde unter Leitung von Prof. Dr. E. Witte ein umfas-
sender Bericht erarbeitet, der als Telekommunikationsbericht in acht Bänden und einem
zusammenfassenden Band im Januar 1976 dem Bundespostminister überreicht wurde.

Laserdiode
Halbleiterbauelement, das phasenkohärentes Licht einer bestimmten Wellenlänge
durch direkt angeregte Quantensprünge in der emittierenden Schicht abgibt.
Ursprüngliche Bedeutung:
Light Amplification by Stimulated Emission of Radiation.

Lumineszenzdiode (LED)
Halbleiterbauelement, das bei Stromdurchgang Licht abgibt (Leuchtdiode, Light
Emitting Diode). Das von einer Lumineszenzdiode abgegebene Licht ist inkohärent
und besitzt ein breiteres Spektrum als das der Laserdiode.

Mensch-Maschine-Schnittstelle

Aus Hard- und Software bestehende Bedienungseinrichtungen und Festlegungen zur Abwicklung des Dialogs zwischen Mensch und Maschine. Vor allem für die Benutzung eines Systems durch Laien kommt der Ausgestaltung besonderes Gewicht zu.

Modem

Kunstwort aus **Mo**dulator und **Dem**odulator. Der Modem dient zur modulierten Übertragung von digitalen Daten und muß auf beiden Seiten einer Verbindung vorhanden sein.

Modulation

Veränderung von Signalparametern eines Trägersignals durch ein Nachrichtensignal. Das hierbei entstehende, modulierte Signal wird in dieser Form zur Empfangsstelle übertragen und dort in einem Demodulator in die ursprüngliche Form zurückverwandelt. Das Trägersignal kann eine Sinusschwingung oder eine Impulsfolge sein. Im letzteren Fall spricht man von → **Pulsmodulation.** Bei der Modulation einer sinusförmigen Trägerschwingung unterscheidet man:

– Amplitudenmodulation (AM, ASK):
Hier wird die Amplitude der Trägerschwingung proportional zur Nachricht geändert. Ein spezieller Fall ist die Amplitudentastung (ASK = **a**mplitude shift **k**eying) zur Übertragung digitaler Signale.

– Frequenzmodulation (FM, FSK):
Die Frequenz des Trägers wird proportional zur Nachricht beeinflußt. Bei der Übertragung digitaler Signale wird die Frequenz umgetastet (FSK = **f**requency shift **k**eying).

– Phasenmodulation (PM, PSK):
Bei dieser Modulationsart wird die Phase, d.h. die Lage der Nulldurchgänge einer Trägerschwingung, durch das Nachrichtensignal verändert. Wird die Phase durch ein Digitalsignal umgetastet, so spricht man von PSK (**p**hase shift **k**eying).
Es werden auch Kombinationen dieser Verfahren verwendet.

Multiplextechnik

Verfahren zur Vielfachausnutzung von Übertragungswegen. Man unterscheidet mehrere Verfahren, z.B.

– Raummultiplex
Die verschiedenen Signale werden auf verschiedenen Leitungen übertragen.

– Frequenzmultiplex
Die verschiedenen Signale werden in verschiedenen Frequenzbereichen übertragen. Zur Trennung sind Frequenzweichen notwendig. Die Frequenzumsetzung erfolgt durch Modulation einer Trägerfrequenzschwingung, die Rückumsetzung in die Basisbandlage durch Demodulation.

– Wellenlängenmultiplex
Sonderform der Frequenzmultiplextechnik, bei der Licht verschiedener Wellenlänge als Träger verwendet wird.

- Zeitmultiplex
Signale (insbesondere digitale Signale) werden zeitlich verschachtelt übertragen. Jedes Signal kann den Übertragungsweg periodisch nur eine kurze Zeitdauer benutzen.

- Adreßmultiplex
Besonderes Zeitmultiplexverfahren, bei dem Nachrichten als Signalblöcke übertragen werden, wobei jeder Block eine Kennung (Adresse) erhält. Der Empfänger sucht sich aus dem ankommenden Datenstrom die Blöcke heraus, die für ihn bestimmt sind.

- Codemultiplex
Jeder Teilnehmer sendet nach bestimmten Zeichencodes, die durch Korrelationserkennung beim Empfänger getrennt werden können.

Nachrichtensatellit
Nachrichtensatelliten dienen zur Übertragung von Nachrichten über sehr große Entfernungen. Heute übliche Nachrichtensatelliten umkreisen die Erde auf einer geostationären Umlaufbahn (ca. 36000 km Höhe über dem Äquator), so daß sie sich von der Erde aus betrachtet immer an derselben Stelle befinden und damit kontinuierliche Nachrichtenverbindungen ermöglichen. Fernsehdirektsatelliten haben die Aufgabe, Rundfunkprogramme mit großer Leistung auf einen bestimmten Bereich der Erde auszustrahlen. Zum Satellitenempfang sind spezielle Antennenanlagen notwendig.

Netz (Nachrichtentechnik)
Der Begriff wird in der Literatur verschieden verwendet. Eine klare Begriffsabgrenzung wird erst durch Zusätze erreicht:

- Leitungsnetz
Gesamtheit aller Leitungen, die von einer Fernmeldeverwaltung für verschiedene Dienste bereitgehalten werden, auch als »Übertragungsnetz« bezeichnet. Es enthält z.B. das Kabelnetz (symmetrische Kabel, Koaxialkabel etc.), das Richtfunknetz, das Funknetz (fest/beweglich), deren Teilstücke als Linien, deren Wegeführung als Trassen bezeichnet werden.
Es ist weiterhin dadurch gekennzeichnet, daß auf derselben Trasse verschiedene Linien geführt werden können, daß Multiplexsysteme eine Vielzahl von Leitungen verschiedener Bandbreite in einer gemeinsamen Linie vereinigen können und daß vom selben Übertragungsnetz verschiedenartige Dienste (Fernsprechen, Daten, Fernseh-Zubringer etc.) gleichzeitig bedient werden.

- Fernsprech-, Telex- etc. -Netze
Gesamtheit von Vermittlungseinrichtungen, Übertragungswegen und Endeinrichtungen für einzelne Kommunikationsformen.

- Verteilnetz
Zusammenschaltung einzelner Linien, meist für die Übertragung mehrerer Fernseh- und Hörfunkprogramme, die ausschließlich in Richtung von einer Zentrale zu einer Vielzahl von Teilnehmern erfolgt.

– Wählnetz
Nachrichtennetz, bei dem der Aufbau einer individuellen Verbindung zwischen beliebigen Teilnehmern gemäß der Eingabe einer Wählinformation mittels Vermittlungseinrichtungen automatisch erfolgt.

– Baumnetz
Von der Zentrale aus werden Teilnehmer eines Gebietes so weit wie möglich von einer gemeinsamen Linie versorgt, von der aus Abzweige in mehreren Stufen bis zum Teilnehmer erfolgen; häufig als Verteilnetz genutzt.

– Sternnetz
Nachrichtennetz, bei dem alle Teilnehmer über individuelle, meist doppeltgerichtete Verbindungen an eine Zentrale angeschlossen sind. Das Prinzip des Sternnetzes kann in mehreren, hierarchisch gegliederten Netzebenen angewandt werden. In einem Sternnetz sind individuelle Verbindungen zwischen beliebigen Teilnehmern möglich, wie es z.B. im Fernsprechnetz der Fall ist.

– Maschennetz
Nachrichtennetz, bei dem ohne Zwischenschaltung einer übergeordneten Zentrale jede Stelle (meist Zentralen oder Knotenpunkte) mit jeder anderen verbunden ist. ist.

– Integriertes Netz
Man unterscheidet:
Technisch integriertes Netz, bei dem die Übertragung und Vermittlung der Signale in digitaler Zeitmultiplextechnik ohne zwischengeschaltete Analog-Digital-Umsetzung erfolgt.
Dienstintegriertes Netz, das in Weiterführung der technischen Integration auch noch mehrere Dienste verschiedener Bandbreite, Geschwindigkeit und Betriebsart über ein einheitliches Netz abwickelt (z.B. → ISDN = Integrated Services Digital Network).

Die Netzformen können auch vermischt sein.

Operator
Fachkraft zur Bedienung von Datenverarbeitungsanlagen.

Pay-TV
Pay-TV ist der entgeltliche Bezug besonderer Programme, wobei pro Sendung (Pay per Program) bezahlt werden muß oder eine pauschale Gebühr für einen Kanal (Pay per Channel) erhoben wird.

Pegel
Angabe der Leistung oder der Amplitude eines Signals. Der Pegel wird meist in einem logarithmischen Verhältnis zu einer Bezugsgröße (z.B. 1 mW, 1 μV) angegeben und durch Dezibel (dB) gekennzeichnet (→ Dämpfung).

Photodiode
Halbleiterelement, das bei Lichteinfall Strom abgibt.

Pilotprojekte
Kabelfernsehpilotprojekte.
Pläne für Projekte in mehreren deutschen Städten zur Akzeptanzuntersuchung besonderer Programmangebote und neuer Telekommunikationsformen. Zielsetzung er-

fordert Breitbandnetz mit Rückkanal und zusätzliche Einrichtungen in der Zentrale, im Netz und beim Teilnehmer.

Polling
Verfahren zur Realisierung eines einfachen Rückkanals. Alle Endgeräte werden periodisch nacheinander abgefragt, worauf sie innerhalb eines bestimmten Zeitfensters ihre Daten zur Zentrale übermitteln können.

Protokoll
Hier: Verfahrensvorschrift für die Übertragung von Daten (Formate, Ablauf).

Prozessor
Einheit einer Datenverarbeitungsanlage (Hardwareprozessor) oder als Programm vorliegende geschlossene Aufgabe (Softwareprozessor).

Pulsmodulation
Modulation, bei der als Modulationsträger ein Puls, d.h. eine Folge regelmäßig wiederkehrender Impulse, benützt wird.
Nach der Art des beim Modulationsvorgang veränderten Signalparameters unterscheidet man dabei u.a. folgende wertkontinuierliche (analoge) Pulsmodulationsverfahren:
- Pulsamplitudenmodulation (PAM)
- Pulsphasenmodulation (PPM)
- Pulsfrequenzmodulation (PFM)
- Pulsdauermodulation (PDM).
Daneben gibt es auch wertdiskrete Formen der Pulsmodulation.

Pulscodemodulation (PCM)
Wertdiskrete Art der Pulsmodulation, bei der aus dem zu übertragenden Signal Abtastproben gewonnen werden, die dann in ihrer Amplitude quantisiert und als digitales Signal in Form von Codewörtern übertragen werden.

Schnittstelle
Eine Trennstelle im Übermittlungsweg, an der Signale mit definierten Eigenschaften übergeben werden.

Software
Sammelbegriff für alle Arten von Programmen einer Rechenanlage.

Spieltheorie
Eine mathematische Theorie, die als Modell für Entscheidungsverhalten dient, bei dem das Resultat des Verhaltens stets von mehreren Entscheidungseinheiten bestimmt wird; zur Demonstration dieser Theorie dienen insbesondere Spiele.

Störabstand
Der Störabstand ist gekennzeichnet durch das Verhältnis von Signalleistung zur Summenleistung aller Störgeräusche. Er wird meist logarithmiert in dB angegeben und stellt ein Gütemaß für den Übertragungskanal dar.

Suchbaum
Suchverfahren für streng hierarchisch gegliederte Informationseinheiten.

Teilnehmeranschlußgerät (TAG)
Gerät zum Anschluß einer Teilnehmerendeinrichtung an ein Übertragungsnetz.

Telekommunikation
Kommunikation zwischen Menschen, Maschinen und anderen Systemen mit Hilfe von nachrichtentechnischen Übertragungsverfahren. Je nach benötigter Übertragungskapazität unterscheidet man zwischen schmalbandiger Telekommunikation (z.B. Fernsprechen, Datenaustausch) und breitbandiger Telekommunikation (z.B. Bewegtbildübertragung).

Telematik
Ein Begriff, der im französischen Sprachraum geprägt wurde und das technische Zusammenwachsen der Telekommunikation und der Informatik bezeichnen soll.

Übergabepunkt
Schnittstelle zwischen dem öffentlichen und dem privaten Netzbereich einer BK-Anlage.

Überlast-Abwehr
Maßnahmen zur Verhinderung von Engpässen im System und zur Information der betroffenen Teilnehmer.

Übertragungsgeschwindigkeit
Maß für die Anzahl der übertragenen (zweiwertigen) Binärzeichen pro Zeiteinheit. Die Angabe erfolgt meist in bit/s.

UHF
Ultra High Frequency.
Frequenzbereich von 300 bis 3000 MHz, u.a. zur Ausstrahlung von Fernsehprogrammen. Dieser Frequenzbereich wird in üblichen Kabelfernsehanlagen kaum genützt.

Verfügbarkeit
Wahrscheinlichkeit für den funktionsfähigen Zustand eines Systems.

Verschlüsselung
Technische Maßnahme, um Nachrichten gegenüber unbefugten Dritten bei der Übertragung oder Speicherung geheim zu halten.

VHF
Very High Frequency.
Frequenzbereich von 30 MHz bis 300 MHz zur Ausstrahlung und zur Verteilung von Fernsehprogrammen über Kabel.

Videoplatte (Bildplatte)
Preisgünstiger neuer Massenspeicher für Text, Ton, Fest- und Bewegtbilder.

Videotext
Übertragung von Texten und einfachen Graphiken durch Nutzung der in der Austastlücke eines Fernsehsignals verfügbaren Leerzeilen und Darstellung auf dem Bildschirm eines Fernsehgeräts, das durch Zusatzeinrichtungen (Decoder) erweitert ist. Der Teilnehmer kann ohne Rückkanal aus zyklisch ausgesendeten Informationen auswählen. Videotext wird in der Bundesrepublik seit 1.6.80 für die Dauer von 3 Jahren erprobt. Der international verwendete Oberbegriff für Videotext ist Broadcast Videotex.

Vielfachzugriff
Gleichzeitiger Zugriff mehrerer Benutzer.

Vorfeldeinrichtung (VFE)
Allgemein eine Einrichtung, mit deren Hilfe Teilnehmeranschlußleitungen, über die nur wenig Verkehr fließt, mehrfach genutzt werden können. Hier eine Einrichtung in erweiterten BK-Netzen, die eine bessere individuelle Nutzung des Systems ermöglichen. An eine VFE sind mehrere Teilnehmer angeschlossen.

8 Literaturverzeichnis

/1/ **Akgun, M. B.:**
Comparison of Technology and Capital Costs for New Home Services, IEEE Transactions on Cable Television CATV-5, July 1980, S. 124–138

/2/ **Allora-Abbondi, G.:**
Transmission Systems Evaluation for Two-Way Cable, IEEE Transactions on Cable Television, Heft 4, July 1979, S. 111–118

/3/ **Alvord, C.:**
Creating Standards for Interconnect Systems, NCTA Convention Proceedings, Las Vegas, 1982, S. 190–196

/4/ **Anders, W. (DIFF):**
Datenbasis für den Bildungsbereich im Laborprojekt ZKTV am HHI, Abschlußbericht zum F & E-Vertrag KTV 2, Tübingen, 1977

/5/ **Anders, W. H., Winkel, D.:**
Medizin und Gesundheit im Zweiweg-Kabelfernsehen, Studie für das HHI, Berlin, 1979

/6/ **Armbrüster, H., Elbert, H. (Siemens), u. a.:**
Planungsstudie »Diensteentwicklungssystem und Rechnersystem/Dienstelaufsystem«, Teilbericht zu Projektdesign Kabelkommunikation Berlin, München, 1981

/7/ **Arnold, B.:**
Third Order Intermodulation Products in a CATV System, IEEE Transactions CATV, 1977, S. 67–80

/8/ **Arnold, B.:**
Upstream Amplifier Control, Proceedings International TV-Symposium, Montreux, 1981

/9/ **Asatani, K., u. a.:**
Fibre Optic Analogue Transmission Experiment for High-Definition Television Signals Using Semiconductor Laser Diodes, Electronics Letters, 16 (1980), S. 536–538

/10/ **Aufschnaiter, St. v., Dudeck, W. G., Schwedes, H., Volhard, A. (Uni Bremen):**
Untersuchung zu Spielen in Zweiweg-Kabelfernsehsystemen, Abschlußbericht und Material-sammlung zum F & E-Vertrag KTV 10, Bremen, 1979

/11/ **Baack, C.:**
Optische Breitbandkommunikation mit digitalen und analogen Signalen, Professorenkonferenz im FTZ, 1981, S. 193–217

/12/ **Baackmann, D.:**
Das Breitbandkommunikationssystem KTV 400, TEKADE Techn. Mitteilungen 1981, S. 35–39

/13/ **Baackmann, D., u. a.:**
Das Kabelfernsehsystem KTV 300, TEKADE Technische Mitteilungen 1979, S. 5–20

/14/ **Baer, W. S.:**
Interactive Television – Projects for Two-Way Services on Cable, Rand Corp., 1971

/15/ **Bahr, G. L.:**
Cable Ready TV-Sets – An Operator's Viewpoint, NCTA Convention Proceedings, Las Vegas, 1982, S. 110–113

/16/ **Baldwin, T. F., u. a.:**
Michigan State University - Rockford Two-Way Cable Project, Department of Telecommunication, Michigan State University, June 1978

/17/ **Baran, P.:**
Broad-Band Interactive Communications Services to the Home, Part I and II, IEEE Transactions on Communications, January 1975, S. 5-14 and S. 178-184

/18/ **Baran, P.:**
Packetcable: A New Interactive Cable System Technology, NCTA Convention Proceedings, Las Vegas, 1982, S. 1-6

/19/ **Bauch, H.:**
Advances in Transmission Technology for Broadband Services, in: Kaiser/Proebster, From Electronics to Microelectronics, Verlag North Holland, Amsterdam, 1980, S. 173-176

/20/ **Baumann, H.-P.:**
Datenschutz durch Hardware-Verschlüsselung, Techn. Mitt. AEG-TELEFUNKEN, 69 (1979), S. 95-99

/21/ **Bazemore, J. S., Lucas, W. A.:**
The Functions of Return Telecommunications for Educational Programming, in: Two-Way Cable Television, Springer-Verlag, Berlin, Heidelberg, New York, 1977, S. 37-49

/22/ **Becker, D., Schmidt, P.:**
Zur Integration von Fernmeldediensten in digitalen Netzen, Nachr. techn. Zeitschr. 34 (1981), S. 288-292 und S. 366-369

/23/ **Becker, D., Willibald, G. E.:**
Classification and Assessment of Telecommunication Services in Broadband Networks. IEEE Transactions COM-23, 1975, S. 63-69

/24/ **Birreck, M., Kolb, D., Kratzsch, J., Pichlmayer, H., Schindelmeiser, R.:**
Untersuchung der Einsatzmöglichkeiten des ZKTV mit dem Ziel bürgernahe Verwaltung, Abschlußbericht zum F & E-Vertrag KTV 7, Berlin, 1977

/25/ **Böckelmann, F., Nahr, G. (AFK):**
Planungsstudie für interaktive Freizeit- und Kontaktdienste, Teilbericht zu Projektdesign Kabelkommunikation Berlin, München, 1981

/26/ **Böttle, D., Herbig, H., Hein, P., Raschke, R.:**
Digitales Breitbandkoppelfeld für 280 Mbit/s, Nachr. techn. Zeitschr. 34 (1981), S. 712-715

/27/ **Bonavoglia, L.:**
A CATV-HF-System Experimented in Italy with the Possibility of Backward Channel, in: Two-Way Cable Television, Springer-Verlag, Berlin, Heidelberg, New York, 1977, S. 205-217

/28/ **Bordewijk, J. L.:**
The Combined Use of CATV- and Telephone-Networks for Purposes of Education and Consultation, in: Two-Way Cable Television, Springer-Verlag, Berlin, Heidelberg, New York, 1977, S. 221-230

/29/ **Bortz, P. I.:**
Design Study for Urban Telecommunications Experiments, Denver, 1975

/30/ **Brand, H.:**
Die Belegung von Nachbarkanälen in Fernseh-Gemeinschaftsantennenanlagen, Techn. Mitt. PTT, 1978, S. 306-314

/31/ **Brand, H.:**
Die Empfangsseite bei Kabelfernsehanlagen mit einer großen Kanalzahl, Rundfunktechn. Mitt., 1975, S. 270-274

/32/ **Brand, H.:**
Kabelfernsehen in der Schweiz, Elektroniker, Heft 9, 1977, S. 15-23

/33/ **Brand, H., Hügli, H.:**
Fernsehempfangstechnik I, II, Blaue TR-Reihe, Hefte 106 und 116, Hallwag-Verlag, Bern und Stuttgart, 1972

/34/ **Braun, E.:**
BIGFON – der Start für die Kommunikationstechnik der Zukunft, telcom report 5 (1982), S. 123–129

/35/ **Brepohl, K.:**
Lexikon der neuen Medien, Deutscher Instituts-Verlag, Köln, 1980

/36/ **Brownstein, Ch. N.:**
Interactive Cable TV – Three Studies, Telecommunications Policy, Sept. 1979, S. 245–250

/37/ **Brownstein, Ch. N.:**
Two-Way Cable Television Applied to Non-Entertainment Services: The National Science Foundation Experiments. In: Two-Way Cable Television, Springer-Verlag, Berlin, Heidelberg, New York, 1977, S. 17–25

/38/ **Carne, B. E.:**
The Wired Household, IEEE Spectrum, October 1979, S. 61–66

/39/ **Christoph, M.:**
Interference in Multichannel Systems Considering Various Channel Allocations, Proceedings International TV-Symposium, Montreux, 1977

/40/ **College of Communications Art, Michigan State University:**
Experimental Applications of Two-Way Cable Communications in Urban Administration and Service Delivery, East Lansing/Mich., 1975

/41/ **Court, P. R. J.:**
A Frequency Modulation System for Cable Transmission of Video or other Wideband Signals, IEEE Transactions on Cable Television, Jan. 1978, S. 24–47

/42/ **Creutz, G., Kiel, F.:**
Rechnerzentrale für Vielteilnehmersysteme am Beispiel Zweiweg-Kabelfernsehen, GMD-Spiegel, April 1980, S. 62–77

/43/ **Creutz, G., Mühlbach, L.:**
Programm VORFAHRT, erster Versuch der Implementierung eines Lerneradaptiven Lehrsystems (LAL) im ZKTV-System des HHI, Technischer Bericht Nr. 200 des HHI, Berlin, 1978

/44/ **Deichmiller, A. C.:**
Progress in Fiber Optics Transmission Systems for Cable Television, IEEE Transact. CATV-5 (1980), S. 50–53

/45/ **Design Center for Community Communications (Hrsg.):**
Cable TV in Columbus, Columbus, 1974

/46/ **Dette, K.:**
Kabelfernsehen und gesellschaftlicher Dialog. Vorstudien der Interdisziplinären Arbeitsgruppe Kabelkommunikation Berlin (IKB) zur wissenschaftl. Vorbereitung und Begleitung von Pilot-projekten zum Zweiweg-Kabelfernsehen, München, 1979

/47/ **Dickinson, R.:**
Data Transmission on Two-way CATV Systems, Symposium Record CATV sessions, 12th International Television Symposium Montreux, 1981

/48/ **Dickinson, R. V. S.:**
Carriage of Multiple One-Way and Interactive Services on CATV Networks, NCTA Convention Proceedings, Las Vegas, 1982, S. 16–21

/49/ **Diebold Deutschland GmbH:**
Planungsstudie »Faksimile-Zeitung«, Teilbericht zu Projektdesign Kabelkommunikation Berlin, München, 1981

173

/50/ **Dietz, U.:**
Digital Transmission of Stereo Sound Signals and its Impact on CATV, Proceedings International TV-Symposium, Montreux, 1981

/51/ **Diffie, W., Hellman, M. E.:**
Privacy and Authentication: An Introduction to Cryptography, IEEE Proceedings, March 1979, S. 397–427

/52/ **Dinsel, S.:**
Digital Signals and Multichannel Sound on CATV Networks, Proceedings International TV-Symposium, Montreux, 1981

/53/ **Dordick, H. S., Bradley, H. G., Nanus, B.:**
The Emerging Network Marketplace, Verlag Norwood, New Jersey, 1981

/54/ **Dufresne, M.:**
New Services: An Integrated Cable Network's Approach, NCTA Convention Proceedings, Las Vegas, 1982, S. 156–160

/55/ **Dunkelmann, H.:**
Interaktiver Dienst »Architekturtest«, Teilbericht zu Projektdesign Kabelkommunikation Berlin, Berlin, 1981

/56/ **Ebenbach, E.:**
Major Considerations in the Design of Pay-TV Terminals with Address Capability, Proceedings International TV-Symposium, Montreux, 1981

/57/ **Eickhoff, W., Huber, H.-P., Krumpholz, O., Petermann, K.:**
Lichtleitfasern für die optische Nachrichtentechnik, Wiss. Ber. AEG-TELEFUNKEN, 52 (1979), S. 111–122

/58/ **Eissler, C.:**
Addressable Control for the Small System, NCTA Convention Proceedings, Las Vegas, 1982, S. 32–36

/59/ **Elias, D., u. a.:**
Neue Kommunikationsdienste der Bundespost in der Wirtschaftsordnung, Nomos Verlagsgesellschaft Baden-Baden, 1980

/60/ **Expertenkommission Neue Medien Baden-Württemberg:**
Abschlußbericht (3 Bände), W. Kohlhammer Verlag, Stuttgart, 1981

/61/ **Fabich, W.:**
Cable TV for Vienna, Proceedings International TV-Symposium, Montreux, 1979

/62/ **Fellbaum, K. R.:**
Telekommunikation von A–Z, VDE-Verlag GmbH, Berlin, 1981/82

/63/ **Fluit van der, J. P.:**
Analogue Transmission for CATV and CCTV, Communications International, April 1982, S. 78–85

/64/ **FTZ:**
Tagungsband Kabelfernsehen, Darmstadt, 1978

/65/ **FTZ:**
Technische Information Breitbandkommunikations-Einrichtungen in funktionaler Einheitstechnik, FTZ Darmstadt, 156 D1, August 1980

/66/ **Gallawa, R. L.:**
Technological Inspiration for New Services Optical Systems Technology, IEEE Transactions on Cable Television, July 1980, S. 139–146

/67/ **Gargini, E. J.:**
A Two-Way CATV System Employing Space and Frequency Division Multiplex Switching, Proceedings International TV-Symposium, Montreux, 1981

/68/ **Goldberg, E.:**
Videotex on Two-Way Cable Television Systems – Some Technical Considerations, NCTA Convention Proceedings, Las Vegas, 1982, S. 166–174

/69/ **Grätz, F., u. a.:**
Neue technische Kommunikationssysteme und Bürgerdialog. Dokumentation des Symposiums Bildschirmtext, Kabelfernsehen, Bürgerdialog (1979, Berlin West), München, 1979

/70/ **Grau, G.:**
Optische Nachrichtentechnik, Springer-Verlag, Berlin, Heidelberg, New York, 1981

/71/ **Groenen, W.:**
Die Kabelfernseh-Versuchsanlage Nürnberg, TEKADE Techn. Mitteilungen 1975, S. 41–46

/72/ **Groenen, W., Hartmann, H. L., Nikl, J. K.:**
Die erste Kabelfernseh-Versuchsanlage der Deutschen Bundespost in Nürnberg. Technisches Konzept und meßtechnische Abnahme. NTZ 28 (1975), H. 4, S. K 139–K 144

/73/ **Haefner, K.:**
Aspekte der Nutzung des Kabelfernsehens im Bildungswesen – Lernerorientierte Informations-systeme und interaktive audiovisuelle Informationsdienste, Abschlußbericht zum F & E-Vertrag KTV 5, Bremen, 1977

/74/ **Haefner, K.:**
Der »Große Bruder«, Econ-Verlag, Düsseldorf, Wien, 1980

/75/ **Haefner, K.:**
Diensteentwicklungssystem und Heimcomputer. Abschlußbericht zum F & E-Vertrag KTV 14, Bremen, 1978

/76/ **Haefner, K.:**
Diensteentwicklung und Rechneraspekte für das ZKTV. Abschlußbericht des F & E-Vertrags KTV 9, Berlin, 1978; mit folgenden Teiltiteln:
– Quantitative Überlegungen zur Auslegung und Nutzung von ZKTV-Systemen für die frühen 80er Jahre
– Die technische Konzeption eines ZKTV-Systems der frühen 80er Jahre
– Spezifikation eines Diensteentwicklungssystems (DES) für ein Feld-ZKTV-System der frühen 80er Jahre

/77/ **Haefner, K.:**
Konzept für ein Integriertes System des Informationszuganges und der Telekommunikation (ISIT), HHI Berlin und Universität Bremen, November 1980

/78/ **Haefner, K., Issing, L. J., Preuss, V.:**
Breitbandkommunikation im Bildungswesen, Zentralstelle für Luft- und Raumfahrtdokumentation und -information, München, 1976

/79/ **Haist, W.:**
Beschleunigte Einführung der optischen Nachrichtentechnik im Ortsnetz, Zeitschr. für das Post- und Fernmeldewesen, Heft 7 (1981), S. 4–8

/80/ **Hara, E. H., Ozeki, T.:**
Optical Video Transmission by FDM Analogue Modulation, IEEE Transactions on Cable Television, CATV-2, January 1977, S. 18–33

/81/ **Hare, A. G., Ithell, A. H.:**
Multipurpose Wide-Band Local Distribution - Proposals for an Integrated System, IEEE Transactions on Communications, January 1975, S. 42–48

/82/ **Hare, A. G., Granger, S. H.:**
Vision Services in the Local Network, Proceedings International TV-Symposium, Montreux, 1977

/83/ **Hare, A. G.:**
Visual Telecommunication Services – An Evolutionary Viewpoint, Proceedings International TV-Symposium, Montreux, 1981

/84/ **Heimeran, S.:**
Der Einsatz neuer Telekommunikationssysteme, Minerva Publikation, München, 1980

/85/ **Herman, J.:**
Application of Fiber Optics in CATV Distribution Systems, NCTA Convention Proceedings, Las Vegas, 1982, S. 148–152

/86/ **Herold, W. E.:**
Breitbandübertragung mit optischen Kanälen, VDE-Fachberichte, Bd. 31 (1980), S. 126–136

/87/ **Heydel, J.:**
Kabelfernsehen – Breitbandkommunikationssystem, Fernmeldepraxis, Heft 22, 1973

/88/ **Hollis, S., Ecker, A.:**
Fiber Optics for CATV in Perspective, IEEE Transact. CATV-4 (1977), S. 154–157

/89/ **Hollowell, M. L. (Hrsg.):**
The Cable-Broadband-Communications Book 1977/78, Washington, 1977

/90/ **Horak, W.:**
Möglichkeiten und Probleme der technischen Gestaltung des Zweiweg-Kabelfernsehens, Rundfunk-technische Mitteilungen, Heft 5, 1976, S. 173–182

/91/ **Horn, U.:**
Das KTV-Netzkonzept der DBP, Tagungsband Kabelfernsehen, Fernmeldetechnisches Zentralamt, 1978, S. 111–122

/92/ **Horn, U., Oberndorfer, R.:**
Das technische Konzept der KTV-Anlagen der DBP, Tagungsband Kabelfernsehen, Fernmelde-technisches Zentralamt, 1978, S. 123–141

/93/ **Horn, U.:**
Network Concept for Cable Television and Pilot Projects of Deutsche Bundespost, Proceedings TV-Symposium, Montreux, 1979

/94/ **Hymmen, Fr.-W.:**
Die elektronischen Medien 1981–1990. Ein Bericht unter kirchlichem Aspekt, Frankfurt, 1981

/95/ **Infratest:**
Kommunikationsverhalten und Kommunikationsnutzen, München, 1975

/96/ **Issing, J., Hannemann, J., Mühlbach, L., Gekeler, M.:**
Untersuchung von Lehr- und Lernprozessen in einem Lerneradaptiven Lehrsystem, Abschlußbericht zum F & E-Vertrag KTV 4, Berlin, 1977

/97/ **Issing, J., Faber, J., Hannemann, J. (PH Berlin):**
Konzeption für ein Lerneradaptives Informationsabruf- und Lernberatungssystem – Beitrag zur Optimierung der Dialogqualität des ZKTV. Abschlußbericht im F & E-Vertrag KTV 11, Berlin, 1978

/98/ **Issing, L. J.:**
Planungsstudie »Rahmen und Gesamtplanung für interaktive Bildungsdienste«, Teilbericht zu Projektdesign Kabelkommunikation Berlin, Berlin, 1981

/99/ **Jeffers, M. F.:**
Technical Considerations for Operating Systems Expanded to Fifty or More Television Channels, IEEE Transactions on Cable Television, CATV-5, January 1980, S. 2–17

/100/ **Jeffers, M. F.:**
Trends in New CATV Services in the U.S.A., Proceedings International TV-Symposium, Montreux, 1979

/101/ **Jurgen, R. K.:**
Two-Way Applications for Cable Television Systems in the »70s«, IEEE Spectrum, November 1971, S. 39–54

/102/ **Kachulak, R.:**
A Rural Integrated Distribution Trial with Fiber Optics, IEEE Communic. Magazine, January 1981, S. 36–42

/103/ **Kaderali, F., Schmidt, P.:**
Teilnehmerzugang zu einem integrierten Nachrichtennetz, Elektr. Nachr. Wesen 56 (1981), S. 31–43

/104/ **Kahl, P.:**
Transmission Systems for Optical Fibre Cables Used in the Telecommunication Network of the Deutsche Bundespost, NTC 80 Houston Conf. Rec., 1980, S. 34.6.1–34.6.5

/105/ **Kaiser, W. A.:**
New Services and their Introduction into Existing Networks, IEEE Communications Magazine, July 1979, S. 4–12

/106/ **Kaiser, W. A.:**
The Commission on the Future of Telecommunications in the Federal Republic of Germany (KtK) – its Task and its Recommendations Regarding Wide-Band Communications, in: Two-Way Cable Television, Springer-Verlag, Berlin, Heidelberg, New York, 1977, S. 241–253

/107/ **Kaiser, W. A., Bühlmaier, L.:**
Cabletext: Text Distribution on CATV Networks, Proceedings International TV-Symposium, Montreux, 1981

/108/ **Kaiser, W., Gallenkamp, W. (Hrsg.):**
Text- und Bildkommunikation, NTG-Fachberichte, Band 74, Berlin, 1980

/109/ **Kaiser, W. (Hrsg.):**
Elektronische Textkommunikation/Electronic Text Communication, Springer-Verlag, Berlin, Heidelberg, New York, 1978

/110/ **Kaiser, W.:**
Kabeltext und Kabeltextabruf, in: Elektronische Textkommunikation, Springer-Verlag, Berlin, Heidelberg, New York, 1978, S. 70–84

/111/ **Kaiser, W., Lohmar, U. (Hrsg.):**
Kommunikation über Satelliten/Communication via Satellites, Springer-Verlag, Berlin, Heidelberg, New York, 1981

/112/ **Kaiser, W., Marko, H., Witte, E. (Hrsg.):**
Two-Way Cable Television, Springer-Verlag, Berlin, Heidelberg, New York, 1977

/113/ **Kaiser, W., Lange, B. P., Langenbucher, W., Lerche, P., Witte, E.:**
Kabelkommunikation und Informationsvielfalt. Eine Problemanalyse zur Gestaltung von Pilot-projekten unter dem Aspekt der Wirkung auf die Presse, Oldenbourg Verlag, München, 1978

/114/ **Kaiser, W., u. a.:**
Systemstudie Digitales Ortsnetz, Institut für Nachrichtenübertragung der Universität Stuttgart, 1981

/115/ **Kanzow, J.:**
BIGFON – alle Fernmeldedienste auf einer Glasfaser, Zeitschr. für das Post- und Fernmeldewesen, Heft 11 (1981), S. 22–26

/116/ **Kanzow, J.:**
Cable Television Pilot Projects in the Federal Republic of Germany, in: Two-Way Cable Television, Springer-Verlag, Berlin, Heidelberg, New York, 1977, S. 257–263

/117/ **Kanzow, J.:**
Service-Integrated Local Networks, Proceedings International TV-Symposium, Montreux, 1981

/118/ **Kawahata, M.:**
Hi-OVIS Development Project, in: Two-Way Cable Television, Springer-Verlag, Berlin, Heidelberg, New York, 1977, S. 135–144

/119/ **Keil, K. A. (Hrsg.):**
Modellversuch Einsatz von Computerterminals in der Schule, Zentralstelle für Programmierten
Unterricht und Computer im Unterricht, Augsburg, 1977

/120/ **Kellner, H., Maletzke, G., Pätzold, U., Schmidt, H., Teichert, W. (Hrsg.):**
Kabelfernsehen - Anforderungen an eine soziale und wissenschaftliche Kommunikationsplanung,
Frankfurt/Main, 1981

/121/ **Kipping, K.:**
Aspekte der DBP zu den Pilotprojekten, Tagungsband Kabelfernsehen, Fernmeldetechnisches
Zentralamt, 1978, S. 189-196

/122/ **Klauthe, R. (Stiftung Warentest):**
Planungsstudie »Interaktive Dienste Konsumenteninformation im Kabelfernsehversuch Berlin«,
Teilbericht zu Projektdesign Kabelkommunikation Berlin, Berlin, 1981

/123/ **Kobayashi, N.:**
Video Response System VRS, Japan. Telecommunications Review, April 1978

/124/ **Köhler, A.:**
Entwicklungstendenzen des Kabelfernsehens in den USA und in Europa, Funktechnik, Heft 1, 1974,
S. 17-20

/125/ **Köhler, A.:**
Technik des Kabelfernsehens, Bosch Technische Berichte 4, 1974, S. 1-13

/126/ **Kommission für den Ausbau des technischen Kommunikationssystems (KtK):**
Telekommunikationsbericht, mit 8 Anlagebänden, insbesondere den Bänden 5 (Kabelfernsehen) und
6 (Breitbandkommunikation), Verlag Dr. Hans Heger, Bonn, 1976

/127/ **Krampe, Kubat, Runge:**
Bedienungsmodelle, Leitfaden für die praktische Anwendung, Oldenbourg, 1973

/128/ **Krath, H.:**
Bundespost und Kabelfernsehen, Zeitschr. für das Post- und Fernmeldewesen, 1978, Heft 3, S. 32-37

/129/ **Krath, H.:**
Die Rundfunkversorgung in der BRD und der Stellenwert des drahtgebundenen Versorgungsanteils,
Diskussionsforum Kabelfernsehen, FTZ Darmstadt, 30.11.78

/130/ **Kraus, F. K., Schnee, R. M.:**
Technical Aspects of Two-Way CATV Systems in Germany, 27th NCTA Convention 1978,
New Orleans, S. 34-41

/131/ **Kreibich, R.:**
Datenschutz und Neue Medien, Nachr. techn. Zeitschr. 35 (1982), S. 378-381

/132/ **Krick, W.:**
Verbesserung der Kabelfernsehübertragung durch ein optimales kohärentes Trägersystem, Rundfunk-
technische Mitteilungen, Heft 5, 1979, S. 209-216

/133/ **Kunert-Schroth, H., Schmitt-Wenckebach, B.:**
Versuchsprogramm Elternbildung, Studienbericht, Berlin, 1980

/134/ **Lange, B. P.:**
Kabelfernsehprojekte in Japan - Eine Zwischenbilanz, Media Perspektiven 12/78, S. 871-876

/135/ **Lange, H.:**
High Quality Transmission of Analog TV-and-FM-Sound Signals on Fibre-Optic Cables for CATV,
Symposium Record CATV sessions, 12th International Television Symposium, Montreux, 1981,
S. 283-297

/136/ **Langenbucher, W.:**
Projektdesign Kabelkommunikation Berlin, VDE-Verlag Berlin, 1981

/137/ **Lentiez, G.:**
Biarritz Optic Fiber System, Proceedings International TV-Symposium, Montreux, 1981

/138/ **Lentiez, G.:**
The Fibering of Biarritz, Fiberoptic Technology, November 1981, S. 125–128

/139/ **Licht, H.:**
Die Bedeutung der Pilotprojekte aus der Sicht der Industrie, Diskussionsforum Kabelfernsehen, FTZ Darmstadt, 30.11.78

/140/ **Licht, H.:**
Kritische Betrachtungen zum geplanten Satellitenrundfunk in der BRD, telcom report 4 (1981), H. 1, S. 58–65

/141/ **Luettgenau, G., Keasler, R.:**
Hybrids for 52 Channel CATV Systems, Proceedings International TV-Symposium, Montreux, 1981

/142/ **Mache, W.:**
Lexikon der Text- und Daten-Kommunikation, R. Oldenbourg-Verlag, München, Wien, 1980

/143/ **Mahnkopf, P.:**
ABAKUS – ein adaptives, benutzergesteuertes Auskunftssystem mit Kommandoeingaben und Stichwort-Lexikon, Techn. Bericht Nr. 201 des HHI, Berlin, 2. Aufl., 1981

/144/ **Mason, W. F.:**
Overview of CATV Developments in the US, in: Two-Way Cable Television, Springer-Verlag, Berlin, Heidelberg, New York, 1977, S. 63–73

/145/ **Mason, W. F., u. a.:**
Urban Cable Systems, The Mitre Corporation, Washington, May 1972

/146/ **Mayr, E., Schöber, G., Sutor, N.:**
Eigenschaften der Lichtwellenleiterkabel, telcom report 4 (1981), S. 210–215

/147/ **McCallum, B. B.:**
Fibre Optics in a Rural Environment, Proceedings 3rd World Telecommunications Forum, Genf, 1979

/148/ **McCallum, B. B.:**
Fiberoptic Subscriber Loops: A Look at the Elie System, Laser-Focus, November 1980, S. 64–67

/149/ **McDevitt, F. R., u. a.:**
Optimized Designs for Fibre-Optic Cable Television Systems, IEEE Transactions on Cable Television, October 1977, S. 169–194

/150/ **McManamon, P. M., Utland, W. F.:**
A Summary of Technical Problems Associated with Broadband Cable Teleservices Development, U.S. Department of Commerce, July 1973

/151/ **McNamara, R. P.:**
Metronet: An Overview of a CATV Regional Data Network, NCTA Convention Proceedings, Las Vegas, 1982, S. 22–31

/152/ **McVoy, D. S.:**
Experiences and Future of Interactive CATV Systems in USA, Proceedings International TV-Symposium, Montreux, 1981

/153/ **Mesiya, F. M., u. a.:**
Mini-Hub Addressable Distribution System for Hi-Rise Application, NCTA Convention Proceedings, Las Vegas, 1982, S. 37–42

/154/ **Meyrat, P.:**
Widening the Scope of Existing CATV Networks, Proceedings International TV-Symposium, Montreux, 1981

/155/ **Midwinter, J. E.:**
Potential Broad-Band Services, Proceedings of the IEEE, October 1980, S. 1321-1327

/156/ **Michaelis, T. D.:**
Laser Diode Evaluation for Optical Analog Link, IEEE Transactions on Cable Television, CATV-4, January 1979, S. 30-42

/157/ **Mitre Corporation (Hrsg.):**
Symposium on Urban Cable Television, McLean, 1973

/158/ **Mogensen, G., u. a.:**
High Quality Transmission of TV on Optical Trunk and Subscriber Lines, Proceedings International TV-Symposium, Montreux, 1981

/159/ **Mrozinski, R. V.:**
The Application of Telecommunications to City Services, IEEE Transact. COM-23, October 1975, S. 1080-1084

/160/ **Müller-Römer, F.:**
Die Bedeutung von Kabelanlagen für die Rundfunkversorgung, Diskussionsforum Kabelfernsehen, FTZ Darmstadt, 30.11.78

/161/ **Naab, A.:**
Merkmale eines breitbandigen und integrierten Übertragungssystems in Glasfasertechnik, Zeitschr. für das Post- und Fernmeldewesen, Heft 11 (1981), S. 38-43

/162/ **Nagano, K., u. a.:**
Optimizing Optical Transmitters and Receivers for Transmitting Multichannel Video Signals Using Laser Diodes, IEEE Transact. COM-29 (1981), S. 41-45

/163/ **Namakawa, T.:**
Video Information System Development, in: Two-Way Cable Television, Springer-Verlag, Berlin, Heidelberg, New York, 1977, S. 107-117

/164/ **Oberndorfer, R., Zedler, G.:**
Equipment Used for CATV Systems of the Deutsche Bundespost, Proceedings International TV-Symposium, Montreux, 1981

/165/ **Odemar, N., Steinmann, P.:**
Lichtwellenleiter-Verbindungstechnik, telcom report 4 (1981), S. 300-304

/166/ **Oestreich, U.:**
Aufbau der Lichtwellenleiterkabel, telcom report 4 (1981), S. 204-209

/167/ **Ohnsorge, H.:**
Probleme und Lösungen der Glasfasertechnologie im Hinblick auf die Einführung der Optischen Nachrichtenübertragung, Professorenkonferenz im FTZ, 1981, S. 39-60

/168/ **O. V.:**
Das Kabelfernsehsystem Qube in Columbus/Ohio, Funkschau 1979, Heft 1, S. 11-14

/169/ **O. V.:**
Hi-OVIS Project, Interim Report, Tokyo, September 1979

/170/ **O. V.:**
Kabelfernsehen mit Rückkanal, Neue Erfahrungen aus den USA, Media Perspektiven 10/78, S. 701-706

/171/ **O. V.:**
Kommunikationskurs Zukunft, Kabelfunk vor der Erprobung, DIHT 193, Bonn, 1981

/172/ **O. V.:**
Minimum Requirements for Boston's Cable System, Issuing Authority Report, City of Boston, February 1981

/173/ **O. V.:**
Tama CCIS Experiment Project in Japan, Final Report, March 1981

/174/ **Pätzold, U., Tonnemacher, J.:**
Technische, wirtschaftliche und medienpolitische Dimensionen neuer Informations- und Kommunikationstechniken, Stellungnahme zum gegenwärtigen Stand und zur zukünftigen Entwicklung (mit Empfehlungen zur kirchlichen Arbeit), Frankfurt, 1981

/175/ **Patterson, R. E., u. a.:**
Linearization of Multichannel Analog Optical Transmitters by Quasi-Feedforward Compensation Technique, IEEE Transactions on Communications, March 1979, S. 582–588

/176/ **Peters, W.:**
Die vielversprechenden neuen Möglichkeiten der Breitband-Individualkommunikation, Zeitschr. für das Post- und Fernmeldewesen, Heft 8 (1981), S. 22–28

/177/ **Pfab, R., Stachelsky, F. v., Tonnemacher, J. (Hrsg.):**
Technische Kommunikation und gesellschaftlicher Wandel, Tendenzen in Japan und in der BRD. Berlin, 1980

/178/ **Pickel, H., Rauth, E.:**
Neue Kabelfernsehsysteme, Techn. Mitteilungen AEG-TELEFUNKEN, 1978, S. 276–279

/179/ **Polishuk, P.:**
Present Status of Fiber Optics Technology and its Impact on the CATV Industry, NCTA Convention Proceedings, Las Vegas, 1982, S. 142–147

/180/ **Pool, E. D. S. (Hrsg.):**
Talking Back: Citizen Feedback and Cable Technology, Cambridge/Mass., 1973

/181/ **Ports, D. C.:**
Trends in Cable TV, IEEE Transactions on Communications, January 1975, S. 92–96

/182/ **Progris GmbH:**
Planungsstudie für Interaktive Dienste – Rahmen- und Gesamtplanung, Teilbericht zu Projektdesign Kabelkommunikation Berlin, Berlin, 1981

/183/ **Quinton, K. C.:**
Developments in Dial-Access TV Systems and Fibre Optic TV Transmission, in: Two-Way Cable Television, Springer-Verlag, Berlin, Heidelberg, New York, 1977, S. 157–165

/184/ **Ratzke, D.:**
Netzwerk der Macht, Societäts-Verlag Frankfurt/Main, 1975

/185/ **Roll, H. W.:**
Der offene Kanal als Bürgermedium, Frankfurt/M., 1981

/186/ **Rose, K., Gutmann, R. J.:**
Impact of Cable Television on Education, IEEE Transactions on Communications, October 1975, S. 1164–1171

/187/ **Rosenbrock, K. H.:**
Integration von Diensten im ISDN der Deutschen Bundespost, Nachr. techn. Zeitschr. 35 (1982), S. 364–366

/188/ **Ruoss, M.:**
A Feasible Return Path for the Subscriber in Existing CATV Networks, Proceedings International TV-Symposium, Montreux, 1979

/189/ **Schnee, R. M., Vöge, K. H.:**
Technical Specification for an Interactive CATV System with 10000 Subscribers, Proceedings International TV-Symposium, Montreux, 1977

/190/ **Schrock, C. B.:**
Proposal for a Hub Controlled Cable Television System Using Optical Fiber, IEEE Transactions CATV-4, April 1979, S. 70–77

/191/ **Schüßler, H.:**
Dienstintegrierter Teilnehmeranschluß mit Lichtwellenleitern, Wiss. Ber. AEG-TELEFUNKEN 53 (1980), S. 72–79

/192/ **Seidelmann, O.:**
Das technische Konzept der Deutschen Bundespost für die örtlichen Breitbandverteilnetze, Jahrbuch der Deutschen Bundespost, 1979, S. 343–407

/193/ **Shekel, J.:**
CATV Technology and its Relation to Other Fields, Symposium Record CATV Sessions, International Television Symposium Montreux, 1977, S. H. 3.1–H. 3.11

/194/ **Siemens AG:**
Design-Vorschlag zum Diensteentwicklungssystem (Design-Bericht DES), München, 1979

/195/ **Smith, E. K.:**
Pilot Two-Way CATV Systems, IEEE Transactions on Communications, January 1975, S. 111–120

/196/ **Späth, L.:**
Das Kabel – Anschluß an die Zukunft, Verlag Bonn Aktuell, Stuttgart, 1981

/197/ **Special Issue:**
Consumer Text Display Systems, 1979, IEEE Chicago Spring Conference, IEEE Transactions on Consumer Electronics, Heft 5, July 1979

/198/ **Staatsministerium Baden-Württemberg (Pressemitteilung Nr. 314/81):**
Kosten und technische Voraussetzungen für lokales Hörfunk-/Fernsehprogramm von Experten ermittelt, Stuttgart, September 1981

/199/ **Staiger, J. G.:**
Pay-TV Methods for Securing Pay Channels, Proceedings International TV-Symposium, Montreux, 1981

/200/ **Stephens, A.:**
PRESTEL – The First Year of Public Service, Int. Conf. on New Systems in Telecommunication, Liège, 1980. Preprints S.A. 1.1

/201/ **Stetten, K. J., Volk, J. L. (Hrsg.):**
Interactive Television, McLean, 1973

/202/ **Straub, M. (Stiftung Warentest):**
Entwicklung eines ZKTV-Auskunfts- und Beratungssystems für die Stiftung Warentest, Abschluß-bericht zum F & E-Vertrag KTV 8, Berlin, 1979

/203/ **Stroetemann, A.:**
Neue Medien und Informationstechnologien, München, 1980

/204/ **Switzer, I.:**
A Harmonically Related Carrier System for Cable Television, IEEE Transactions on Communications, COM-23, January 1975, S. 155–166

/205/ **Switzer, I.:**
Cable TV Advances and TV Receiver Compatibility Problems, NCTA Convention Proceedings, Las Vegas, 1982, S. 114–118

/206/ **Teufel, E. (Hrsg.):**
Kabelfernsehen pro und contra, Verlag Bonn Aktuell, Stuttgart, 1979

/207/ **Thöner, G.:**
Consideration of Various CATV Network Configurations, Symposium Record, 10th International Television Symposium, Montreux, 1977

/208/ **Thomas, E. K.:**
Cable TV in the U.S.A.: Present Trends and Prospects, Proceedings International TV-Symposium, Montreux, 1981

/209/ **Toms, N.:**
An Integrated Network Using Fiber Optics (INFO) for the Distribution of Video, Data and Telephony in Rural Areas, IEEE Transact. COM-26, July 1978, S. 1037–1045

/210/ **Tonnemacher, J.:**
Neuere Entwicklungen beim Qube-System, Media Perspektiven 11/80, S. 733–740

/211/ **Tunmann, E. O.:**
Two-Way Cable TV Technologies, NCTA Convention Proceedings, Las Vegas, 1982, S. 7–15

/212/ **Veith, R.:**
Talk-Back TV: Two-Way Cable Television, Verlag Tab Books, New York, 1976

/213/ **Vöge, K. H.:**
Das Laborprojekt des Heinrich-Hertz-Instituts, Diskussionsforum Kabelfernsehen, FTZ Darmstadt, 30.11.78

/214/ **Vöge, K. H.:**
The Two-Way CATV Laboratory Project of the Heinrich-Hertz-Institute Berlin, in: Two-Way Cable Television, Springer-Verlag, Berlin, Heidelberg, New York, 1977, S. 267–278

/215/ **Watanabe, R., u. a.:**
Optical Multi-/Demultiplexers for Single-Mode Fiber Transmission, IEEE Journal of Quantum Electronics, QE-17 (1981), S. 974–981

/216/ **Weber, H.:**
Großgemeinschaftsantennenanlagen und Kabelfernsehen, Radio Mentor Electronic (1975), S. 105–112

/217/ **Welzenbach, M., Wiest, B.:**
Der Einsatz von optischen Systemen in Breitbandverteilanlagen, Wiss. Ber. AEG-TELEFUNKEN 53 (1980), S. 62–71

/218/ **Welzenbach, M., Wiest, B.:**
The Application of Optical Systems for Cable TV, Tagungsband ISSLS 1980, VDE-Verlag, Berlin, S. 46–50

/219/ **Wenyon, M.:**
Pulse-Frequency Modulation for Broadband Transmission, Laser-Focus, June 1981, S. 170–173

/220/ **Wichards, F.-H.:**
Die Forschung bei der DBP zur Gestaltung eines Glasfaser-Fernmeldenetzes, Nachr. techn. Zeitschr. 34 (1981), S. 846–847

/221/ **Wijnen, M. D.:**
Potential Applications of Fiber Optic Cables in CATV, Proceedings International TV-Symposium, Montreux, 1979

/222/ **Wilkens, H., Günther, P., Kiel, F., Kraus, F., Mahnkopf, P., Schnee, R.:**
Laborprojekt Zweiweg-Kabelfernsehen, Abschlußbericht, Heinrich-Hertz-Institut für Nachrichten-technik GmbH, Berlin, Januar 1982

/223/ **Witte, E., Senn, J.:**
Stand der Pilotprojekte oder ein neuer Anfang in der Kabelkommunikation? Fachkonferenz des MÜNCHNER KREISES, 17.7.1981

/224/ **Witte, E. (Hrsg.):**
Telekommunikation für den Menschen/Human Aspects of Telecommunication, Springer-Verlag, Berlin, Heidelberg, New York, 1980

/225/ **Wright, J. B.:**
An Evolutionary Approach to the Development of Two-Way Cable Technology Communication, IEEE Transact. CATV-2 (1977), S. 52–61

/226/ **Yamaguchi, K., Yoshida, S.:**
Coaxial Cable Information System with Interactive Television Services. In: Two-Way Cable Television, Springer-Verlag, Berlin, Heidelberg, New York, 1977, S. 121-131

/227/ **ZDF:**
Digitaltechnik im Fernsehen, ZDF-Schriftenreihe, Heft 34, Mainz

/228/ **ZDF:**
Fernsehtechnik von morgen, ZDF-Schriftenreihe, Heft 19, Mainz, Oktober 1977

/229/ **ZDF:**
Überlegungen des ZDF zu Kabelpilotprojekten, ZDF-Schriftenreihe, Heft 20, Mainz, Februar 1978

/230/ **Zegenhagen, K., Baukhage, A.:**
Analyse und Aufbereitung von Inhalten zum Thema Sport für einen Informationsdienst im ZKTV-Laborsystem, Studienbericht, Berlin, 1979

/231/ **Zeidler, G.:**
Kommunikation von morgen – Technologie, Konzept, Bedarf. Vortragsveröffentlichung VDPI-Tagung, April 1979, Hannover

/232/ **Zeidler, G.:**
Perspektiven der Kommunikationstechnik, Vortrag anläßlich der Jahrestagung des Verbandes Südwestdeutscher Zeitungsverleger, 13.5.82

/233/ **Zeidler, G.:**
Planung von LWL-Kabelanlagen, Nachr. techn. Zeitschr. 34 (1981), S. 848-852

Liste der Autoren

Armbrüster, Heinrich, Dr.-Ing.; Siemens AG, Bereich Übertragungsnetze,
Voglmaierstraße 8, 8000 München 70

Bauer, Hermann G., Dipl.-Ing.; Siemens AG, Bereich Übertragungsnetze,
Partenkirchner Straße 15, 8000 München 70

Brepohl, Klaus, Dr.; Institut der Deutschen Wirtschaft,
Gustav-Heinemann-Ufer 84–88, 5000 Köln 51

Gerlach, Jürgen, Dr.; Standard Elektrik Lorenz AG,
Hellmuth-Hirth-Straße 42, 7000 Stuttgart 40 (Zuffenhausen)

Hagmeyer, Hanns Thilo, Dr.-Ing.; Institut für Nachrichtenübertragung,
Universität Stuttgart, Breitscheidstraße 2, 7000 Stuttgart 1

Issing, Ludwig J., Prof. Dr.; Medienforschung, Institut für Psychologie,
Freie Universität Berlin, Malteserstraße 74–100, 1000 Berlin 46

Kaiser, Wolfgang, Prof. Dr.-Ing.; Institut für Nachrichtenübertragung,
Universität Stuttgart, Breitscheidstraße 2, 7000 Stuttgart 1

Knüttel, Helmut; Werkreferat der Stadt München,
Blumenstraße 19, 8000 München

Krahmer, Horst, Dipl.-Ing.; TEKADE Fernmeldeanlagen, Entwicklung
Übertragungstechnik, Thurn- und Taxisstraße 10, 8500 Nürnberg

Kurz, Wolfgang, Dipl.-Ing.; Fa. Richard Hirschmann,
Richard-Hirschmann-Straße 19, 7300 Esslingen

Mahnkopf, Peter, Dipl.-Ing.; Heinrich-Hertz-Institut für Nachrichtentechnik
Berlin GmbH, Einsteinufer 35/37, 1000 Berlin 10,
privat: Winterlingerweg 20, 7000 Stuttgart 80

Schnee, Rolf M., Dipl.-Ing.; Heinrich-Hertz-Institut für Nachrichtentechnik
Berlin GmbH, privat: Bachgartenstraße 49, 7121 Pleidelsheim

Scholz, Rudolf, Dipl.-Ing.; Institut für Nachrichtenübertragung,
Universität Stuttgart, Breitscheidstraße 2, 7000 Stuttgart 1

Thurl, Walter J., Dipl.-Ing.; Direktor, Kathrein-Werke KG,
Luitpoldstraße 18–20, 8200 Rosenheim 2

Tinnefeldt, Wolfgang, Dr.; Südwestfunk, Intendanz/Medienreferat,
Hans-Bredow-Straße, 7570 Baden-Baden

Vogt, Gerburg, Dr. Schwester; Zentralstelle Medien der Deutschen Bischofskonferenz –
Projekt Bildschirmtext, Kaulbachstraße 31a, 8000 München 22

Welzenbach, Manfred, Dr.-Ing.; AEG-Telefunken, Geschäftsbereich Weitverkehr und
Kabeltechnik, Gerberstraße 33, 7150 Backnang

Wiest, Bernhard, Dipl.-Ing.; AEG-Telefunken, Geschäftsbereich Weitverkehr und
Kabeltechnik, privat: Friedrichstraße 27, 7152 Groß-Aspach

Sachverzeichnis

Telecommunications

Veröffentlichungen des/Publications of the
Münchner Kreis
Übernationale Vereinigung für Kommunikations-
forschung
Supranational Association for Communications
Research

Band/Volume 1

Two-Way Cable Television

Experiences with Pilot Projects in North
America, Japan, and Europe
Proceedings of a Symposium Held in Munich,
April 27–29, 1977
Editors: W. Kaiser, H. Marko, E. Witte
With contributions by numerous experts
1977. 70 figures, 8 tables. V, 292 pages
DM 44,-. ISBN 3-540-08498-3

Band/Volume 2

Elektronische Textkommunikation Electronic Text Communication

Vorträge des vom 12.–15. Juni 1978 in München
abgehaltenen Symposiums
Proceedings of a Symposium Held in Munich,
June 12–15, 1978
Herausgeber/Editor: W. Kaiser
1978. 238 Abbildungen, 11 Tabellen.
XVII, 490 Seiten (156 Seiten in Englisch)
DM 74,-. ISBN 3-540-09060-6

Band/Volume 3

Telekommunikation für den Menschen Human Aspects of Telecommunication

Individuelle und gesellschaftliche Wirkungen
Individual and Social Consequences

Vorträge des Kongresses 29.–31. Oktober 1979,
München
Proceedings of the Congress October 29–31,
1979, Munich
Herausgeber/Editor: E. Witte
1980. 71 Abbildungen, 13 Tabellen.
XX, 335 Seiten (52 Seiten in Englisch)
DM 58,-. ISBN 3-540-10036-9

Band/Volume 4

Telekommunikation für Bildung und Ausbildung Telecommunication for Education and Vocational Training

Vorträge des vom 11.–12. Juni 1980 zur
VISODATA'80 in München abgehaltenen
Kongresses
Proceedings of a Congress Held in Munich
During VISODATA '80, June 11–12, 1980
Herausgeber/Editor: K.H. Vöge
1981. VII, 108 Seiten (10 Seiten in Englisch)
DM 30,-. ISBN 3-540-10645-6

Telekommunikation für Bildung und Ausbildung
wird schwerpunktmäßig dargestellt in zwei Über-
sichtsvorträgen, sechs Fallbeispielen und einer
politischen Podiumsdiskussion. Ziel ist, den
gegenwärtigen Zustand des Spannungsfelds
zwischen Bildungsanspruch und Bildungsvermitt-
lung mittels elektronischer Hilfsmittel zu
beleuchten. Dabei soll deutlich werden, in
wieweit Telekommunikation nach Meinung der
Fachleute heute und in absehbarer Zukunft überhaupt in der Lage oder sogar zwingend
notwendig ist, Bildung und Ausbildung zu
vermitteln. Schließlich war die seit Jahren festge-
fahrene Diskussion zur Bildungstechnologie
sowohl bei der Bildungsverwaltung und
Bildungsausführung als auch bei ihr selbst neu zu
beleben.

Springer-Verlag
Berlin
Heidelberg
New York

Band/Volume 5

Neue Formen der Datenkommunikation
New Forms of Data Communication

Vorträge des am 1./2. Juli 1980 in München
abgehaltenen Symposiums
Proceedings of a Symposium Held in Munich,
July 1/2, 1980
Herausgeber/Editor: G.Seegmüller
1981. XIV, 159 Seiten (72 Seiten in Englisch)
DM 43,–. ISBN 3-540-10736-3

Das Buch behandelt die Technik, die Probleme
und die Anwendungsmöglichkeiten neuer Daten-
kommunikationsmedien und -einrichtungen.
Dazu zählen insbesondere Breitbanddienste über
Kabel, Glasfaser und Satelliten. Es handelt sich
um die redigierten Vorträge, welche auf dem
Symposium des Münchner Kreises am 1. und 2.
Juli 1980 von Fachleuten aus den USA, Kanada
und Europa gehalten wurden. Die Vorträge
zeichnen sich aus durch hohen aktuellen Infor-
mationsgehalt bei gleichzeitiger guter Lesbarkeit
auch für nicht auf diesem Gebiet Tätige.

Band/Volume 6

Kommunikation über Satelliten
Communication via Satellites

Vorträge des am 23./24. Oktober 1980 in
München abgehaltenen Kongresses
Proceedings of a Congress Held in Munich,
October 23/24, 1980
Herausgeber/Editors: W.Kaiser, U.Lohmar
1981. XIV, 219 Seiten (47 Seiten in Englisch)
DM 53,–. ISBN 3-540-10751-7

Mit dem Kongreß, der diesem Band zugrunde
liegt, wollte der Münchner Kreis über die aufse-
henerregenden neuen Möglichkeiten der Satelli-
tenkommunikation und deren Nutzungsformen
unter möglichst vielen Gesichtspunkten informieren und einen Beitrag zur Klärung der noch
offenen Fragen leisten. Da die Referate in
deutscher oder in englischer Sprache, jeweils mit
Simultanübersetzung, vorgetragen wurden, ist
auch dieser Band weitgehend zweisprachig
gestaltet. Jedem Vortrag in deutscher Originalfas-
sung ist eine gekürzte Darstellung in englischer
Sprache beigefügt und umgekehrt.

Band/Volume 7

Telekommunikation als Berufschance
Professional Changes in Telecommunication

Vorträge des am 19./20. April 1982 in München
abgehaltenen Kongresses
Proceedings of a Congress Held in Munich,
April 19/20, 1982
Herausgeber/Editor: W.Kaiser
1982. XVI, 348 Seiten (etwa 40 Seiten in Englisch).
DM 68,–. ISBN 3-540-11726-1

Die innovative Kraft der Telekommunikation wirkt
sich nicht nur in der Technik, sondern auch in der
Berufswelt aus. Davon sind Ingenieure der Informationstechnik, im Bereich der elektronischen
Medien tätige Journalisten und andere Medienbe-
rufe gleichermaßen betroffen.
Der Münchner Kreis behandelt mit diesem Kongreß die heutige Berufssituation, sammelt Aussagen
zur weiteren Entwicklung des Bedarfs und zeigt
berufliche Chancen für die Zukunft auf. Die Telekommunikation und im weiteren Sinne die Informationstechnik eröffnen nicht nur Möglichkeiten
für wirtschaftliches Wachstum und neue Arbeits-
plätze, sondern bedingen auch neue oder zumindest stark veränderte Berufsbilder.

Springer-Verlag
Berlin
Heidelberg
New York

Made in the USA
Las Vegas, NV
22 October 2024

10210034R10116